国家重点基础研究发展计划（973计划）项目（2006CB403401）
水利部和财政部专项（水综节水[2006]50号）
中国工程院重大咨询项目（2012—ZD—13—6）
国家自然科学基金项目（51409274）

资　助

"十二五"国家重点图书出版规划项目

海河流域水循环演变机理与水资源高效利用丛书

海河流域二元水循环模式与水资源演变机理

王建华 王 浩 秦大庸 等著

科学出版社

北京

内 容 简 介

本书是国家"973"项目"海河流域水循环演变机理与水资源高效利用"第一课题"海河流域二元水循环模式与水资源演变机理"研究成果的提炼和升华。人类活动对水循环影响机理及其演变规律是当前全球性的科学前沿问题,本书在理论技术层面上,系统提出了流域二元水循环理论模式、驱动机理,并构建了二元水循环概念性模型;在应用层面上,分析了海河流域"万年-千年-百年"尺度上水循环演变历程和变化规律,初步提出了海河流域城市、农业等典型单元水循环过程、水资源演变机理及其调控途径,并指出了进一步深入研究的科学技术问题。

本书可供水文水资源、生态与资源环境、气候及气象、水利经济、资源经济等领域的科技工作者、管理工作者和相关专业院校师生参考。

图书在版编目(CIP)数据

海河流域二元水循环模式与水资源演变机理/王建华等著.—北京:科学出版社,2015.7

(海河流域水循环演变机理与水资源高效利用丛书)

"十二五"国家重点图书出版规划项目

ISBN 978-7-03-045335-8

Ⅰ.海… Ⅱ.王… Ⅲ.海河-流域-水循环-研究 Ⅳ.P339

中国版本图书馆 CIP 数据核字(2015)第 186568 号

责任编辑:李 敏 吕彩霞/责任校对:张凤琴
责任印制:肖 兴/封面设计:王 浩

科学出版社 出版
北京东黄城根北街16号
邮政编码:100717
http://www.sciencep.com

中国科学院印刷厂 印刷
科学出版社发行 各地新华书店经销

*

2015年8月第 一 版 开本:787×1092 1/16
2015年8月第一次印刷 印张:16 插页:2
字数:600 000

定价:138.00元

(如有印装质量问题,我社负责调换)

总　　序

　　流域水循环是水资源形成、演化的客观基础，也是水环境与生态系统演化的主导驱动因子。水资源问题不论其表现形式如何，都可以归结为流域水循环分项过程或其伴生过程演变导致的失衡问题；为解决水资源问题开展的各类水事活动，本质上均是针对流域"自然—社会"二元水循环分项或其伴生过程实施的基于目标导向的人工调控行为。现代环境下，受人类活动和气候变化的综合作用与影响，流域水循环朝着更加剧烈和复杂的方向演变，致使许多国家和地区面临着更加突出的水短缺、水污染和生态退化问题。揭示变化环境下的流域水循环演变机理并发现演变规律，寻找以水资源高效利用为核心的水循环多维均衡调控路径，是解决复杂水资源问题的科学基础，也是当前水文、水资源领域重大的前沿基础科学命题。

　　受人口规模、经济社会发展压力和水资源本底条件的影响，中国是世界上水循环演变最剧烈、水资源问题最突出的国家之一，其中又以海河流域最为严重和典型。海河流域人均径流性水资源居全国十大一级流域之末，流域内人口稠密、生产发达，经济社会需水模数居全国前列，流域水资源衰减问题十分突出，不同行业用水竞争激烈，环境容量与排污量矛盾尖锐，水资源短缺、水环境污染和水生态退化问题极其严重。为建立人类活动干扰下的流域水循环演化基础认知模式，揭示流域水循环及其伴生过程演变机理与规律，从而为流域治水和生态环境保护实践提供基础科技支撑，2006 年科学技术部批准设立了国家重点基础研究发展计划（973 计划）项目"海河流域水循环演变机理与水资源高效利用"（编号：2006CB403400）。项目下设 8 个课题，力图建立起人类活动密集缺水区流域二元水循环演化的基础理论，认知流域水循环及其伴生的水化学、水生态过程演化的机理，构建流域水循环及其伴生过程的综合模型系统，揭示流域水资源、水生态与水环境演变的客观规律，继而在科学评价流域资源利用效率的基础上，提出城市和农业水资源高效利用与流域水循环整体调控的标准与模式，为强人类活动严重缺水流域的水循环演变认知与调控奠定科学基础，增强中国缺水地区水安全保障的基础科学支持能力。

　　通过 5 年的联合攻关，项目取得了 6 方面的主要成果：一是揭示了强人类活动影响下的流域水循环与水资源演变机理；二是辨析了与水循环伴生的流域水化学与生态过程演化的原理和驱动机制；三是创新形成了流域"自然-社会"二元水循环及其伴生过程的综合模拟与预测技术；四是发现了变化环境下的海河流域水资源与生态环境演化规律；五是明晰了海河流域多尺度城市与农业高效用水的机理与路径；六是构建了海河流域水循环多维临界整体调控理论、阈值与模式。项目在 2010 年顺利通过科学技术部的验收，且在同批验收的资源环境领域 973 计划项目中位居前列。目前该项目的部分成果已获得了多项省部级科技进步一等奖。总体来看，在项目实施过程中和项目完成后的近一年时间内，许多成果已经在国家和地方重大治水实践中得到了很好的应用，为流域水资源管理与生态环境治理提供了基础支撑，所蕴藏的生态环境和经济社会效益开始逐步显露；同时项目的实施在促进中国水循环模拟与调控基础研究的发展以及提升中国水科学研究的国际地位等方面也发挥了重要的作用和积极的影响。

  本项目部分研究成果已通过科技论文的形式进行了一定程度的传播，为将项目研究成果进行全面、系统和集中展示，项目专家组决定以各个课题为单元，将取得的主要成果集结成为丛书，陆续出版，以更好地实现研究成果和科学知识的社会共享，同时也期望能够得到来自各方的指正和交流。

  最后特别要说的是，本项目从设立到实施，得到了科学技术部、水利部等有关部门以及众多不同领域专家的悉心关怀和大力支持，项目所取得的每一点进展、每一项成果与之都是密不可分的，借此机会向给予我们诸多帮助的部门和专家表达最诚挚的感谢。

  是为序。

海河 973 计划项目首席科学家
流域水循环模拟与调控国家重点实验室主任
中国工程院院士

2011 年 10 月 10 日

序

　　自人类活动出现以来，随着对自然改造能力的逐步增强，人工动力大大改变了水循环的天然模式，尤其在人类活动密集区域甚至超过了自然作用力的影响，水循环过程呈现出越来越强的"自然—社会"二元特性。传统自然水循环研究一般较少考虑人类活动，随着当前人类活动不断增强，流域下垫面和径流特性变化显著，相应研究成果失真越来越多。另一方面，在社会水循环研究方面，由于自然水循环过程直接和间接受人类活动干预，将自然循环的水量作为外部静态输入也会造成与自然水循环过程的脱节。综合而言，目前人类活动对于水文循环和水资源形成与演化过程的干扰已引起了广泛的关注，开展二元水循环模式和水资源演变机理的研究已成为现代水文科学和水资源科学的前沿领域。

　　国家重点基础研究发展计划（973计划）项目"海河流域水循环演变机理与水资源高效利用"中设立了"海河流域二元水循环模式与水资源演变机理"课题，研究取得了系统丰富的研究成果。一是在以往研究的基础上，针对人类活动对天然水循环影响的作用机制、人工水循环在水资源消耗属性上的区别、人工水循环系统在服务功能上的子系统分类等各个层面上对二元水循环理论进行了研究，总结提出了较为系统的二元水循环理论模式；二是以二元水循环理论为指导，对二元水循环概念模型的整体构建及其嵌套构成进行了研究探讨，提出了包含海陆模式、流域模式、农业模式、城市模式、受干扰土地模式五类模式在内的二元水循环概念模型；三是研究了不同时间尺度海河流域的水循环演变历程，重点总结了近50年以来海河流域在气候变化、地表大规模拦蓄、土地利用和地下水强烈超采等人类活动影响下的水循环演变趋势，并对海河流域水资源演变机理及其影响因素进行了归因识别；四是以海河流域典型城市和典型农业区为单元，对其水循环演变规律和演变机理开展了详细解析，并预测了未来演变的重要影响因子，提出了相关控制性指标。

　　该书提出的理论和模式、获取的实验数据和重要发现提高了对高强度人类活动影响下缺水流域二元水循环规律的认知水平，有力支撑了海河流域水循环模拟和调控实践。由于人类活动对流域水循环系统的作用机制和水资源演变机理本身是复杂的，存在诸多已知和未知的影响因素及关联机制，科学认知流域二元水循环过程及其演变因子，掌握其中的作用机理和科学规律是一项长期研究任务，构建系统完善的二元水循环理论及其技术研究体系需要水文水资源及相关领域的学者和研究人员不断探索和创新。望该书的出版能为促进二元水循环理论体系的研究发展，拓宽本方向的研究思路和积累相关研究经验提供有益的参考。

中国工程院院士

2015 年 5 月 6 日

前　言

在没有人类活动或人类活动干扰可忽略的情况下，流域水分循环过程只在太阳辐射、重力势能等自然力作用下驱动，也称为"一元"流域水循环。自人类活动出现以来，随着对自然改造能力的逐步增强，人工动力大大改变了天然水循环的模式，在现代环境下，部分人类活动密集区域人工动力甚至超过了自然作用力的影响，水循环过程呈现出越来越强的"自然—社会"二元特性。当前人类对自然的干预能力越来越强，社会经济发展对水资源的需求量也越来越大，然而科技水平的局限性使得人类对水循环二元化规律及伴生效应机制认识的不尽充分，导致了一些不合理的开发利用水资源的行为方式，使得局部地区和流域天然和谐的水循环平衡被打破，严重影响了水循环的再生性，并引起与水循环密切相关的生态环境不断恶化，进而削弱了生态环境对人类社会经济发展的支撑作用，阻碍了社会和经济及生态的可持续发展。因此，需要在充分认识水循环二元化模式及研究其量化技术方法的基础上，尊重客观规律，把握主要矛盾，运用可持续发展的思想指导水资源的开发利用，以保障水资源的健康良性循环，有效促进人–水和谐稳定发展。

目前，人类活动对水文循环和水资源形成与演化过程的干扰虽已引起了广泛的关注，并成为现代水文科学和水资源科学的前沿，但水循环二元化系统理论，不同人类活动对水循环的内在驱动机制、演变规律和影响程度，二元驱动作用下的水资源演变机理等研究仍处于探索阶段。国家重点基础研究发展计划（973计划）项目"海河流域水循环演变机理与水资源高效利用"设立了"海河流域二元水循环模式与水资源演变机理"课题，主要研究内容为在完善流域"自然—人工"二元水循环理论模式的基础上，开展不同层次和尺度单元水循环研究，揭示高强度人类活动对于水循环分项过程与整个系统演变的作用机制，以及由此衍生的水资源结构与效用次生演变机理和效应等，从而揭示"自然—人工"二元驱动下的水循环和水资源演变规律。

本书是海河"973"项目第1课题相关研究成果的系统总结，其中提出的理论和模式、获取的实验数据和重要发现提高了对高强度人类活动影响下缺水流域二元水循环的认知水平，有力支撑了海河流域水循环模拟和调控实践。本研究的基础成果不仅适用于半湿润半干旱气候的缺水地区，如我国北方的黄河流域、淮河流域和松辽流域，同样也适用于其他气候带缺水地区，如西北干旱半干旱地区。

本书主要有两部分内容，共 9 章。第一部分叙述原理与方法，包括第 1~4 章；第二部分为海河流域应用，包括第 5~9 章。第 1 章由王建华、翟正丽、周祖昊、何国华执笔；第 2 章由王建华、秦大庸、陆垂裕、李海红、褚俊英、桑学锋执笔；第 3 章由陆垂裕、孙青言、张俊娥、葛怀凤、秦韬执笔；第 4 章由陆垂裕、张俊娥、苟思、孙青言、李慧执笔；第 5 章由刘家宏、郭迎新、张伟、郑跃军、徐鹤、李文鹏执笔；第 6 章由秦大庸、杨志勇、袁喆、于赢东、尹军、郭迎新执笔；第 7 章由褚俊英、栾清华、刘扬、秦韬执笔；第 8 章由李海红、桑学锋、邵薇薇、李科江、陈娟执笔；第 9 章由王浩、桑学锋执笔。全书王建华、桑学锋统稿。

在项目的完成和本书的写作过程中，得到科学技术部、水利部、海河水利委员会、河北省水利厅、天津市水务局等有关单位的大力支持和帮助。刘昌明、陈志恺、王光谦、严登华、韩大卫、任光照、韩振中、王忠静、蒋礼平等知名专家，对本研究给予了许多指导与帮助。谨在此一并表示感谢！同时感谢所有引用参考文献的作者！

受时间和作者水平所限，书中不足之处，恳请读者批评指正。

作 者

2015 年 3 月

目　　录

总序

序

前言

第 1 章　绪论 ………………………………………………………………… 1

　1.1　研究背景 ……………………………………………………………… 1

　1.2　国内外研究进展 ……………………………………………………… 2

　　1.2.1　流域（区域）水循环演变规律 ………………………………… 3

　　1.2.2　气候变化及其对水循环的影响 ………………………………… 4

　　1.2.3　人类活动对水循环的影响 ……………………………………… 5

　　1.2.4　国内外水循环演变研究综合分析 ……………………………… 7

　1.3　研究目标与主要研究内容 …………………………………………… 8

　1.4　研究方案及技术路线 ………………………………………………… 9

　　1.4.1　研究方案 ………………………………………………………… 9

　　1.4.2　技术路线 ………………………………………………………… 9

第 2 章　流域二元水循环理论模式 ………………………………………… 11

　2.1　水循环基本概念与模式 ……………………………………………… 11

　　2.1.1　水循环 …………………………………………………………… 11

　　2.1.2　流域水循环 ……………………………………………………… 13

　2.2　海陆水循环模式 ……………………………………………………… 16

　　2.2.1　海陆水循环系统识别 …………………………………………… 16

　　2.2.2　海陆水循环的原理解析 ………………………………………… 17

　2.3　流域水循环模式 ……………………………………………………… 20

　　2.3.1　流域水循环系统识别 …………………………………………… 20

　　2.3.2　流域水循环模式 ………………………………………………… 23

　2.4　城市水循环模式 ……………………………………………………… 24

　　2.4.1　城市水循环模式概念性通式 …………………………………… 24

　　2.4.2　发展中城市水循环系统 ………………………………………… 25

  2.4.3　发达城市水循环系统 ……………………………………………… 26
  2.4.4　生态城市水循环系统 ……………………………………………… 27
 2.5　农田水循环模式 …………………………………………………………… 28
  2.5.1　农田水循环过程解析 ……………………………………………… 28
  2.5.2　雨养农田水循环模式 ……………………………………………… 31
  2.5.3　灌溉农田水循环模式 ……………………………………………… 33
  2.5.4　农田水循环综合模式 ……………………………………………… 36
 2.6　其他类型水循环模式 ……………………………………………………… 38
  2.6.1　林草、荒地受扰天然水循环系统 ………………………………… 38
  2.6.2　湖泊、湿地等水域受扰天然水循环系统 ………………………… 39
 2.7　本章小结 …………………………………………………………………… 39

第3章　流域二元水循环演化驱动机制 …………………………………………… 41
 3.1　服务功能二元化 …………………………………………………………… 42
  3.1.1　生命服务功能 ……………………………………………………… 43
  3.1.2　资源服务功能 ……………………………………………………… 43
  3.1.3　经济服务功能 ……………………………………………………… 44
  3.1.4　生态服务功能 ……………………………………………………… 44
  3.1.5　环境服务功能 ……………………………………………………… 45
 3.2　循环结构与参数的二元化 ………………………………………………… 45
  3.2.1　蒸发结构的变化 …………………………………………………… 45
  3.2.2　下渗结构的变化 …………………………………………………… 46
  3.2.3　径流变化 …………………………………………………………… 47
  3.2.4　参数变化 …………………………………………………………… 47
 3.3　循环路径二元化 …………………………………………………………… 48
  3.3.1　天然水循环路径的变化 …………………………………………… 48
  3.3.2　社会水循环路径 …………………………………………………… 49
 3.4　驱动力的二元化 …………………………………………………………… 49
  3.4.1　自然驱动力及其二元化 …………………………………………… 50
  3.4.2　社会驱动力 ………………………………………………………… 50
 3.5　二元水循环耦合作用机制 ………………………………………………… 51
 3.6　本章小结 …………………………………………………………………… 52

第4章　流域二元水循环概念模型 ………………………………………………… 54
 4.1　"自然—社会"二元水循环模型系统 …………………………………… 54

4.2 气候模型··55
4.2.1 气候模式··56
4.2.2 气候模式的基本原理··56
4.3 多目标决策模型··58
4.3.1 多目标决策理论··58
4.3.2 多目标决策模型··61
4.4 水资源合理配置模型··66
4.4.1 水资源合理配置理论··66
4.4.2 水资源合理配置模型··70
4.5 分布式水文模型··74
4.5.1 模型总体设计··75
4.5.2 模型原理··78
4.6 本章小结··87

第5章 海河流域不同时间尺度水循环演化规律··88
5.1 海河流域万年尺度水循环演变规律··88
5.1.1 气温主导下的流域水循环演变··88
5.1.2 黄河改道对海河流域水系及岸线的影响··94
5.2 海河流域千年尺度水循环演变规律··95
5.2.1 流域历史气候变化··96
5.2.2 海河流域典型水旱灾害··97
5.2.3 流域人口的演变及变化趋势··101
5.2.4 流域山林植被的演变··103
5.2.5 流域河湖水系的演变··106
5.3 百年尺度水循环演化规律··113
5.3.1 气候变化背景··113
5.3.2 下垫面演化··117
5.3.3 气候和下垫面演变驱动下的天然径流演化··119
5.3.4 循环演化背景下的洪旱碱灾害演化规律··124
5.4 本章小结··125

第6章 海河流域水资源演变规律··128
6.1 海河流域水循环要素演变··128
6.1.1 降水··128
6.1.2 温度··134

6.1.3　蒸发能力 ·· 138

　6.2　海河流域水资源演变规律 ·· 142

　　6.2.1　地表水资源演变规律 ··· 142

　　6.2.2　海河流域地下水演变规律 ··· 147

　6.3　海河流域水资源演变归因分析 ·· 150

　　6.3.1　气候变化背景 ·· 151

　　6.3.2　下垫面演化 ··· 151

　　6.3.3　人工取用水量的变化 ··· 155

　　6.3.4　水资源演变归因 ··· 157

　6.4　本章小结 ·· 165

第7章　海河流域典型城市水循环演变规律与机理 ··· 167

　7.1　海河流域城市化进程 ·· 167

　7.2　城市水循环系统的基本结构与机理分析 ··· 167

　　7.2.1　城市发展对自然水循环要素的扰动 ··· 168

　　7.2.2　城市发展直接导致侧支水循环的形成 ·· 169

　　7.2.3　城市水循环系统面临的突出问题 ·· 171

　7.3　城市水循环演变规律分析——以北京市为例 ··· 172

　　7.3.1　城市耗用水过程规律 ··· 172

　　7.3.2　城市污废水排放与处理过程 ··· 174

　　7.3.3　城市雨水利用与排放过程 ··· 174

　　7.3.4　城市多水源供给过程 ··· 176

　7.4　本章小结 ·· 177

第8章　海河流域农业水循环演变规律与机理 ··· 179

　8.1　海河流域农业分布及种植结构 ·· 179

　　8.1.1　海河流域农业的主要分布 ··· 179

　　8.1.2　海河流域农业种植结构的发展及其驱动 ··· 180

　8.2　海河流域农业水循环及其演变规律 ·· 188

　　8.2.1　农业水循环的服务功能 ·· 188

　　8.2.2　农业水循环的驱动机制 ·· 189

　　8.2.3　海河流域农业水循环通量 ··· 191

　　8.2.4　海河流域农业水循环特征 ··· 207

　8.3　海河流域农田水循环机理 ··· 207

　　8.3.1　农田水分迁移转化机理 ·· 207

  8.3.2　海河流域农田水分迁移转化特征 ……………………………………… 213
 8.4　海河流域农业用水对水循环的影响及其调控 ……………………………… 220
  8.4.1　海河流域农业格局的变迁对水分迁移转化的影响 ………………… 220
  8.4.2　海河流域农业水循环调控目标 ……………………………………… 222
  8.4.3　海河流域农业水循环调控途径 ……………………………………… 223
 8.5　本章小结 ………………………………………………………………………… 229

第9章　主要成果与研究展望 …………………………………………………………… 230
 9.1　主要成果 ………………………………………………………………………… 230
  9.1.1　流域二元水循环理论框架方面 ……………………………………… 230
  9.1.2　海河流域不同时间尺度水循环演化规律方面 ……………………… 231
  9.1.3　海河流域二元水循环模式方面 ……………………………………… 231
  9.1.4　人类活动对水循环的影响及演化规律研究方面 …………………… 232
 9.2　研究展望 ………………………………………………………………………… 233

参考文献 ……………………………………………………………………………………… 234

索引 …………………………………………………………………………………………… 242

第1章 绪　　论

1.1 研究背景

近几十年来，由于全球气候的变化和人类活动的加剧，地球上的水循环和水资源状况发生了深刻的改变，很多地区发生了严重的水问题和水危机，水问题已经成为很多国家和地区严重制约社会经济发展的重要因素。因此，变化环境的水循环研究是21世纪水科学发展的一个十分重要的发展方向。

受人口、经济压力和水资源本底条件的影响，我国是世界上水资源问题最严重的国家之一，缺水、水污染和水生态退化等问题已成为影响国家资源与环境安全的主要因素。在全国10个一级流域中，以海河流域最为严重和典型。

海河流域包括北京、天津的全部、河北的大部分，以及山东、河南、山西、内蒙古和辽宁的一小部分，总面积为32万km^2，既是我国的政治文化中心，也是全国重要的经济重心和粮食生产基地之一，其中环渤海经济带已成为继长江三角洲、珠江三角洲后国家经济发展的"第三极"，在全国经济社会发展格局中占有十分重要的战略地位。2004年流域内总人口为1.37亿，GDP为20 341亿元，粮食产量4576万t，分别占全国的10%、15%和10%。与重要的战略地位不匹配的是，海河流域是我国水资源最为紧缺的地区，人均水资源量为270m^3，居全国十大流域之末，仅为以色列人均水平的76%。但区内人口稠密、生产发达，社会经济需水模数位于全国前列，因此水资源供需矛盾异常突出，迫于巨大的需水压力，不得不长期过度地开发利用水资源，全流域水资源现状开发利用率甚至超过120%，由此引发了三大严重的生态环境问题：一是水污染。目前全流域55条重要河流中，严重污染的有49条，水功能区达标率不足30%。二是水生态退化。流域内主要河流每年几乎全部要发生断流，白洋淀等12个主要湿地总面积较20世纪50年代萎缩了5/6。三是深层地下水超采。全流域现状每年超采深层地下水60亿m^{3}以上，累计超采量超过1000亿m^3，占全国超采总量的2/3。总体来看，海河流域目前已呈现出"有河皆干、有水皆污、超采漏斗遍布"的严峻态势。

海河流域面临的三大水问题是我国乃至世界范围内缺水地区的共性问题，三大问题之间存在密切的内在联系，相互作用与影响的统一基础是流域水循环。大规模的工农业生产、城市化、生态建设及人工取、用、耗、排水等活动无时无刻不在深刻改变着天然水循环的大气、地表、土壤和地下各个过程，致使现代环境下流域水循环呈现出明显的"自然—社会"二元特性，集中体现在四个方面：一是服务功能的二元化，是二元水循环的"本质"，对水循环服务功能二元化的认识，有助于辩证地认识生态和环境系统、社会经济系统之间的关系，科学地指导两个系统之间的用水协调。二是循环参数的二元化，是二元水循环的核心，即现代环境下流域水循环对于降水输入的过程响应不仅取决于自然的陆面、土壤和地下等水文与地质参数，还取决于水资源开发利用及其他相关社会经济活动参数。三是驱动力的二元化，是二元水循环的基础，这时流域水循环的内在动力已由过去一元自然驱动演变为现在的"自然—社会"二元驱动。四是循环路径的二元化，是二元水循环的具体表征形态，即在人类聚集区的水循环过程往往由"大气—坡面—地下—河道"自然循环和"取水—输水—用水—排水"的社会循环耦合而成。流域二元水循环演化衍生出三大后效：一是水资源次生演变效应，大多表现为径流性水资源衰减；二是伴生的水环境演变，主要表现为水体污染和环境污染；三是伴生的水生态演变，主要表现为天然生态退化和人工生态的发展。

海河流域三大水问题是缺水地区的共性问题。面对三大水问题，为保障区域经济社会的全面、协调、可持续发展，以海河流域为典型的缺水地区，提出了供用水安全、水环境安全和水生态安全三大国家目标。要实现缺水地区供用水、水环境、水生态安全的国家目标，必须实施以流域水循环为统一基础的水资源科学调控，首要的基础科学问题是高强度人类活动干扰下的流域水循环与水资源演变的内在机理及其规律。

海河流域是我国乃至全世界人类活动对流域水循环扰动强度最大、程度最深、类型最复杂的地区，因此该流域高强度人类活动干扰下的流域水循环与水资源演变内在机理及其规律的研究对于其他弱扰动缺水地区无疑具有直接的参考和借鉴意义。

1.2　国内外研究进展

随着人类活动影响的加剧，人类活动干扰下的流域水循环与水资源演变内在机理及其规律的研究已成为现代水文水资源与地球科学研究的核心命题和前沿领域，主要包括两个层面的问题：一是人类活动影响下的流域水循环分项过程与系统演化，包括典型人类活动对于流域水循环的大气、地面、土壤和地下过程的作用机制，"自然—人工"二元驱动力作用下的流域水循环系统的结构、功能和特性演变问题，以及不同人-地关系条件下的流域水循环系统演化规律等；二是伴随水循环系统演化的流域水资源演变机理，包括流域水循环系统演化下的水资源数量与质量、结构与效用、时空特性、资源构成演变效应，以及流域水资源演变预测的不确定性等基础科学问题。流域（区域）水资源演变规律和演变机理的研究以水资源的各个分量为研究对象，分析历史系列的水资源演变规律，或者预测未来水资源的变化趋势，大部分研究以径流系列为研究对象，包括天然径流系列和实测径流系列。研究天然径流系列，通常计算其变化周期，分析它与天气系统周期性演变之间的关系和变化机理。研究实测径流系列，通常分析其变化趋势和突变性，揭示人类活动和气候变化引起的趋势性变化和致变机理。考虑部分内容已在《海河流域二元水循环研究进展》一书中有所归纳，本书重点对水循环演变规律和机理的国内外研究过程和方法进行简要阐述。

1.2.1 流域（区域）水循环演变规律

流域（区域）水循环演变规律和趋势的研究以水循环的各个分量或要素为研究对象，特别是降水、径流时间序列的趋势分析、年际年内分配、周期性分析、突变性分析及空间变异性探索一直是研究的热点。国内外许多学者针对降水、径流的年际和年内变化，以及空间分布上的变异规律对不同流域（区域）进行了大量深入研究，广泛探讨了区域水循环各分量或要素的演化规律。

国际水文计划（IHP）、世界气候研究计划（WCRP）、国际地圈生物圈计划（IGBP）的"水文循环的生物圈方面（BAHC）"、地球系统科学联盟（ESSP）及国际人文计划（IHDP）中均设置了大量与此相关的研究主题。例如，在 IGBP 二期研究中，设立变化环境中水文和水资源的脆弱性研究主题，主要包括人类活动影响下的水资源演变规律、水与土地/覆被变化和社会经济发展间的相互作用影响等。在分析方法上，应用最广泛的是统计对比方法，即对比前后时段或不同年代水资源量的差别。其他的还有：运用随机分析方法，分析水资源历史序列的趋势性、突变性和周期性变化特征；运用最大熵谱分析研究水资源历史序列的周期性；利用小波分析方法，分析水资源周期性变化规律，并对未来变化趋势作出定性预测。在研究手段方面，随着观测技术、信息获取与处理技术、计算与模拟技术的整体发展，具有物理机制的分布式水循环全过程的模型系统研制成为热点，水循环的大气、陆面、土壤和地下等分项过程及其耦合研究取得长足的进步。

在技术方法上，Schwarz（1977）、Stockton 和 Boggs（1979）分别对美国东北部和西北部气候变化对现有水文条件的影响进行了分析研究；Nemec 和 Schanke（1982）等在分析水循环要素特性的基础上运用确定性水文模型和概念性水文模型研究不同气候类型下流域对气候变化的响应；宋献方等（2002）等应用环境同位素技术开展华北典型流域水循环机理的研究展望，利用水中水分子所含同位素含量的变化来判断大气降水的水蒸气的来源，从而定量分析坡地的产汇流产生机制，进而研究"大气降水—地表水—土壤水—地下水"的相互作用关系和查明流域"四水"转化关系。郑红星和刘昌明（2003）对黄河流域不同河段降水累积距平曲线展开分析，研究结果表明，黄河流域的降水量虽然在研究时段内处于一个相对稳定的状态，但从更长的时间尺度上来看，流域降水却存在相对的丰、平、枯的对应变化。刘昌明（2004）等针对黄河流域若干方面的研究结果开展研究，成果揭示了黄河流域水循环发生的巨大变化，并总结出水循环主要要素的变化取决于气候条件的变化与人类活动的影响。王浩等（2006）提出了水资源全口径层次化动态评价方法，采用以降水为资源评价的全口径通量，遵照可控性、有效性、可再生性原则解析了降水的资源结构，实现了径流性水资源、广义水资源、狭义水资源和国民经济可利用量的层次化评价。张光辉等（2006）通过高差 5000m、长 3500km 和跨度 2 万年的大陆尺度气候—地质环境—陆地水系统演化断面研究，揭示了华北平原地下水形成的古地质环境与古气候演化过程及动因。李晨和秦大军（2009）等利用 CFC 浓度年龄和 CFC 比值年龄可分析地下水混合作用，成果揭示了关中盆地地下水 CFC 浓度从山前向渭河谷地呈下降趋势，反映地下水以侧向流动为主，山前补给的新水与含水层中的老水有混合作用。

在分析方法上，王根绪和程国栋（1998）、朱晓园和张学成（1999）、王玉明等（2002）、张士锋等（2004）应用最广泛的是统计对比方法，即对比前后时段或不同年代水资源量的差别；杨士荣等（1997）、王国庆等（2001）、卞建民等（2004）等运用随机分析方法，分析水资源历史序列的趋势性、突变性和周期性的变化特征；王政发（1998）等运用最大熵谱分析研究水资源历史序列的周期性；蒋晓辉等（2003）、张少文和丁晶（2004）、杨志峰和李春晖（2004）等利用小波分析方法，分析水资源周期性变化规律，并对未来变化趋势作出定性的预测；周林飞等（2008）在对扎龙湿地的水循环要素变化特征的研究中，运用 Mnna-Kendall 检验法得出蒸发量和径流量的年际年内变化规律，并提出扎龙湿地水资源管理措施；廉士欢等（2009）利用线性回归分析、多元相关分析及 Mnna-Kendall 检验法对吉林省西部 5 个站点 1953 年以来的相对湿度、气温、降雨和风速资料进行了研究；王晓霞等（2010）等采用非参数统计检验方法对海河流域 32 个气象站点 1957~2004 年 48 年间的月降水量序列长期变化趋势进行分析，开展了海河流域降水量长期变化趋势的时空分布特征研究。

1.2.2 气候变化及其对水循环的影响

气象研究发现，在过去 100 年里，全球气候发生了剧烈的改变，这种气候的变化既有天气系统自身周期性变化的原因，也有人类大量排放温室气体、气溶胶和小颗粒物质，以及对地球下垫面改造的原因。目前气候变化已经成为国际社会上公认的最主要的全球性环境问题之一。1987 年国际水文科学协会（Internationl Asso-Ciation of Hydrological Sciences）在第 19 届国际 IUGG 大会中举办了"气候变化和气候波动对水文水资源影响"的专题学术讨论会，1988 年联合国政府间气候变化委员会（IPCC）成立，主要开展对已有的气候变化的科学信息评价、气候变化产生的环境及社会经济影响评价、对策制定三方面的工作。1990 年《气候变化与美国水资源》一书系统总结了气候变化对水循环系统影响的研究方法、研究内容和相关成果。1993 年，在日本召开的第六届国际气象和大气物理学协会与第四届国际水文科学协会（IAMAP-IAHS）联合大会提出了以"气候变化、大气圈和水圈的相互作用和影响、大尺度气候和水文模拟技术"为主题研讨会。

气候变化对水文水资源的影响主要通过降水和蒸散发的时空分布及其强度的变化而产生影响。在全球气候变化的影响下，全球大部分地区气温一般表现为升高趋势，但区域的降水则有的增加，有的减少。江涛等（2000）在分析未来气候变化对我国水文水资源影响的研究中，提出气候变化必然引起水分循环的变化、引起水资源数量的改变和水资源在时空上的重新分布，进而影响生态环境和社会经济的发展。张建云等（2007）通过对中国六大流域重点控制水文站 1950~2004 年的实测径流资料进行分析，发现 1950~2004 年来中国水循环系统发生了明显变化，全国六大流域实测径流量整体呈下降趋势，最为明显的是海河、黄河、辽河和松花江四大流域。据 IPCC 和"中国西部环境演变评估"研究成果，近百年来新疆的气候从暖干向暖湿变化的趋势明显，根据 1950~2004 年气温和降水时间序列的长期变化趋势显著性检验结果，新疆年均气温和年降水序列均表现为明显的增长趋势，由于新疆的河川径流主要来自山区降水和冰雪融水补给，因此径流变化与气温、降水具有同步性。黄河流域的气候变化和新疆相比呈现出不同的特点，朱晓园和张学成（1999）对黄河水资源变化进行了研究，显示20世纪80年代以来黄河流域降雨有减少的趋势，进入90年代，黄河主要产流区兰州以上地区和泾、洛、渭河流域受全球气候变化的影响，降雨量偏少，来水量持续偏枯。蒋晓辉等（2003）、张少文和丁晶（2004）、杨志峰和李春晖（2004）等分析黄河流域径流衰减的原因，认为天然径流衰减主要是因为气候周期性变化或者气候突变；朱厚华等（2004）对黄河流域1956~2000年45年的系列降水进行了分析，Kendall秩次相关检验表明，只有其中七个三级区减少趋势明显，整个流域的减少趋势不明显。可素娟等（1997）比较了1950~1994年黄河流域各年代降水量，用年最大7日（或最大1日）和最大30日降水量代表暴雨量及暴雨强度，分析了黄河流域各区年降水量和暴雨量及暴雨强度的变化规律，发现自20世纪70年代以来，黄河流域暴雨总体上有逐渐减小的趋势。邱新法等（2003）对黄河流域及其周边123个气象站，采用1961~2001年20cm口径蒸发皿实测数据进行分析，发现40年间整个流域的年平均温度升高了0.6℃，但是蒸发皿实测蒸发量明显减少；另外，研究还发现蒸发量的变化在时空上不完全同步，时间上具体表现为秋冬变化不明显、春夏减少；空间上具体表现为上游和下游呈下降趋势、中游呈持平并略有上升趋势。陈桂亚和Clarke（2007）等在开展气候变化对嘉陵江流域水资源量的影响分析中，发现嘉陵江流域潜在蒸发与实际蒸发较为接近，提出了不同气候变化情景下的水资源量定量分析。吴豪等（2001）用英国Hadley气候预测与研究中心的GCM模型HADCM2进行了长江源区冰川对全球气候变化的响应研究，并建立了长江源区对气候变化的响应模型，预测出在未来气候情景下长江源区冰川的变化趋势。郝振纯（2007）等以分布式水文模型为工具，将GCMs模型输出的气候情景作为输入边界，开展了山西省和黄河源区水资源变化趋势预测研究。袁飞等（2005）应用大尺度陆面水文模型——可变下渗能力模型（VIC）与区域气候变化影响研究模型（PRECIS）耦合，对气候变化情景下海河流域水资源的变化趋势进行预测。研究表明，未来气候情景下，即使海河流域降水量增加，年平均径流量仍将可能减少，预示着海河流域的水资源将十分短缺；若考虑21世纪人口增长因素，海河流域的水资源形势将更加严峻；未来气候情景下，汛期的径流量增加，说明海河流域发生洪水的可能性将增大。

1.2.3 人类活动对水循环的影响

2001年7月，在荷兰举办了第六届国际水文科学大会，主题是"一个干旱地球新的水文学"，将人类活动对水循环与水资源演变的影响作为热点研究问题，包括人类经济活动产生的耗用水和调水行为是如何作用和影响水循环的自然规律的？这些作用对水资源产生了哪些重要影响？如何量化人类活动对水文水资源的影响？人类活动对自然环境的影响已涉及气候、土壤、水文、生物等各个方面，20世纪以来，全球洪涝灾害的频率远远高于以往任何时期，流域（区域）水循环剧烈变化的频次和强度都在增加，而人类活动

(如城市化，大型农田水利、水利调蓄工程）引起的土地利用变化是其变化的重要原因之一。在人口膨胀、经济高速发展、城市化等前提下，人类改造自然的规模日趋巨大，人类活动的水循环效应也在不断加强。

（1）土地利用/覆被变化对水循环的影响

近几十年来，流域土地利用/覆被变化的水文效应研究越来越成为人们普遍关注的焦点。土地利用/覆被变化对径流的影响研究最早起源于1900年瑞士Emmental山区两个小流域的对比试验（Whitehead and Robinson, 1993）。1909年，Bates和Henry（Whitehead and Robinson, 1993）等设置世界第一个对比实验流域探讨森林覆被变化对流域产流的影响。以流域为单位，土地利用变化对水文过程的影响受到了广泛研究工作者的重视，美国、英国、澳大利亚等国家进行了大量的研究，Bronstert等（2002）总结了可能影响地面及近地表水文过程的土地利用变化及与之相关的水文循环要素，其中，影响水文过程最显著的土地利用变化是植被变化（如作物收割、森林砍伐）、农作物耕种和管理实践、城镇下水道及排污系统等。就不同的土地利用/覆被类型来看，流域的产水量随植被覆盖的减少而增大。Eckhardt和Ulbrich（2003）等研究得出，土地利用/覆被类型中林地、草地、耕地对地表径流、地下水补给和河川径流的长期效应方面的影响是十分显著的。Fohrer等（2002）发现地表径流对土地利用变化最为敏感。Winter（2001）研究提出土地利用变化能够有效地影响地表反射率、地表温度、下垫面的粗糙度和土壤—植被—大气连续体间的水分交换，在多个层次上影响降雨、蒸发和径流，从而对水资源进行重新分配，并由此影响水文循环全过程，而人类活动和气候变化放大了植被的生态水文效应。王西琴等（2006）通过水资源开发利用率、耗水率、污水排放浓度影响分析，探讨了二元水循环下河流生态需水"质"和"量"的综合评价。刘春蓁等（2004）基于降水、径流和气温的变化趋势分析，提出"以气候暖干化为主、人类活动为辅"的径流显著衰减型，"以人类活动为主、气候暖干化为辅"的径流显著衰减型，"人类活动与气候变异都不明显-径流无显著变化"等华北地区影响径流变化的三种类型。刘克岩等（2007）应用Mann-Kendall非参数统计检验方法、Pettitt系列显著性变化点的无参数方法和植物可用水系数（ω值）计算法，定量识别了人类活动对华北白洋淀流域径流影响。周祖昊（2009）等基于广义ET耗水控制理念探讨了区域水资源水环境综合规划的理论、内涵及其规划理念，提出了七大总量控制规划指标并建立了规划框架，初步提出了综合解决全球气候变化和人类活动影响下日益严重的水资源和水环境问题的途径。

（2）城市化对水循环的影响

在城市化建设方面，一方面，大规模的城市化建设增加了大量不透水层的面积，使得下渗大量减少、地表产流大大增加；另一方面，城市排水管网加快了产流向河道的汇流速度。在上面两个作用的共同影响下，与其他土地利用类型相比，城市区域的洪水具有峰高、量大、涨落快的特点。另外，城市对能量循环影响带来的水循环变化也不同于其他的土地利用类型，在其他土地利用类型上，垂向水循环的驱动力基本上为太阳辐射；而在城市区域，由于工业化程度不断提高，人口向城市大量集中，城市规模不断扩大，除了自然界太阳辐射驱动以外，还有工厂、生活、交通工具等产生的热量，与常规下垫面的天然流域相比，城市区域具有比较高的热容量和热导率，特别是大型城市的商业区，高层建筑将入射的辐射热吸收，使得城市中心的温度高于周围地区的温度，形成所谓的"城市热岛效应"，进而极大地影响了城市区域降水过程，改变了区域水循环特征。在城市水文理论和计算模型方面，崔远来等（1996）依据大量实测雨洪资料，以不透水比为综合参数，建立了北京城区与近郊区综合产流模型。高峰等（1997）在充分认识北京市产流方式的基础上，建立了北京城市雨洪系统三水源综合汇流新安江模型研究。岑国平等（1996）基于城市降雨径流规律的研究，从城市产流、地面汇流和管渠汇流三个部分，建立了北京城市暴雨径流计算模型，在产流计算中，不透水区用变径流系数法，透水区用下渗曲线法；在地面汇流计算采用非线性运动波法；在管渠汇流方面采用动力波法。

(3) 水利措施对水循环的影响

随着工农业的发展，人类对水资源的需求越来越大，大量引用地表水和抽取地下水，改变了大气水—地表水—土壤水—地下水的转换机制。利用水库调节河川径流，大幅度减小了河川径流丰枯差值，引起一系列水文及环境生态效应。冉大川（1998）、栾兆擎和邓伟（2003）在人类活动对地表径流量的影响研究中，发现人类对流域水资源的大规模开发利用，将导致蒸发消耗增大、地表径流减少。这种现象在干旱、半干旱地区表现得尤为突出。任立良等（2001）研究了中国北方地区人类活动对地表水资源的影响，认为除气候变化的影响之外，河道外用水量的增加是导致中国北方地区实测径流减少的直接原因；干旱、半干旱地区人类活动对河川径流的影响程度强于湿润地区。孙仕军等（2002）在研究平原井灌区土壤水库调蓄能力分析研究中发现，大量抽取地下水，会导致地下水补给量的增加，地表径流减少，一部分地表水资源转化为地下水资源和土壤水资源。邢大韦等（1994）、邵改群（2001）研究煤矿开采对地下水资源的影响发现，煤田开采、矿坑排水，致使浅层的地下水被疏干，出现了地下水位下降、包气带厚度加大、下垫层改变、河川径流减少的现象。程海云等（1999）以长江为例，分析了水库调度、溃垸、湖泊围垦和淤积、森林砍伐等几个方面对洪水的影响程度。

很多地方水资源紧缺问题比较严重，为了节约用水，从而大力推广节水灌溉技术，但是节水灌溉的发展也带来新的问题。高军省和姚崇仁（1998）等研究发现渠道衬砌和田间灌水技术的改进，减少了灌溉水对地下水的补给量，使地下水位下降，土壤蓄水库容增大，把雨季更多的地表径流转化为土壤水，从而使土壤水与地表水的分配比例发生变化，同时，土壤蓄水量增大，使地下水与土壤水的分配比例也发生变化。此外，地下水位下降后，将减少流向下游的潜流量，使区域间的水量转换发生变化。

1.2.4 国内外水循环演变研究综合分析

从国际整体研究现状来看，经过水文科学长期的发展，天然状态下的自然水循环的要素、过程与系统研究比较系统成熟，而人类活动对于水文循环和水资源形成与演化过程的干扰，尽管已引起了广泛的关注，并成为现代水文科学和水资源科学的前沿，但人类活动对流域水循环系统的作用机制和水资源演变机理研究，以及天然水循环与社会水循环的耦合研究仍处于起步阶段,基础理论与模型方法体系尚未真正形成。

在国内,变化环境下的水循环和水资源演变基础研究尽管起步稍晚,但近年来引起学术界的广泛重视,国家和地方部门在相关的科研计划中也设置了一些与此相关的研究项目。2002 年香山会议第 187 次学术会议的主题为"全球变化与中国水循环前沿科学研究问题",有关专家指出,当前应特别关注人类活动影响下的水文循环的速率和水资源可再生性调控、人类与自然二元驱动的水循环、水文循环与生态水文三个方面问题。2004 年完成的国家"973"计划项目"黄河流域水资源演变规律与可再生性维持机理"的相关成果可体现我国当前的研究水平。该项目在充分借鉴国际相关成果的基础上,提出流域"自然—人工"二元水循环演化模式,并集成了水文模拟技术和现代空间信息技术,开发出多套水循环和水环境演化过程的模拟模型,取得一些原创性成果。在缺水严重的华北地区尤其是海河流域,虽然"七五"期间国家科技部设立专项研究流域"大气水-地表水-土壤水-地下水"转化规律,相关部门也对海河流域水循环演变与水资源利用开展了一些研究,如中国科学院知识创新项目"华北水循环与水资源安全",但强烈人类活动影响下的流域水循环与水资源演变基础理论与调控方法体系仍处于初始探索阶段。

综合以上国内外相关研究进展,可以得出的主要结论是:强人类活动影响下的流域水循环和水资源演变虽然已引起国内外广泛关注,是当前水文水资源科学研究的前沿热点问题,有关学者在演变模式、机制与规律方面进行了相关探索,但系统的基础理论体系和模型方法尚未形成,成为现代环境下水文水资源科学研究的增长点。

1.3 研究目标与主要研究内容

针对海河流域人类活动密集的特点,本研究在完善流域"自然—人工"二元水循环模式理论的基础上,通过典型实验单元(如径流实验场、小流域、水文地质单元等)、农田和城市社会单元、流域单元三个层次和尺度开展水循环研究,揭示高强度人类活动对于水循环分项过程与整个系统演变的作用机制,包括下垫面变化、水资源开发利用及大规模外调水对于流域水循环地面、土壤和地下过程影响的作用机制,以及由此衍生的水资源结构与效用次生演变机理与效应等。在此基础上,构建流域二元概念水循环模型,对流域典型区域水循环陆面全过程进行系统模拟,以揭示"自然—社会"二元驱动下的水循环和水资源演变规律。具体研究内容如下:

1)海河流域不同时间尺度水循环演化规律研究。采用地质调查、同位素技术、生物技术等综合手段,结合海平面变化和古河道变迁等信息资料,研究海河流域万年尺度、千年尺度和百年尺度的水循环演化规律,根据流域水资源的宏观演化趋势和丰枯变化周期,分析不同时间尺度水循环过程中的影响因子及其变化趋势,揭示未来 50 年海河流域水资源短缺问题的主要影响因子及其演变规律。

2)人类活动对水循环的影响及其演化规律研究。以不同尺度典型单元水循环过程的原型观测、试验研究、实验分析和原型数据为基础,结合不同时间尺度的气象观测、能量观测数据,研究流域土地利用类型改变、水利工程建设和运行、人工取用水、城市化等典型人类活动对流域水循环分项及整体过程的作用机制，分析其演变规律，总结各种人类活动对水循环的影响程度及其内在驱动力。

3）海河流域典型单元地下水循环演化规律研究：确定典型单元深层地下水补给关系和循环速率，研究承压水头变化与地面沉降的关系和作用机制。研究平原区浅层地下水补给条件、补给与排泄模式、流域尺度地下水系统动力场与化学场变异状况、地下水资源可利用量变化过程。研究海河南系平原东部开采条件下深层承压水更新能力及演变驱动力与模式，超采条件下深层水补给条件和补给能力演变与模式。

4）二元水循环理论及其概念性模型研究：在上述研究的基础上，总结典型水文单元的水循环规律及其"四水"转化机理。在总结"自然—人工"二元驱动力作用下的流域水循环模式理论及其演化机理的基础上，将自然要素和人类活动对水循环的影响进行耦合，提出二元水循环系统的理论体系及其演变模式，构建二元水循环概念性模型。

在以上研究内容的基础上，拟实现以下研究目标：①探寻海河流域万年尺度、千年尺度和百年尺度的水循环演化规律和丰枯周期及其影响因子，分析提出 2010~2050 年治理流域水资源短缺的对策。②提出典型人类活动对流域水循环系统的作用机制，提出人类活动影响下的流域水循环系统演化规律和水资源演变机理。③查明 1950~2004 年以来流域尺度浅层地下水劣变时空特征、地下水的资源功能-生态功能-地质环境功能之间互动与制约机制及其主导影响因素和模式。查明海河南系平原东部开采条件下深层承压水的补给来源、更新速率、含水层的压缩变形与地面沉降的机理。④探明典型水文单元的水循环规律及其"四水"转化机理；形成系统的流域二元水循环模式理论体系，明确自然水循环和人工水循环的驱动力与作用机制，建立二元模式的数学形式概念模型。

1.4 研究方案及技术路线

1.4.1 研究方案

研究总体按照"机理识别—理论凝练—模式开发—实践响应"的科学逻辑组织实施，内容可归纳为"在三个尺度开展研究，揭示两大演变机理，形成一套理论方法框架，提出五项模式，响应国家实践需求"，即在万年、千年、百年三个尺度开展研究，揭示流域水循环演变及水资源演化机理，形成现代环境下的二元水循环理论框架，提出海陆模式、流域模式、城市模式、农业模式、其他受扰天然模式五类二元水循环相关模式及模型系统，响应建设资源节约型、环境友好型社会建设的实践需求。

1.4.2 技术路线

具体地讲，就是在分析海河流域不同时间尺度水循环演化规律的前提下，以不同尺度的典型单元水循环过程的原型观测、试验研究、实验分析和原型数据为基础，结合不同时间尺度的历史数据，通过统计分析、物理解析、模型检验、系统分析等综合手段，研究变化自然要素影响下的流域陆面水循环过程响应及水资源效应。采用综合分析手段研究典型人类活动对于流域水循环分项及整体过程的作用机制和演变规律，总结各种人类活动对水循环的影响程度及其内在驱动力。采用环境示踪技术和综合监测手段，研究海河平原浅层地下水循环变异特征及其资源环境效应，以及海河南系平原东部开采条件下深层承压水更新能力及演变驱动力与模式，总结海河流域地下水循环演化规律。结合地表水循环研究，提出典型单元"四水"转化规律。在此基础上，将自然要素和人类活动对水循环的影响进行耦合，构建二元水循环模式及其概念模型系统，从而解决本研究的两个关键科学问题，一是流域二元水循环演变规律，二是强人类活动下流域的"四水"转化关系。通过这些研究成果和研究经验的总结凝练，提出二元水循环的科学内涵、内在机理、定量方法及应用领域，形成流域二元水循环理论体系框架（图1-1）。

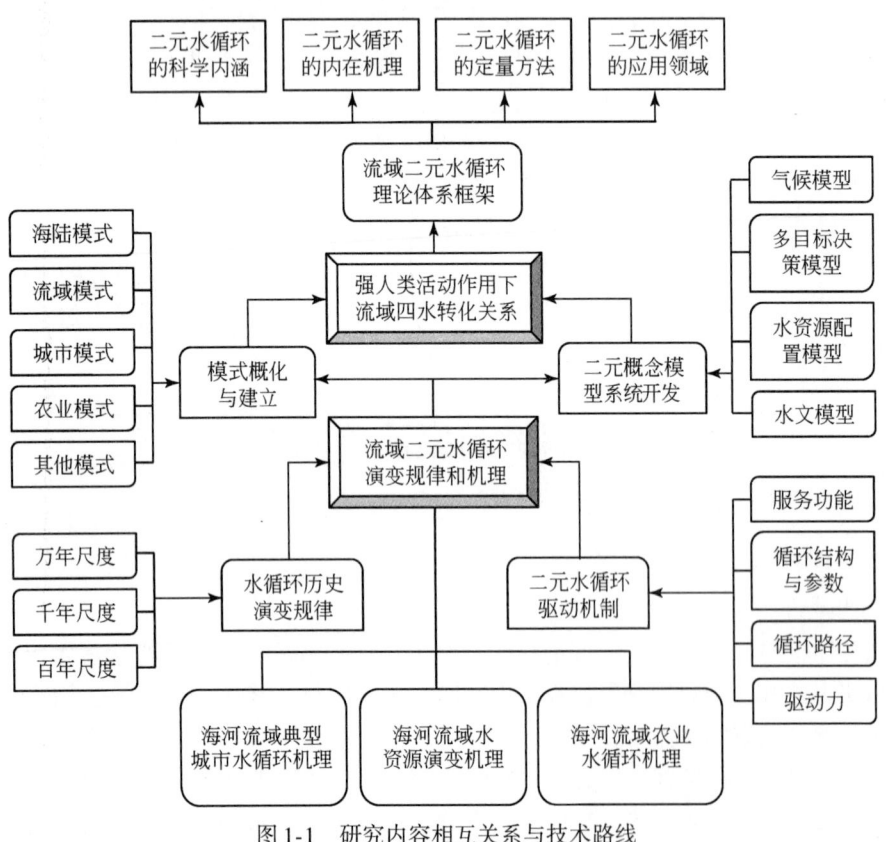

图 1-1 研究内容相互关系与技术路线

第 2 章　流域二元水循环理论模式

水循环是联系地球系统"地圈-生物圈-大气圈"的纽带，是全球变化三大主题"碳循环、水循环、食物纤维"中的核心问题之一。受自然变化和人类活动的影响，现代环境下水循环呈现出明显的"自然—社会"二元特性，不仅深刻影响水资源的形成转化过程，也深刻影响着与水循环相伴生的生态系统与环境系统的演变规律。变化环境的水循环演变规律是当今国际水科学的前沿问题，是人类经济社会发展活动对水资源需求所面临的新的基础科学问题。

本章在水循环模式与基本概念分析基础上，提出海陆模式、流域模式、城市模式、农业模式、其他模式五类二元水循环相关模式，为揭示高强度人类活动作用下的流域水循环概念模型提供理论支撑。

2.1　水循环基本概念与模式

2.1.1　水循环

2.1.1.1　水循环定义

水圈是地球表层水体的总称。水体是指由天然或人工形成的水的聚积体，包括海洋、河流（运河）、湖泊（水库）、沼泽（湿地）、冰川、积雪、地下水和大气圈中的水等。这些水体形成一个围绕地球表层的水圈。水圈与大气圈、岩石圈和生物圈共同组成地球外壳最基本的自然圈层。全球生物圈含有 $1120km^3$ 的水，占全球总水量的 0.0001%，一般不作为水圈的组成部分。水循环把地球上的各种水体联系成一个整体，使其处于连续的运动状态。

地球上的水循环是指水在地理环境中空间位置的移动，以及与之相伴的运动形态和物理状态的变化。在太阳能及地球重力的作用下，水在陆地、海洋和大气间通过吸收热量或释放热量，以及固、液、气三态的转化形成了总量平衡的循环运动。

2.1.1.2　水循环类型

水循环是由海洋、大陆，以及各种不同尺度的局部循环系统组成，它们相互联系、周而复始，形成了庞大而复杂的动态系统。其循环尺度大至全球，小至局部地区。

水循环按其发生的空间可以分为海洋水循环、陆地水循环（包括内陆水循环）、海陆间的水循环。海陆间水循环主要是指海面蒸发—水汽输送—陆上降水—径流入海的过程（但也不排除陆面蒸发—水汽输送—海上降水过程的存在），使陆地水得到源源不断的补充，水资源得以再生，该水循环与人类的关系最密切。陆地水循环既包括内流区域蒸发形成陆上降水的循环，也包括外流区域蒸发形成陆上降水的循环，还包括内（外）流域蒸发造成外（内）流域陆上降水的循环，对水资源的更新数量虽然较少，但对于内陆干旱地区却有着重大的意义。海洋水循环虽不能补充陆地水，但从参与水循环的水汽量来说，该循环在所有的水循环中是最多的，在全球水循环整体中占有主体地位。

2.1.1.3 水循环的过程及主要环节

水循环是多环节的自然过程，全球性的水循环涉及蒸发、大气水分输送、地表水和地下水循环，以及多种形式的水量储蓄。水循环的简明路径如图2-1所示。

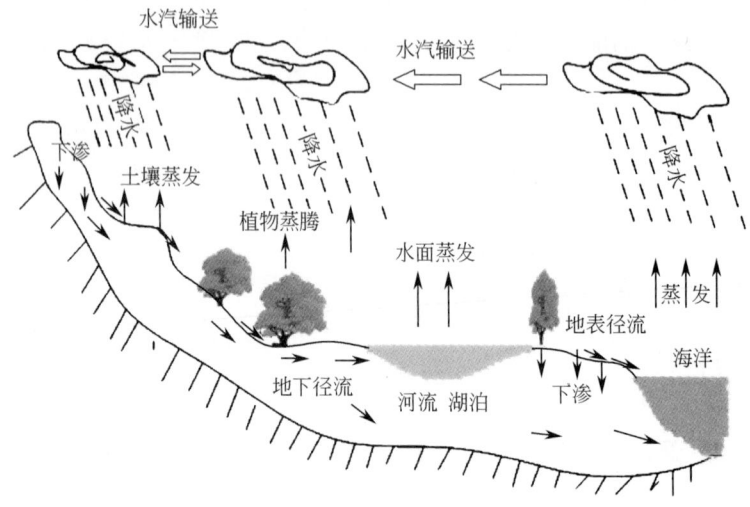

图2-1 水循环过程示意图

水循环过程总体上分为四个主要环节：海陆水体的蒸发、大气中水汽的输送、水汽凝结形成降水及陆面产汇流过程。

海陆水体的蒸发包括海水蒸发、陆面地表水蒸发、土表蒸发、植被蒸腾、冰川积雪的升华等。其中，海水蒸发是大气中水汽的主要来源。

水汽输送是大气层中水分的迁移过程，是水循环最活跃的环节之一。其中，海水蒸发形成的水汽可以输送到陆地，如中国的大气水分循环路径有太平洋、印度洋、南海、鄂霍茨克海及内陆5个水分循环系统。它们是中国东南、西南、华南、东北及西北内陆的水汽来源。西北内陆地区还有盛行西风和气旋东移而来的少量大西洋水汽。陆地蒸发形成的水汽也可能输送至海洋，但与海洋输送至陆地的水汽相比，数量有限。

大气中的水汽在一定的条件下形成降水。就陆地上的降水而言，海洋上空的水汽可被输送到陆地上空凝结降水，称为外来水汽降水；陆地上空的水汽直接凝结降水，称内部水汽降水。某地的总降水量与外来水汽降水量的比值称为该地的水分循环系数。海洋蒸发形成的水汽大部分形成了海上降水，只有不到10%的水汽输送到陆地上空形成陆上降水。

陆面产汇流过程包括降水产流、下渗、汇流、径流入海（湖泊）等，是水循环过程中最为复杂的环节，形成了现代水文学的核心内容。

2.1.1.4 人类活动的影响或干预

人类活动不断改变着自然环境，越来越强烈地影响着水循环的过程。人类构筑水库，开凿河渠，以及大量开发利用地下水等，改变了水的原来路径，引起水的分布和运动状况的变化。农业发展和森林破坏引起蒸发、径流、下渗等过程的变化。城市化及其热岛效应也改变了水循环的下垫面格局和能量驱动形势。

人类活动除了对水循环的通量产生干预，还对水循环中水的质量产生影响，进而改变水循环的环境介质。环境中许多物质的交换和运动依靠水循环来实现。人类活动排出的污染物通过不同的途径进入水循环。矿物燃料燃烧产生并排入大气的二氧化硫、氮氧化物等，进入水循环能形成酸雨，从而把大气污染转变为地面水和土壤的污染。大气中的颗粒物也可通过降水等过程返回地面。土壤和固体废弃物受降水的冲洗、淋溶等作用，其中的有害物质通过径流、渗透等途径，参加水循环而迁移扩散。水在循环过程中，沿途挟带的各种有害物质可由于水的稀释扩散，降低浓度而无害化，这是水的自净作用。但也可能由于水的流动交换而迁移，造成其他地区或更大范围的污染。人类排放的工业废水和生活污水，使地表水或地下水受到污染，最终使海洋受到污染。

2.1.2 流域水循环

2.1.2.1 流域水循环定义

流域尺度下水汽输送、降水、下渗、蒸发、径流等过程的循环转换和运移即流域水循环。降落在流域内的降水形成产流，接着通过坡面汇流过程，进入到流域内的河道；河道中的水通过河网汇流进入上一级河流，直到在流域出口流出该流域，进入更高一级河流或者流入湖泊、海洋。流域水循环系统中，水分、介质和能量是水循环的基本组成要素，其中水分是循环系统的主体，介质为循环系统的环境，能量是循环系统的驱动力。

2.1.2.2 自然水循环

人类社会早期由于生产力水平低下，人类改造自然的能力有限，人类活动对水循环的扰动范围和深度有限，因此那时的水循环体系是以自然水循环为主。流域自然水循环是只有太阳辐射、重力作用驱动下的降水、蒸发、入渗、产流、汇流等水文过程，是以"坡面—河道"形式为主的水循环模式，也称为一元流域水循环系统，即没有人类活动或人类活动干扰很小的水循环系统。自然水循环的主体是没有人类活动干扰的大气和地面、天然河道、天然湖泊、海洋、未经开发的地下水等水体，介质是没有人类活动或者基本没有人类活动干扰的水的赋存和运移环境，该环境主要包括太阳系—地球系统—大气系统。能量是太阳辐射和重力势能等天然能量输入，太阳辐射作为水体从下向上运移的驱动力，重力势能是水体自上而下运移的驱动力。

2.1.2.3 流域"二元"水循环

人类出现以来，为了满足其自身生存和经济发展的需要，不断地对自然界进行改造，特别是进入工业化时代以后，人类对水循环过程的干扰强度大大增强，打破了原有的水循环系统的运动规律和转化机制，强烈改变了自然水循环的模式，在部分人类活动密集的区域甚至超过了自然作用力的影响，形成了社会和自然相互影响的水循环转化系统。由人类活动作用产生的水循环转化系统，是以人类活动为驱动力，以人工取用水所形成的"取水—输水—用水—排水—回归"等基本环节的水循环系统，称为社会水循环。社会水循环的主体是经人类活动干扰的水体，如输水管网、人工河道、人工湖泊、水利工程、排水系统中的水，介质是人类活动作用下水的输移环境，能量是人类活动，即人类在生产、生活过程中对各种水源的开采和利用。

在人类活动作用下，现代环境中流域水循环由最初的以自然水循环为主的"一元"水循环体系演变成具有明显"二元"特征的水循环体系。流域水循环的循环路径由"大气—坡面—地下—河道"的自然水循环和"取水—输水—用水—排水—回归"的社会水循环构成，水循环过程的驱动力呈现"自然—社会"二元化特征，自然驱动力如太阳能和重力势能，人工驱动力如化石燃料燃烧转化的机械能和热能。水资源在其水循环转化过程中的服务功能，由开始的单纯服务于生态环境系统转化为同时支撑同等重要的经济社会系统和生态环境系统。社会水循环通过取水、排水、蒸散耗水和自然水循环发生联系，这三种过程是自然水循环和社会水循环的联系纽带，也是社会水循环对自然水循环影响最为剧烈和敏感的形式（图2-2）。

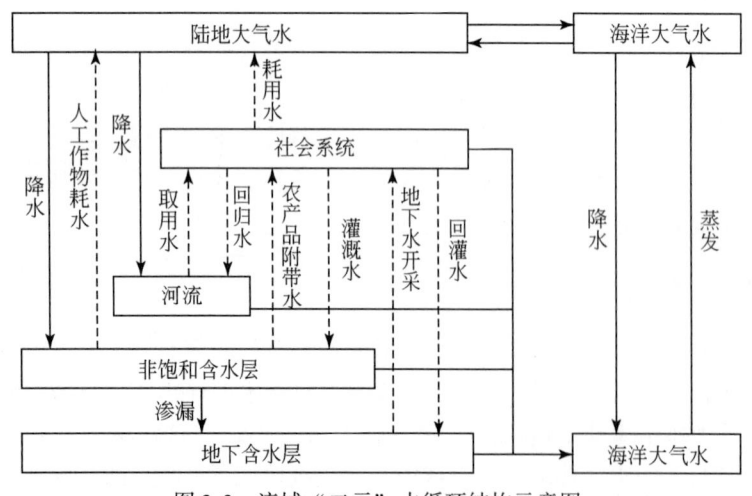

图 2-2 流域"二元"水循环结构示意图

2.1.2.4 流域水循环模式

人类从纯粹地躲避洪水到主动防御洪水，从开发地表水到今天的大规模开采地下水、跨流域长距离调水和深度影响土壤水，人类经济社会的发展过程也是人类对自然水循环的逐渐介入过程。

大规模的农业活动、城市化及配套设施建设改变了水循环天然状况下的下垫面，改变了流域的产汇流模式。工业生产排放出的污染物影响了水汽的输送和凝结过程。温室气体的排放增加也逐渐成为人类影响自然水循环的一个方面。温室气体的排放引起全球尺度的气候变化，直接影响了流域水循环的降水输入和蒸散发输出。

在大规模工业化和城市化阶段，水资源的开发已经从地表水和浅层地下水的开发向深层地下水发展，局部地区形成了地下水漏斗。在地表水和地下水开发都存在压力的区域，已经开始从外流域调水。在新技术的支持下，人类已经开始对土壤水进行调控和利用。人工驱动力已然成为水循环不可忽视的一个动力因子。流域水循环的"二元化"已经相当深入。

无人类影响或弱人类影响下的"一元"流域水循环模式逐渐向强人类影响下的"二元"模式转变，从而使流域水循环形成了自然、社会共同作用下的多种水循环模式，包括海陆模式、流域模式、城市模式、农业模式、其他类型模式五种。这些水循环模式共同参与流域水循环过程，影响着水循环的各个环节（图2-3）。

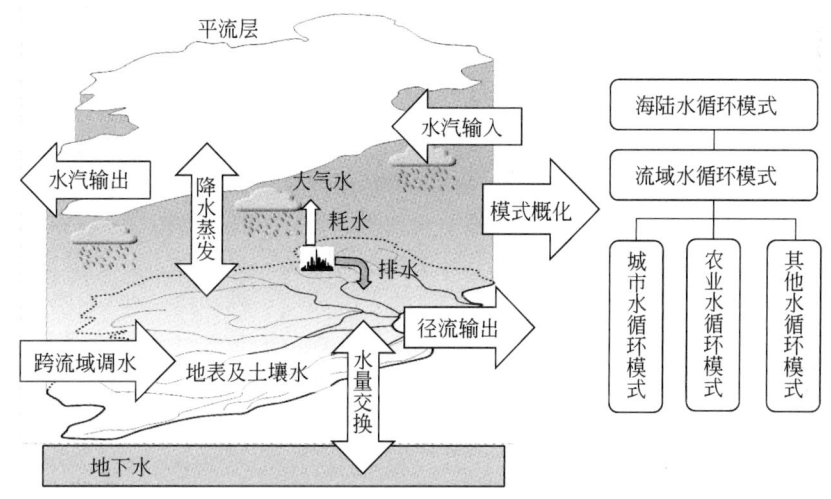

图 2-3　流域水循环模式关系

对于受人类活动强烈干扰的海河流域，就其所具有的自然—社会复合型水循环功能来说，可以视为一个相对独立的系统。其陆地水循环系统的外部环境是水循环的大气系统、流域下垫面、地下含水层及人类经济圈，还包括海洋。而在流域系统内部，水循环的实现是通过地表水系统、土壤水系统、地下水系统和人类城市圈系统、人类农业控制系统的相互作用来实现的。水循环的驱动力主要包括重力势能、太阳辐射、分子热力学势能和人工势能。从系统、整体的层面来认识海河流域二元水循环模式，是对微观动力学分析的一种有益补充。实际上，在国内外以往的研究中，已经把水分在不同系统之间的转化作为重要的科学领域（如"四水"转化），并且成为流域水资源调控的理论基础。下面将介绍自然驱动和人类活动参与下的海河流域二元水循环模式。

2.2 海陆水循环模式

流域水循环作为全球水循环的一部分，受到全球气候、环境变化和大气环流模式的影响。全球水循环中海陆间的水循环是连接陆地系统与海洋系统的最活跃因素之一，对陆地与海洋之间的物质循环和能量平衡起着重要作用。流域水循环正是在海陆水循环的大背景下实现其持续的水分更新和正常的服务功能。因此，作为流域水循环的背景模式，海陆水循环模式的系统识别和原理解析是建立流域二元水循环理论的基础与前提。

2.2.1 海陆水循环系统识别

海陆水循环由水分蒸发、水汽输送、大气降水、陆面水文等过程有机组合而成，是一个全球性的复杂巨系统。系统中各过程相互联系、相互作用、相互转化，共同影响着全球水分循环和能量转换的动态平衡。尽管海陆水循环系统错综复杂，但对流域水循环产生影响的过程仍能概化为一条主线：海面蒸发—水汽输送—大气降水—陆面产汇流—径流入海。水分在这一循环路径中受到多种因素的影响，如大气环流、气候变化、人类活动、下垫面等，发生状态变化和通量波动，进而对流域能量和物质的输送、转移产生深刻影响。

狭义上，如果说流域（陆面）水文循环刻画的是降水到达地表之后的一系列过程，海陆水循环描述的则是水分蒸发到大气层之后发生的各种变化和行为；广义上，流域水循环是海陆水循环的重要组成部分，海陆水循环是流域水循环的背景模式。从这个意义上讲，海陆水循环不但包括水分的大气过程，还包括水分的陆面过程。但是为了阐明海陆水循环对流域水循环的作用，将其大气过程作为完整的系统单独识别，进一步强化水分循环的大气部分，配合陆面水文循环理论，实现对海陆水循环理论的重要补充和完善。因此，本部分仅从狭义上阐述海陆水循环理论。

陆面绝大部分降水来自海洋的水汽输送，但是由于不同地点距离海洋远近不同，同时受到大气环流和大陆地形的影响，降水的时空分布存在很大的差异。因此，海陆水循环模式对流域水循环最直接的影响即体现在各种因素作用下的陆面降水时空分布上。海陆水循环模式的识别，从系统论的角度出发，应包括系统的输入、内部处理和输出识别，其中系统输入为海面和陆面的水分蒸发，系统内部处理则为水汽受各种因素的影响在大气层的扩散与输送，系统输出则是水汽在一定条件下形成降水的过程。海陆水循环系统示意图如图 2-4 所示。

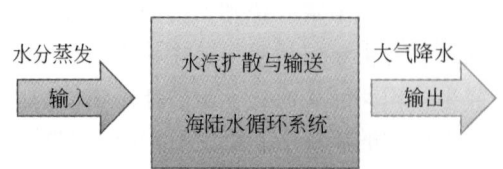

图 2-4　海陆水循环系统示意图

海陆水循环系统包括水分蒸发、水汽输送和大气降水三个主要的子系统，各子系统彼此联系、密不可分。其中，水汽输送子系统最为复杂，影响陆地降水的时空分布，以及与降水密切相关的陆地生态系统和陆面水循环系统。要深入了解海陆水循环系统的运作机制，仅依靠观测实验难以实现，建立模型是必要的步骤，即系统的模型化。海陆水循环系统规模庞大，宜采用数学模型进行抽象和概化。以水分蒸发作为模型的自变量，以大气降水作为模型的因变量，两者之间通过各种因素（参变量）的影响产生关联，如季风、气温、辐射、地形等因素，即把海陆水循环系统概化为下述方程：

$$P = f(E) \tag{2-1}$$

式中，P 为大气降水的时空分布；E 为水分蒸发的时空分布。在各种自然和社会因素的影响下，两者之间的相关关系极为复杂，但两者的相关性是显而易见的，因此，以简化的方程 $f(\cdot)$ 表示。与陆地水文模型相似，蒸发—降水之间的关系也可以参照降水—径流之间的关系进行模型的建立：可以简单地概化为集总式的黑箱模型；复杂的可以考虑水分循环的物理机制，建立海陆水循环的灰箱模型甚至白箱模型。

2.2.2 海陆水循环的原理解析

"原理"的定义是：自然科学和社会科学中具有普遍意义的基本规律，是在大量观察、实践的基础上，经过归纳、概括而得出的；既能指导实践，又必须经受实践的检验。任何自然现象，其数学模型的抽象都建立在对该现象运作原理深刻认识的基础之上，即使是最简单的输入-输出系数模型，也需要阐明两者之间相互转化的基本关系。海陆水循环系统由多个子系统组成，各子系统均遵循一定的自然规律，不同的作用机制相互牵制，决定了其原理的复杂性。

2.2.2.1 海陆蒸发规律

陆地及其水域蒸发（蒸腾）的原理在陆面水文循环理论中已经作了详细阐述，并在指导实践中发挥了重要作用。Penman-Monteith 模型在考虑了风速、辐射、气温、空气湿度等因素的基础上较为合理地表达了植被蒸腾的原理；土壤水分蒸发遵循水分的质量守恒定律和热量的能量守恒原理，由此建立了众多分层模型、经验模型、数值模型等（孟春雷，2007）；陆地水域蒸发原理也通过大量实验进行了探索，产生了多种不同的数学模型（雷时忠，1984）。上述模型是在大量的实验中对陆面水分蒸发（蒸腾）规律的科学总结，但是却不能机械地挪用到海面的水分蒸发中。即使是陆面水域蒸发模型，由于空间尺度和影响因素的差异，也不适用于海面蒸发。

全球 86% 的蒸发量来自海面蒸发，是全球水循环的主要组成部分（Schmitt and Wijffels, 1993）。海面蒸发是海—气交界处水分子从液态转化为气态的过程，该过程主要取决于三方面因素：热能、海气湿度差和风速。其中，热能用于破坏水分子之间的氢键，使水分子转化为气态并吸收一部分能量。这部分能量一直处于潜伏状态（潜热），直到水分子凝结成液态才得以释放。海气湿度差指的是空气湿度与海面表层空气湿度的差异，前者小于后者蒸发才会发生。空气湍流运动（风）加速了水汽从海面分离，形成海气垂向湿度梯度，从而促进海面蒸发。综合考虑上述因素，根据整体参数化和相似性理论（Liu et al.，1979），海面蒸发速率 E 可表达为

$$E = c_e U(q_s - q_a) \tag{2-2}$$

式中，c_e 为湍流交换系数，与大气稳定性、海气温度差和风速有关（Fairall et al.，1996）；U 为近海面风速；q_s 为某一海面温度下的饱和比湿（比湿指湿空气中水汽质量与总质量之比）；q_a 为近海面空气比湿。

2.2.2.2 水汽扩散与输送原理

陆面和海面蒸发形成的水汽随大气运动发生扩散和输送，该过程是海陆水循环系统的重要环节，将海洋、陆地和大气中的水分联系起来。水汽扩散和输送的方向及强度对流域水循环具有重要影响。尤其是干旱的内陆流域，水汽输送的意义重大。海陆水循环对流域水循环的影响很大程度上体现在海陆间的水汽输送上。

海面蒸发产生的水汽由于水分子的随机运动从蒸发点向周围大气扩散的过程，即水汽扩散。水汽扩散服从分子扩散的 Fick 第一定律，同时还遵守物质和能量守恒定律。

$$E = -k \frac{\partial C}{\partial x} \tag{2-3}$$

$$Q = -\lambda \frac{\partial T}{\partial x} \tag{2-4}$$

式（2-3）和式（2-4）分别表示物质（E）和能量（Q）沿 x 方向的通量，其中 k 和 λ 分别为物质扩散系数和导热系数；C 和 T 分别为物质浓度和温度沿 x 方向的空间分布。可见，物质和能量的扩散需要在空间上存在一定的浓度和温度梯度。上述公式为物质和能量的一维扩散模型，考虑大气中水汽运动的特点，可以将模型扩展到三维模式。

水汽扩散过程中受到外力作用将导致水分子原来的运动方式发生变化，水分子运动逐渐剧烈，水汽发生了湍流运动。随着外力的增加，水汽扩散的速度和距离急剧增加。水汽的大范围空间移动即水汽的输送，其移动的速度、路径和强度对沿途的大气降水产生重要影响。

水汽输送的原理一般利用数学方程描述水汽经过某一断面的通量来阐述，即水汽输送通量，用单位时间内通过单位断面的水汽质量来定义。由于实测数据资料获取困难，早期水汽通量的计算一般通过平均风速乘以通过某一断面大气中平均水汽含量的方式计算（Thornthwaite and Holzman，1938；Benton et al.，1950）。随着探空和测风资料的丰富，水汽通量的计算逐渐细化。首先在垂直方向上对大气层进行分层，分别计算每一层的水汽通量，然后进行累加（或者积分）（Benton and Estoque，1954；Hutchings，1957）。1954 年，Starr 根据环流机制和大气湿度对水汽输送影响的不同，将水汽输送通量分解为两种模式：平均输送（环流输送）和涡动输送（Starr and White，1954）。前者受大气环流的影响，其输送方向与风场的平均流向较为一致；后者的输送方向与大气湿度梯度相符合，从湿度高的空间向湿度低的空间输送。根据这一理论，海面与陆面之间长为 l、高为 h 的垂直剖面在时段 Δt 内通过的水汽质量按式（2-5）计算。

$$F = \frac{1}{g}\int_{P_h}^{P_0}\int_0^{\Delta t}\int_0^l q \cdot v \mathrm{d}x\mathrm{d}t\mathrm{d}P \approx \frac{(P_0 - P_h)\cdot \Delta t \cdot l}{g}\cdot (\overline{[q\cdot v]}) \quad (2\text{-}5)$$

式中，F 为水汽通过垂直剖面的质量，包含水汽输送的方向，为矢量；g 为重力加速度；P_0 和 P_h 分别为地面气压和距离地面 h 处的气压；q 为空气比湿；v 为风速矢量；$(\overline{[q\cdot v]})$ 中的"( )"、"[ ]"和"——"分别表示对 $q\cdot v$ 项在垂直方向气压的平均、空间的平均和时间的平均，该项可分解为

$$(\overline{[q\cdot v]}) = (\overline{[q]})(\overline{[v]}) + (\overline{[q'\cdot v']}) \quad (2\text{-}6)$$

式中，"="右侧第一项为平均输送，第二项为涡动输送。

上述公式为海陆间水汽输送的基本原理，影响大气中水汽输送的因素较多且复杂，如水汽时空分布、大气环流及其气候变化的响应、地理位置、海陆分布、地形起伏等，使得水汽输送的随机性增大。要对水汽输送的规律作进一步探索，提高探测技术水平，丰富实测资料数据库是必要条件。

2.2.2.3 大气降水规律

海陆水循环中海洋蒸发的水汽输送至陆地上空，在一定的条件下形成降水。降水是海陆水循环系统的输出，同时还是流域水循环的输入，从而将两种水循环模式密切地耦合为整体。

大气降水是指水汽通过一定的条件形成液态水或固态水降落到地面上的过程，如雨、雪、雹等，总称降水。降水的条件是在一定温度下，当空气不能再容纳更多的水汽时，就成了饱和空气。空气饱和时如果气温降低，空气中容纳不下的水汽就会附着在空气中以尘埃为主的凝结核上，形成微小水滴——云、雾。云中的小水滴互相碰撞合并，体积就会逐渐变大，成为雨、雪、冰雹等降落到地面。

降雨的特性取决于上升气流、水汽供应和云的物理特征，其中尤以上升运动最为重要。因此，通常按上升气流的特性将降水分为对流雨、锋面雨、地形雨和台风雨四种主要类型。

（1）对流雨

热带及温带夏季午后，高温使得蒸发旺盛，富含水汽的气流剧烈上升，至高空因减压膨胀冷却而成云致雨，称为对流雨。它多从积雨云中下降，是强度大、雨量多、雨时短、雨区小的阵性降雨。发展强烈的还伴有暴雨、大风、雷电，甚至冰雹。这种降水大多发生在终年高温、大气层结不稳定的低纬度热带地区及中纬度地区的夏季。地处赤道低压带的热带雨林气候，因太阳辐射强，空气对流运动显著，主要为对流雨。

（2）锋面雨

冷暖性质不同的气团相遇，其接触面称为锋面。暖湿空气因密度小，较干冷空气轻，会沿着锋面爬升，而致水汽凝结降雨，称为锋面雨。锋面雨多发生于温带气旋的天气系统内，故又称气旋雨。因为锋面或气旋水平尺度大、持续时间长、上升速度慢，易形成层状云系，产生大范围的连续性降水。降水均匀，降水强度没有急剧变化，这是中高纬度地区最重要的降水类型。我国北方大部分地区夏季的暴雨都是锋面雨。锋面雨是我国主要的降雨类型，主

要由夏季风的进退所决定,雨带随锋面的移动而移动。每年 5 月,南部沿海进入雨季;6 月移至长江中下游,形成一个月左右的梅雨;7~8 月雨带移至华北、东北,长江中下游出现伏旱;9 月雨带南撤,10 月雨季结束。我国南方雨季开始早,结束晚,雨季长;北方雨季开始晚,结束早,雨季短。为了解决我国降水量地区分配不均的问题,我国正在修建"南水北调工程"。有些年份因夏季风进退反常,易引发水旱灾害,可修建水库进行调节。

(3) 地形雨

温湿空气运行中遇到山地等地形阻挡被迫抬升,气温降低,空气中的水汽凝结而产生的降雨,称为地形雨。一般形成在山地的迎风坡,而且随着高度的升高,降水量逐渐增多,到达一定高度时降水量达到最大。再向高空去,降水量又逐渐减少。地形雨的强度和大小除与山地的高度有关外,还同气流的含水量、稳定性和运动速度相关,如果山体足够高,气流水汽充沛,运行稳定,常常成为多雨中心,如喜马拉雅山南坡的乞拉朋齐,位于西南季风的迎风坡,年平均降水量达到 12 000mm 左右,成为世界的"雨极"。气流越过山顶,沿背风坡向下流动,则形成增温、干燥等现象,有些地方还出现干热的焚风,降水量很少或没有降水,成为"雨影区",如澳大利亚东海岸的大分水岭,东侧为东南信风的迎风坡,多地形雨;西侧的墨累–达令盆地形成雨影效应,降水稀少,气候干燥,严重影响了该地混合农业的生产。为了解决灌溉水源问题,澳大利亚修建了"东水西调"工程。

(4) 台风雨

在热带洋面出现的热带气旋,其降雨主要由于海上潮湿空气的强烈辐合上升作用而形成,称为台风雨。台风是形成于热带或亚热带海洋上的强大的热带气旋,中心附近风力达到 12 级或 12 级以上。热带气旋的范围虽比温带气旋小,但云层浓密,且环绕在低气压中心的气流强盛,带来狂风暴雨,会造成河堤决口、水库崩溃、洪水泛滥。这种热带气旋在亚洲东部和我国沿海地区称为台风,在亚洲南部及北美洲东海岸则称为飓风。我国夏秋季节经常发生的台风属于强烈发展的热带气旋,带来狂风暴雨,给人民群众的生命财产造成巨大损失。

2.3　流域水循环模式

流域水循环,是指流域尺度下主要包括降水、消耗、径流、输送运移及流域储水量等变化在内的整个过程。水分在循环过程中要同时支撑自然生态与环境系统和社会经济系统,并体现了水循环五大服务功能:生命功能、资源功能、经济功能、生态功能及环境功能,从而使流域水循环成为陆面上重要的水分循环系统。

2.3.1　流域水循环系统识别

流域水循环系统分析是在研究流域水资源的配置、开发、利用、节约、保护和管理方面的优化方案过程中,采用专家智能与计算机模拟相结合,从定性到定量的系统综合集成分析方法,研究对象可以是水资源配置系统或与之相关的区域宏观经济系统及生态环境系统,也可以是水资源规划、设计、施工和运行管理中的某些具体问题。

流域水循环系统分析将分析对象划分为系统输入 $X(t)$、系统转换 $Y(t)$ 和系统输出 $Z(t)$ 三个单元。用数学方程式表示，即为

$$Z(t) = Y(t) \cdot X(t) \tag{2-7}$$

从分析过程看，流域水循环系统分析包括系统化、模型化和定量化三个阶段。系统化主要是界定问题和确定目标，草拟各种可能的行动方案，列出各种行动方案实施的前提及预期实施效果，并将系统分解并清晰地表达出来。模型化主要是将物理系统进行一定程度的概化与抽象，利用集合来表达物理量之间的逻辑关系，利用参数来表达已知的物理量，利用变量来表达未知的物理量，利用方程来描述物理量之间的动态依存关系，并运用已获得的信息校核模型的可信度。最后在集合的基础上定义参数变量，在参数与变量的基础上定义方程，再利用各类方程定义数学模型。定量化包括三层含义：一是定量地揭示系统内部诸因素或诸子系统矛盾运动的规律；二是通过对系统目标的定量来权衡或优化各个可行方案；三是在定量基础上观察外部条件变化对系统造成的影响。需要指出的是，上述划分是相对的，其中系统化包含了模型化与定量化的某些内容。

2.3.1.1 流域自然水循环系统

在太阳能、重力势能、生物势能等能量的共同作用下，水分从海洋和陆面蒸发，被大气环流输送到大气中，遇冷凝结成雨或雪降落，被树、草截留后在地表形成径流，入渗补给地下水，最后流入海洋或是尾闾湖泊，再次从海洋和陆面蒸发。这种在垂直向上"大气—地表—土壤—地下"、水平向上"坡面—河道—海洋（尾闾湖泊）"间循环往复，并伴随着气态、液态或固态相变的过程形成流域自然水循环的基本内容。

流域自然水循环总体来说包括以下两个方面：一是流域水循环是以降水为基本输入，其中垂向降水包括雨、雪、雨夹雪、米雪、霜、冰雹、冰粒和冰针等形式，水平降水主要指雾和露；二是有效性是评判水是否具有资源属性的主要标准。因此，水资源的赋存形式多种多样，包括径流性地表水和地下水、非饱和带的土壤水及冠层截流的重力水等。流域自然水循环路径示意图如图2-5所示。

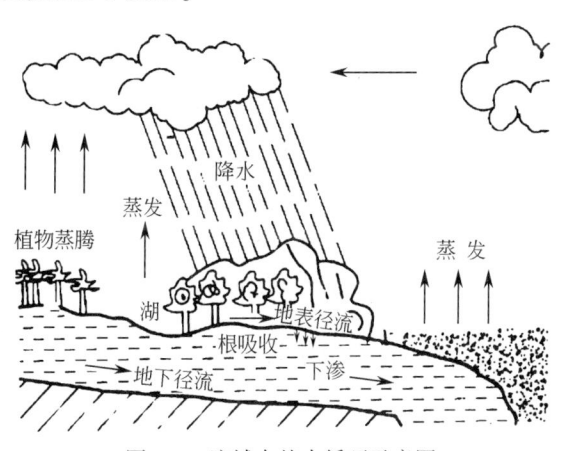

图 2-5　流域自然水循环示意图

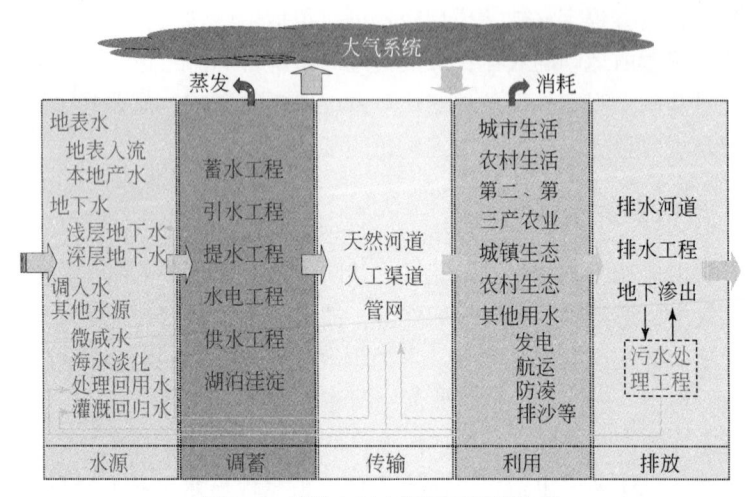

2.3.1.2 流域人工水循环系统

流域人工水循环系统是指在一定流域尺度范围内，由于人类生产生活的需要，水及其相关的涉水介质和涉水工程（水基系统）共同构成的基础生境承载系统。

根据人工水循环系统的概念，流域人工水循环涉及多水源（地表水、地下水、外调水、污水处理回用水等）、多工程（蓄水工程、引水工程、提水工程、污水处理工程等）、多水传输（包括地表水传输、外调水传输、弃水污水传输和地下水的侧渗补给与排泄关系）的系统，为研究系统内部各变量之间的相互作用和影响，流域人工水循环系统如图 2-6 所示。

图 2-6 流域人工水循环系统概念图

2.3.1.3 流域二元水循环系统

随着人类活动的增强，流域水循环演变的一个突出特征就是循环尺度变化，主要表现为流域大尺度循环过程不断减弱，局地小尺度循环过程不断增强，水循环"本地化"的现象日益明显。对于外流河流域，则表现为流域产流减少、河道流量减少、入海水量减少等，甚至出现河道断流现象；内陆河流域水循环尺度内缩的表象就更为明显，如尾闾湖泊消失，径流的尖灭点上移，河流长度缩短等。产生这种次生效应的直接原因就是随着社会经济发展和生态环境保护目标的提高，部分地区需水模数也随之提高，为满足这种需求，部分有效水分通过各类截流手段被就地利用，如雨水集蓄利用、河川径流的拦蓄利用、地下水就地开采等，从而导致流域水循环水平尺度的内缩。在另外一些特定的人类活动影响下，流域水循环的尺度也可能被扩大，其中一个最明显的例子就是跨流域调水工程。此外，下垫面破坏也使得流域产流增加，也可能引起流域水循环水平尺度的扩大。

对一个闭合的流域系统而言，地表水循环过程的输入项是降水，基本输出项包括水平方向的径流项和垂直方向蒸散项。在人类活动作用下，外流河流域另外一个突出的水循环效应就是垂向蒸散发的输出整体增加，而水平方向的径流输出不断减少。根据流域水量平衡原理，在一个较长的时段内流域储水量看做基本不变的话，水平方向径流量的减少量必然等于垂直方向蒸散量的增加。改变流域系统水平和垂向输出项比例的方式主要包括两种：一是下垫面变化；二是人工耗水。对于流域水循环输出影响较大的下垫面变化类型有农业耕作与灌溉、生态环境建设或生态演替、城市化和人工建筑物等。下垫面变化中，有些有助于垂向蒸散量的增加，如农业耕作和灌溉；有些有助于径流的形成，如砍伐森林和城市化等。但总体来说，垂向蒸散发输出加大效应要大于水平向径流减小效应，使水平径流输出有逐渐减小的趋势。因人类活动引起的流域水循环水平和垂向输出项易换效应在许多流域表现非常明显。

2.3.2 流域水循环模式

陆面流域水循环是指流域降水到达地面后发生的水分运移与转换过程，在此过程中，形成了地表水（包含陆面截流）、土壤水和地下水等不同赋存形式的水资源。流域水循环系统中，一是系统输入，主要指降水。降水是不同尺度的大气物理过程和天气动力作用之间的耦合结果，也是流域水循环系统的输入，其形成和发展是一个复杂的物理过程，不仅受到大尺度天气动力过程和中小尺度动力学和热力学的制约，也受云微物理、辐射、边界层等非线性相互作用的影响，是最难预报的气候变量之一。二是循环环境，包括地表下垫面环境、土壤介质环境和地下含水层介质环境。三是循环结构。在天然状态下，自然水循环水平结构为"坡面—河道—海洋"，垂向结构是"大气—地表—土壤—地下"。在水资源开发利用的条件下，在天然水循环的水平分项上增加"取水—输水—用水—排水"循环结构，并对垂向结构也进行了一定程度的改造。四是循环动力，包括太阳能、势能及人工能量等，其中势能又包括重力势能、毛细管势能、生物势能等，人工能量如提水电能等。

基于上述描述，流域水资源形成与演化的概念性模型可以表述为

$$R = f(P, C, S, E) \tag{2-8}$$

式中，R 为流域水资源；P 为水资源系统输入（降水或其他水分来源）；C 为循环环境；S 为循环结构；E 为循环能量。

天然状态下，陆面流域水循环在水平方向按照"坡面—河道—海洋（或尾闾湖泊）"，垂直方向按照"大气—地表—土壤—地下"过程不断循环往复，从而形成了地表水资源、土壤水资源和地下水资源。但随着社会经济的快速发展和人口的不断增加，人类社会正深度扰动着地球表层物质与能量的天然循环过程，其中水循环也不例外。大规模的工农业生产、城市化、生态建设及人工取、用、耗、排水等活动都悄然改变着天然水循环的大气、地表、土壤和地下各个过程，致使现代环境下流域水资源系统演变的内在动力已由过去一元自然驱动演变为现在的"天然—人工"二元驱动。大规模人类活动干扰下的流域水资源演化的概念性模型发展为

$$R = f\{P(n, a), C(n, a), S(n, a), E(n, a)\} \tag{2-9}$$

式中，n 为自然驱动力；a 为人工驱动力。

2.4 城市水循环模式

2.4.1 城市水循环模式概念性通式

随着流域社会经济的发展和人口的增长，城市水循环已从"自然"模式占主导逐渐转变为"自然—社会"二元模式。近百年来，随着流域城市化聚集居住和人类文明进步，城市范围内形成了"供水—用水—排水—回用"的水循环延展路径，回用的结构日趋复杂，大规模供、排管网的铺设与自然水循环日益分离，实现了向多元化用户主体提供水量、对排除的污废水进行收集、输送和处理的基本功能，以支撑经济发展、保护人体健康和环境安全。同时，城市所带来的下垫面变化对水文过程各要素（如入渗、产流、汇流和蒸发）产生了全面影响，形成了城市特有的二元水循环模式，如图2-7所示。

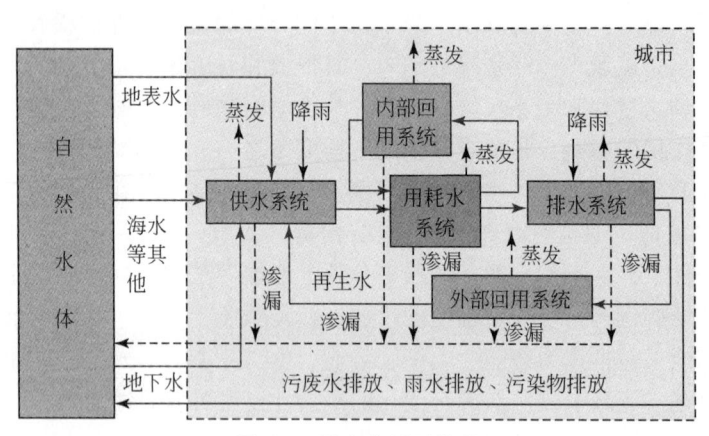

图2-7 城市水循环模式

城市水循环模式的概念性通式可以表述为

$$UR = f\{S(n, h), U(n, h), P(n, h), R(n, h)\} \quad (2\text{-}10)$$

式中，UR 为城市水循环；S 为城市供水系统，U 为城市用水系统；P 为城市排水系统；R 为城市回用系统；n 自然驱动力；h 社会驱动力。

城市供水系统过程（S）是城市供水安全保障的核心。该过程需要考虑城市自来水供水系统，也考虑自备水源系统及非常规水源利用系统（如再生水、雨水及淡化海水等）。在传统水源方面，不仅考虑城市自身的地表水和地下水，也考虑了外调水系统。

城市用水系统（U）是城市用水机理与效率状况的核心体现，直接影响人体健康、社会发展与经济增长，主要包括多种用水类型，如居民生活、第二产业用水、第三产业用水及生态用水（如绿地浇灌、河湖生态用水、环境卫生用水等）。来自社会经济系统和降雨径流等自然水循环系统的蒸散发是影响用水、耗水过程的关键。

城市排水系统（P）是城市水污染传输与水环境演变机理、城市雨水利用与内涝控制的关键因素。在污染源方面，该过程既考虑了生活、工业等点源排放，也考虑了城市降雨径流等非点源的排放过程。在污水处理方面，该过程既考虑了城市集中污水处理厂的建设，也考虑了技术经济可行的分散式污水处理设施的发展，且充分体现了处理后污水的再利用过程。城市雨水利用与排放过程是影响城市内涝的重要因素。城市内涝风险通常受到合流与分流体系状况、城市管网的密度与分布、短历时暴雨情况及下垫面情况（如绿地、道路、屋顶、河湖水体等）等多种因素的影响。

城市回用系统（R）是指城市污水处理厂及其他污水处理设施的处理后利用过程，该过程通常具有保护水资源、减轻水污染的双重效益。

城市水循环的变量表征如表 2-1 所示。

表 2-1　城市水循环的变量表征

过程分解	变量表征	变量含义	主要影响因素
城市水循环系统（UR）	$S(n,h)$	供水因子	水源地水量和水质、来水过程、供水方式、给水管网、给水处理技术、处理成本等
	$U(n,h)$	用水因子	人口总量、经济规模、产业结构、用水设施、用水器具、用水行为、城市绿地河湖特点、土壤类型、土地利用等
	$P(n,h)$	排水因子	污水排放方式、污水处理工艺、合流与分流体系、排水管网体系、降雨特征等
	$R(n,h)$	回用因子	城市缺水程度、社会经济发展水平、再生水处理成本、再生水价格、公众环境意识等

按照社会经济的发展程度与水问题风险的程度两大因子，城市水循环模式可分为发展中城市水循环系统、发达城市水循环系统、生态城市水循环系统三大类。从发展中城市发展到发达城市和生态城市，城市给水、排水与雨水管网与水处理基础设施不断完善，用水的内部回用过程更为普遍和复杂，污水再生利用更为广泛，用水器具的选用更为高效，雨水的直接与间接利用更丰富。

2.4.2　发展中城市水循环系统

发展中城市的社会经济规模较小，面临的城市水问题风险较小。总体上，城市化发展对水循环系统的影响并不十分强烈。发展中城市水循环系统有如下特点。

1）城市中大量修建城市房屋、道路、广场，但仍有相当部分的土地资源被原有的植物与作物覆盖，城市活动对自然水循环下垫面的扰动较小。

2）耗用水结构有待优化，用水效率较低。城市经济发展迅速，产业结构一般以第二产业为主，第三产业刚刚起步，所占比例较少。第二产业以资源消耗性行业为主，生产设备和技术落后，节水管理较为薄弱，水资源耗用量大，用水效率低下，造成城市工业用水效率较低。第三产业和生活用水受到收入的限制，不能普遍使用节水器具，生活用水效率较低，生态用水被大量挤占。

3）供水结构有待改善，供水能力有待提高。水库直接向工业部门供水和自备井供水是发展中城市供水结构中的一大特点。水库不通过管网而直接向工业部门供水使得中间渗漏、蒸发损失加大，造成水资源浪费和供水效率低下。各部分自备水井由于分布较散不利于水资源的统一管理和调配。造成这些供水设施存在的一个根本原因还是这类城市公共供水系统设施不够完善，随着城市发展，供水结构急需优化，供水能力亟待提高。

4）城市排水和污水处理设施不够完善，城市面临水污染风险。发展中城市由于地方财政和管理水平，污水管网建设还没有完成，城市污水处理厂的处理能力有限，一些废水甚至没有经过排水管网和污水处理就直接排入河道，给生态环境造成严重污染。另外，由于雨水管网尚在建设或刚刚建成，雨水、污水混排现象比较普遍，进一步加重了污水处理厂的处理压力。

5）非传统水源利用较少。除一些大的用水企业（如邯钢、安钢等）考虑经济效益自己设立污水处理及回用系统外，非传统水源在海河流域大部分发展城市中尚未正式启动，其他公共用水部门均实施没有中水、雨水等非传统水源利用。

2.4.3 发达城市水循环系统

发达城市的社会经济高速发展，城市水问题面临高风险，城市化发展对水循环系统的影响十分强烈，城市水循环系统具有如下特点。

1）城市住房、商贸中心、学校和工厂等建筑物大规模发展和建设，城市下垫面变化剧烈。

2）耗用水结构得到优化，用水效率极大提高。在城市三产结构中，第三产业比例较高，第二产业比例较少。城市用耗水结构随着产业结构不断调整而不断优化，第二产业中资源消耗性行业已经被关停或整改，设备工艺水平得到提高，用水管理制度日益完善，用水效率明显改善。随着第三产业的发展和人均收入的提高，节水器具在生活领域中得以推广，人们节水意识明显增强，生活用水效率较高，生态用水已被考虑。

3）供水结构进一步优化，城市用水普及率达100%。发达城市各部门用水大部分水源来自公共供水部门；城市供水管网设施比较完备，各供水水厂服务范围路径减少，并且可以通过供水管网在紧急情况下互相调配和补充，供水效率得到极大提高。但少部分部门仍有自备水源，水资源管理制度还不够严格。

4）排水和污水处理设施比较完善，水污染风险有所降低。城市排水管网建设已近比较完善，污水处理厂整理处理能力较发展时期有了较大提高，污水处理率较高，大部分地区实现了雨水、污水分排。但城区仍有部分区域雨污合排和污水直排，生态环境仍旧有待进一步治理和改善。

5）非传统水源利用已经开始启动。污水、雨水及海水等非传统水源利用已经在海河流域部分城市开始启动，如北京、天津，并且获得较好的生态效益和经济社会效益，但由于资金、政策等相关因素制约，非传统水源占用水的比例有待进一步提高。

2.4.4 生态城市水循环系统

在生态城市中，水循环系统的结构最为完整，水循环的效率得到提高。城市社会经济发展程度较高，城市在设计、建设、管理机制方面不断创新与发展，形成了城市与生态和谐发展的状态，城市面临的水问题风险处于较低水平。生态城市的概念是联合国教科文组织于1971年发起的"人与生物圈"计划研究过程中首先提出的。生态城市是指城市空间布局合理，基础设施完善，环境整洁优美，生活安全舒适，物质、能量、信息高效利用，经济发达、社会进步、生态保护三者保持高度和谐，人与自然互惠共生的城市复合生态系统。

生态城市实现了如下两大方面的理念革新：①将传统的基于卫生学的城市雨水排放系统设计思想，变革为现代雨水综合利用理念。传统的城市雨水排放思想主要是将传统的雨水与污水混合在一起，通过市政管网尽可能快地排到远离城市的地方，以免污染水源，这种思想在发达国家和发展中国家的城市设计中普遍采用，带来了城市干化、城市雨洪风险增大等问题。现代的雨水综合利用思想，则采用雨水渗透、雨水蓄滞等措施，将雨水更多地留在城市内部。②多层面构筑反馈系统，将传统的"取水—输水—用户—排放"等单向开放型流动侧支循环系统，转变为"节制地取水—输水—用户—再生水"的强化反馈式循环流程，提高了城市水资源利用效率和效益。具体地讲，生态城市阶段二元水循环的特点如下。

1）城市社会经济系统与基础设施不断完善的同时，注重生态系统的恢复、修复与建设，以及城市生态系统协调与美好。

2）城市耗用水结构达到最优，用水效率极高。注重源头减量化和水资源利用效率的改善，清洁生产、节水器具得到广泛采用。生态用水得以完全保障，生产用水和生活用水效率极高，用水结构得到优化。

3）供水管网发达，供水应急能力强。公共系统供水发达，自来水处理能力可以满足各用水部门需求。自备井已被关停，水资源管理制度严格、合理。供水调配和应急能力强，可以处理各种供水应急事件。

4）排水管网和污水处理系统发达，城市基本实现零排放。生态城市的排水和污水处理设施极大完善，全城均实现了雨水、污水分排，城市具有较高的污水处理能力，污水基本实现零排放。注重污水处理设施建设的生态化，如可采用全封闭污水处理厂的建设，采用全封闭、零公害、无污染、全地下的建设方式，将所有处理污水、淤泥、废气的设施全部"封"入地下，以减少空气污染、节约土地资源。

5）非传统水源利用得到充分发展，水资源效率提高。雨水利用设施、中水管网和中水供水系统设施完备。海水淡化技术比较成熟，海水利用率高。非传统水源的充分利用，可以缓解传统水资源用水压力，一些用水单元如生态用水、市政用水、生活用水中的冲厕用水、洗车用水等已做到非传统水源供给。

2.5 农田水循环模式

2.5.1 农田水循环过程解析

从海河流域农田水循环的发展变化历程可以看出，尽管农田水循环变得越来越复杂，循环边界不断扩大、循环环节不断增加、循环路径不断延长、循环通量不断扩大，但是其基本服务功能始终没有改变。其本质仍然集中于从水源到作物耗水的全过程，涉及水文循环过程、作物生理过程、农艺措施、灌溉方式等相关内容，其形式由单纯利用降水向人工控制灌溉发展，其水源包括降水及其派生的一次性径流资源和再生水。从农田整个系统来看，应该属于社会—自然水循环系统或人工水循环系统，按照水分流通过程，农田水循环可以分为垂向循环和水平水循环两个方面。

2.5.1.1 农田水循环垂向过程

农田中作物的水分获取来自于大气降水、地下水的上升和人为输入地表水（如灌溉）等，农田中水分的散失则主要包括直接由土面逸向大气，通过根系吸水进入植物体后蒸腾到大气中及由土壤层下渗到地下水层之中的水分。水循环主要包括降水、灌溉、蒸发、入渗和产流等。大气降水、灌溉是农田水循环的输入来源，农田蒸发蒸腾、农田退水是农田水循环的输出项。农田上的降水及灌溉水在太阳能、重力势能和土壤吸力的驱动下，经作物植被冠层截留、地表洼地蓄留、地表径流、蒸发蒸腾、入渗、壤中径流和地下径流等迁移转化过程，一部分重返大气，一部分排入水域，并再次从水域或陆面蒸发，这样循环往复、永无休止。

(1) 降水（灌溉）入渗过程

人类活动对水量入渗的干扰主要表现在两个方面：一方面，灌溉水进入农田，来水量加大，使得入渗到土壤中的水量增加；另一方面，人们通过各种农业耕作措施和施肥，改变了土壤和岩层状况，或者通过坡改梯、平整土地等改变地表覆盖物的活动，减少土壤侵蚀，从而也增加了水量入渗到土壤中的概率。但是不论是降水入渗还是灌溉入渗，水分入渗机理均与纯粹天然水循环状态下的入渗机理一样，不同的只是由于灌溉水的引入，土壤入渗通量的大小和时空发生了变化。

(2) 作物用水过程

水分经由土壤到达植物根系，进入根系，通过细胞传输进入木质部，由植物的木质部到达叶片，这是作物用水的整个过程。根系是农田作物吸水的主要器官，它从土壤中吸收大量水分，满足植物体的需要。根的吸水主要在根尖进行。在根尖中，根毛区的吸水能力最大，根冠、分生区和伸长区较小。作物用水主要分为主动吸水和蒸腾吸水两个方面，这两个方面的动力分别为根压和蒸腾拉力，一般来说蒸腾吸水占有绝对地位。①根压吸水过程：根压指植物根系的生理活动使液流从根部上升的压力，根压把根部的水分压到地上部分，土壤中的水分便不断补充到根部，这就形成根系吸水过程，这是由根部形成力量引起的主动吸水。②蒸腾吸水过程：蒸腾拉力是指植物因蒸腾失水而产生的吸水动力。叶片蒸腾时，气孔下腔附近的叶肉细胞因蒸腾失水而水势下降，所以能从旁边细胞取得水分。同理，旁边细胞又从另外一个细胞取得水分，如此下去，便从导管要水，最后根部就从环境吸收水分。这种吸水完全是由蒸腾失水而产生的蒸腾拉力所引起的。

(3) 农田蒸发过程

为发展农业，人们往往开垦荒地，进行农作物种植，原来的裸地蒸发逐渐被作物蒸散发所替代，增加了腾发量。但农田田面蒸发仍是基于热动力学机制，遵循热量平衡原理，因此就蒸发过程而言，仍与纯粹天然水循环状态下的蒸发机理保持一致。

农田蒸发主要包括冠层截流蒸发、农田水面蒸发、作物蒸腾蒸发和裸间土壤蒸发等。随着作物品种、农艺措施的发展及作物灌溉制度的科学实施，农田蒸发逐渐演变为受农田区域气候和人工控制两方面影响的蒸发过程。

2.5.1.2 农田水循环水平过程

农田水循环水平结构主要体现在人工补充灌溉下的取供水过程，以及农田的产汇流过程和退水过程。灌区农业活动除了改变农田地表覆盖、植物分布方式和土壤质地等水循环陆面过程的主要控制性因素之外，还通过修建水库、渠道和机井等直接干预地表径流和地下径流的循环路径和通量，通过输水干渠，经支、斗、农、毛等数级渠道将水输送到田间，扣除蒸发和入渗损失后，其余形成径流在田面汇集，进入末级排水沟。末级排水沟的水量再经过农沟、斗沟进入干沟，这些分离的水分在输运、利用和排泄等过程中形成农田系统的水资源水平运转路径，见图2-8。

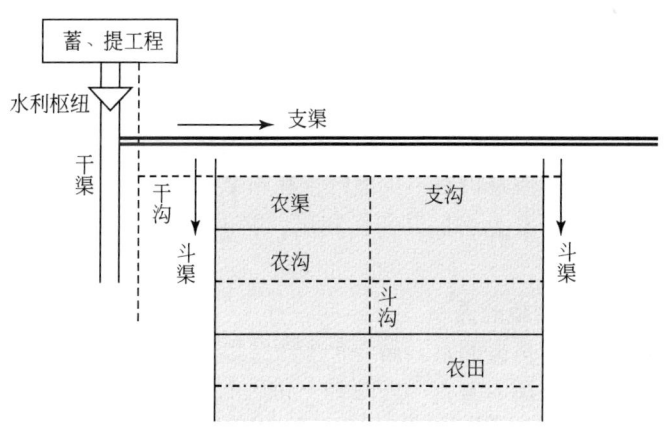

图2-8 农田水循环水平结构

农田社会水循环的取水—输水—用水过程不仅改变了水循环的蒸发、入渗、产流过程与通量，而且形成完全逆于自然产汇流的过程。水从河道引出以各级渠道为载体输送到农田，由原来在河道中的汇流过程变成水量逐步分散的过程；提取地下水则改变了地下水的流动过程，使得原本依据重力作用汇流的地下水转变为由电能等提取灌溉输送到农田地表。在农田排水时，由于排水沟的存在，灌溉退水由最末一级排水沟向干沟汇流的过程完全是人工控制。

(1) 农田取供水过程

通过各种水利设施从地表和地下取水，通过输水干渠，经支、斗、农、毛等各级渠道输送到田间，或者将水暂时调蓄起来，扣除蒸发和入渗损失后，进入田间的水分在利用与消耗之后存在地表和地下逐渐汇集的过程，经毛沟、农沟、斗沟进入干沟，最后排入河道。

(2) 产汇流过程

农田田面上的产流过程仍然是蓄满产流和超渗产流，或者二者同时发生。产流的形成仍与土壤的含水率有关，只不过农田田面的土壤含水率和纯天然状态下的含水率不同，该量的变化导致在农田田面上所形成的产流量或汇流量发生变化。农田田面上的水流汇集仍是根据地形坡度的变化，水流由高向低流动，并在流动过程中汇集，逐渐由小股水流变成大股水流，然后汇集到排水沟。

产汇流的变化也主要表现在量上，灌溉方式及农业耕种措施和各种植结构的调整都不同程度地影响了农田地表的产汇流量，使得其有增加或减少的现象发生。

(3) 农田排水过程

农田排水是指将农田中过多的地面水、土壤水和地下水排除，改善土壤的水、肥、气、热关系，为改善农业生产条件和保证高产稳产创造良好条件，以利于作物生长的人工措施。一般来说，农田排水主要受人工控制影响，可以分为主动排水和被动排水两个方面。

主动排水主要由农田作物类型和生长特点决定，如种植水稻、莲藕等水生植物，由于其生长需求，在不同生长期需要灌水、封水、排水等过程，进而主动进行农田排水。被动排水是指为改善土壤的水、肥、气、热关系，控制地下水位以防治渍害和土壤沼泽化、盐碱化而进行的人工排水。由于海河流域降水存在时空不均的特点，经常出现丰枯交错和旱涝交替，历史上就存在着水旱频仍的现象。当前，即使在实施高标准、高效率的节水灌溉后，田间水分已大量减少，但是仍有不少地区，在汛期遭遇较大降雨或暴雨袭击时，仍然会产生多余的地表径流，而又无法加以消耗利用，若不及时排除，并随即降低地下水位，内涝和渍害的威胁依然存在。

(4) 农田排水与节水灌溉的关系

农田排水是要排走田间多余的水，而节水灌溉是要尽量减少各个环节水的消耗，杜绝浪费，做到水尽其用。从表面上看来，这两者之间似乎存在着矛盾，于是，就产生一种观点，认为实施节水灌溉以后，田间再也不会有多余的水可排，那么，采用农田排水措施的前提也就不复存在了。事实是不是这样，需要作一些客观分析。

对于某些地区来说，由于连年干旱，长期大量取用地下水进行灌溉，现状地下水位已经很深，而土壤透水性较好，汛期也不会产生地表径流，或者是采用喷灌、微灌等先进的节水灌溉技术，不产生深层渗漏，不会由于地下水位升高而助长涝、渍和盐碱。这种情况下，除了井灌本身就能起到排水作用外，确实不再需要采用其他类型的农田排水措施。然而，我国幅员辽阔，各地区的自然条件差异甚大。全国大部分地区属东亚季风气候，具有年内和年际雨量分配很不均匀的特点。因此，经常出现丰枯交错和旱涝交替，历史上就存在着水旱频仍的现象。当前，即使在实施高标准、高效率的节水灌溉后，田间水分已大量减少，但是仍有不少地区，在汛期遭遇较大降雨或暴雨袭击时，仍然会产生多余的地表径流，而又无法加以消耗利用，若不及时排除，并随即降低地下水位，内涝和渍害的威胁依然存在。北方一些引用河水灌区，在我国目前以沿用地面灌溉的方式为主体的情况下，即使进行了节水改造，也还有一部分灌溉水从田面渗入地下，补充到地下水中，若不采取有效的排水措施，对地下水位加以控制，仍会出现地下水位上升过高，而使土壤盐渍化程度加剧。

在这些地区实施节水灌溉与农田排水并行，不仅不会出现无水可排或农田排水干扰节水灌溉以至于降低其作用的不良后果，反而在保持灌溉土地水分与盐分均衡，维持水土资源的正常状态，实现良性循环，为节水灌溉农业创造夺取稳产高产的有利条件方面，农田排水仍能起到积极的作用。

2.5.2 雨养农田水循环模式

雨养农田中作物的水分获取完全来自于大气降水，虽然雨养农田水循环通量和过程在一定程度上受到人类活动的干扰，但其循环利用完全依赖于自然水循环的降水、蒸发、入渗和产流机制等。大气降水和蒸发是雨养农田水循环的输入输出源，农田上的降水在太阳能、重力势能和土壤吸力的驱动下，经作物植被冠层截留、地表洼地蓄留、地表径流、蒸发蒸腾、入渗、壤中径流和地下径流等迁移转化过程，一部分重返大气，另一部分排入水域，并再次从水域或陆面蒸发，这样循环往复、永无休止。图 2-9 为海河流域雨养农田水循环结构示意图。

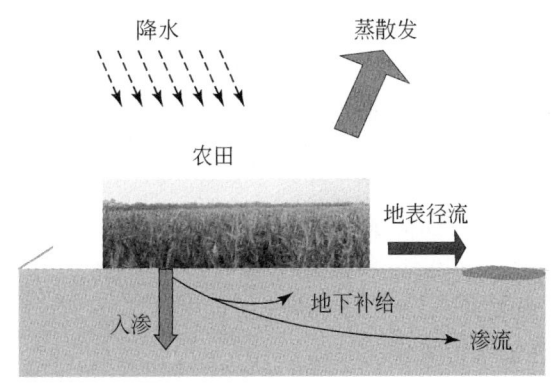

图 2-9 雨养农田水循环结构示意图

（1）供水模式

雨养农田的供水水源主要为农田区域的降水，以及人工采取农田下垫面改变、集雨调蓄利用等措施调控降水深刻影响着农田区域入渗、产流和蒸发蒸腾过程。从供水模式上，雨养农田可分为降水供给和降水入渗的地下水供给，其供水（S_1）通式可以表述如下：

$$S_1 = P(n) + G(n) \tag{2-11}$$

式中，$P(n)$ 为降水供给，与区域气候、降水过程有关；$G(n)$ 为地下水补给，与农田土壤质地、农田作物特性有关；n 为自然驱动力。

（2）用水模式

雨养农田用水过程主要体现在农田系统作物的生理特性上，与农田作物的生长期、植株高度、根系深度及作物叶面积有关。表现在作物降水利用量上，其用水可以分为农田作物降水冠层截流、降水有效利用等方面。其用水（U_1）通式可以表述如下：

$$U_1 = A(n) \tag{2-12}$$

式中，$A(n)$ 为作物用水，与农田作物的生长期、植株高度、根系深度及作物叶面积有关；n 为自然驱动力。

（3）耗水模式

雨养农田耗水模式一般采用通过对土地利用方式的改变影响陆地表面的覆盖率、植物分布方式和土壤质地，影响着农田区域水通量的运移。土地利用方式改变主要表现在农田土壤层物理特征的改变、农田作物特性的差异。雨养农田耗水主要包括降水截流、植被蒸腾、土壤蒸发等项，其耗水（E_1）通式可以表述如下：

$$E_1 = \mathrm{EY}(n) + \mathrm{EP}(n) + \mathrm{ES}(n, h) \tag{2-13}$$

式中，$\mathrm{EY}(n)$ 为降水截流；$\mathrm{EP}(n)$ 为植被蒸腾，与作物生理特性、农田土壤属性有关；$\mathrm{ES}(n, h)$ 为土壤蒸发；n 为自然驱动力；h 为人工驱动力。

（4）排水模式

雨养农田输出项主要体现为农田径流和农田蒸散发，其农田的排水过程则主要包括农田降水地表径流、地下径流。其中，地表径流主要受降水过程、农田下垫面情况影响，地下径流主要与土壤属性、地下水位有关。其排水（O_1）通式可以表述如下：

$$O_1 = \mathrm{OS}(n) + \mathrm{OG}(n) \tag{2-14}$$

式中，$\mathrm{OS}(n)$ 为农田降水径流，与降雨过程、农田作物类型等下垫面有关；$\mathrm{OG}(n)$ 为地下径流，与降水下渗、农田土壤属性及墒情有关；n 为自然驱动力。

（5）水循环模式

雨养农田种植虽然通过对土地利用方式的改变影响陆地表面的覆盖率、植物分布方式和土壤质地，并采取集雨调蓄利用等措施调控降水，深刻影响着农田区域入渗、产流和蒸发蒸腾过程，与完全不受人工干扰的自然水循环过程存在显著不同，但依然遵循自然水循环的基本物理机制，体现在降水入渗、作物蒸腾发和产汇流各个环节：

1）降水入渗。农业耕作和施肥措施等改变了土壤和岩层状况，或者通过坡改梯、平整土地等地表覆被状态的改变，影响着水量入渗的时空规律，但是水分入渗机理均与自然水循环状态的入渗机理一样，不同的只是由于受到人工的调节，土壤入渗通量的大小和时空发生变化。

2）作物蒸腾发。农田取代了自然土地的水分利用和消耗过程，农田节水采取的调控田间蒸发蒸腾措施也影响了农田蒸散发过程,但农田蒸腾发仍然基于热动力学机制,遵循自然水循环的热量平衡原理。

3) 产汇流。农田产流过程仍然遵循自然水循环的蓄满、超渗或者二者同时发生的产流机制。但农田土壤含水率受人类活动的干扰导致产流量与时空过程发生变化。农田水流汇集过程仍然随地形坡度而变化,并在流动过程中逐渐汇集,最后汇集到排水沟或者河道。农业耕作方式和种植结构调整等都不同程度地影响着农田地表的产汇流量。

所谓雨养农田水循环模式,就是流域农田自然驱动力作用下的农田水资源形成与演化基本模式,其概念性通式可以简要表述为

$$R_1 = f\{S_1(P_n, G_n), U_1(A_n), E_1(EY_n, EP_n, ES_n), O_1(OS_n, OG_n)\}$$
(2-15)

式中各参数意义见表2-2。

表2-2 雨养农田水循环模式概念性通式参数意义表

R_1 为雨养农田水资源	S_1 为供水函数	P_n 为降水因子	与区域气候、降水过程有关
		G_n 为地下水补给因子	与农田土壤质地、农田作物特性有关
	U_1 为用水函数	A_n 为作物用水	与农田作物的生长期、植株高度、根系深度及作物叶面积有关
	E_1 为耗水函数	EY_n 为农田作物冠层截流	与农田作物生理特性、灌溉方式等有关
		EP_n 为作物蒸散发	与作物类型、区域气候等有关
		ES_n 为农田土壤蒸发	与作物类型、灌溉方式、地下水位有关
	O_1 为排水函数	OS_n 为农田降水径流	与降雨过程、农田作物类型等下垫面有关
		OG_n 为地下径流	与降水下渗、农田土壤属性及墒情有关

2.5.3 灌溉农田水循环模式

在天然状态下,受太阳能、重力势能、生物势能等能量的共同作用,水分在垂直方向沿着"大气—地表—土壤—地下"、水平方向在"坡面—河道—海洋(尾闾湖泊)"间循环往复。由于受到人类土地利用和直接引提水的影响,灌区天然一元的自然水循环结构被打破,形成了"自然—社会"二元水循环结构。如图2-10所示,为了满足农业生产水资源的需求,人类从地表和地下水源中取水,通过渠首及其附属建筑物向农田供水,经由田间工程进行农田灌水,形成了包括取水、输配水、用水和排水的四大部分,并参与到灌区大气水、地表水、土壤水和地下水自然循环转化过程中,人类活动外力成为除地球重力作用、太阳辐射之外的灌区水循环的另一个主要驱动因素。

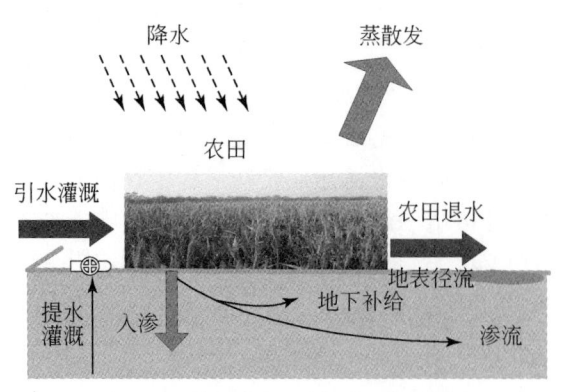

图 2-10 灌溉农田水循环过程示意图

(1) 供水模式

灌溉农田的供水水源主要为农田区域的降水和人工补充灌溉水，从供水方式上来看，除降水的垂直输入外，还包括人工地表水平供水和农田地下水垂向提水供水两种方式，人工供水等措施调控极大地改变了农田水循环通量的变化。从供水模式上，灌溉农田可分为降水供给、人工灌溉补充及地下水直接供给，其供水（S_2）通式可以表述如下：

$$S_2 = P(n) + I(h) + G(n) \tag{2-16}$$

式中，$P(n)$ 为降水供给，与降水过程、农田作物特性有关；$I(n)$ 为人工灌溉，与农田作物、农田区域气候、作物灌溉制度有关；$G(n)$ 为地下水补给，与农田土壤质地、农田作物特性有关；n 为自然驱动力；h 为社会驱动力。

(2) 用水模式

灌溉农田用水与雨养农田用水一样，主要体现在农田系统作物的生理特性上，与农田作物的生长期、植株高度、根系深度及作物叶面积有关。灌溉农田用水来源于降水和灌溉，因此，其用水模式分为两类：降水利用和灌溉水利用，其用水（U_2）通式可以表述如下：

$$U_2 = A(n) + A(h) \tag{2-17}$$

式中，$A(n)$ 为作物降水利用；$A(h)$ 为作物灌溉水利用，与降雨过程、灌溉过程及农田作物的生长期、植株高度、根系深度及作物叶面积有关；n 为自然驱动力；h 为社会驱动力。

(3) 耗水模式

灌溉农田耗水在作物耗水机理上来说与雨养农田作物耗水是一致的，但灌溉农田的耗水大小则受人工补充灌溉的模式影响很大。例如，灌溉方式上可以分为漫灌、喷灌、滴灌等；作物种植上可以分为薄膜覆盖、温室大棚种植、种植时间调整等。这些模式对农田耗水的通量和结构有着极大的影响。农田耗水主要包括降水截流、植被蒸腾、土壤蒸发等项，其耗水（E_2）通式可以表述如下：

$$E_2 = EY(n) + EP(n) + ES(n, h) \tag{2-18}$$

式中，EY(n)为农田作物冠层截流，与农田作物生理特性、灌溉方式等有关；EP(n)为作物蒸散发，与作物类型、区域气候等有关；ES(n)为农田土壤蒸发，与作物类型、灌溉方式、地下水位有关，其中灌溉方式对农田的无效蒸发控制有极大影响；n为自然驱动力；h为社会驱动力。

(4) 排水模式

灌溉农田的排水过程主要包括农田降水地表径流、灌溉地表径流、地下径流及农田人工排水过程。其中，地表径流主要受降水过程、灌溉过程、农田下垫面情况影响，地下径流主要与降水、灌溉、土壤属性、地下水位有关，农田人工排水主要受人工控制影响，与农田作物类型、农田地形等有关。目前，海河流域雨养农田多体现在水田类型的主动排水，而控制地下水位的被动人工排水则在海河流域基本消失。其排水（O_2）通式可以表述如下：

$$O_2 = \mathrm{OS}(n, h) + \mathrm{OG}(n, h) + \mathrm{OD}(h) \tag{2-19}$$

式中，OS(n, h)为农田降水径流，与降雨过程、灌溉过程、农田作物类型等下垫面情况有关；OG(n, h)为地下径流，与农田降雨及灌溉下渗量、农田土壤属性及墒情有关；OD(h)为农田人工排水，与农田作物类型、地下水位、农田管理制度有关；n为自然驱动力；h为社会驱动力。

(5) 水循环模式

灌区农田水循环和天然条件下的雨养农田水循环系统结构形式不太一样。灌区农田水循环系统一般包括取水系统、输水系统、用水系统和排水系统几个子系统，但复杂程度不一。其中输水系统的结构比较复杂，一般分为干、支、斗、农、毛等数级渠道，有的大型灌区在干渠之上还有总干渠，各级输水渠道在运行的时候遵从一定的续灌和轮灌制度。排水系统也分为干、支、斗、农等数级沟道，不受控制的自流排水系统的基本原理和结构形式类似于天然河道系统，很多平原圩区的排水系统设有很多控制性闸门或者泵站，遇到大水时各级排水沟道需要遵从一定的运行制度安排。对于水资源统一调度和管理的流域来说，一般包含多个受人工控制的农田水循环系统，各个农田水循环系统互相配合、统一调度，共同为区域社会经济系统和生态系统总体利益最大化服务。

相对于天然水循环系统，受人类间接控制的农田水循环系统只是改变了一些基本的介质类要素，如地表覆盖物、土壤、沟道和河道等，没有改变天然水循环系统的基本结构，包括子流域水循环系统和河道水循环系统之间的关系结构及基本子流域单元内部结构，各要素之间的联系和天然水循环系统一样。

所谓灌溉农田水循环模式，就是流域农田"自然—社会"二元驱动力作用下的农田水资源形成与演化基本模式，其概念性通式可以简要表述为

$$R_2 = f\{S_2(P_n, I_h, G_n), U_2(A_n, A_h), E_2(\mathrm{EY}_{n,h}, \mathrm{EP}_{n,h}, \mathrm{ES}_{n,h}), O_2(\mathrm{OS}_{n,h}, \mathrm{OG}_{n,h}, \mathrm{OD}_{n,h})\} \tag{2-20}$$

式中各参数意义如表2-3所示。

表 2-3 灌溉农田水循环模式概念性通式参数意义表

R_2 为灌溉农田水资源	S_2 为供水函数	P_n 为降水因子	与区域气候、降水过程有关
		I_h 为人工灌溉因子	与农田作物、农田区域气候、作物灌溉制度有关
		G_n 为地下水补给因子	与农田土壤质地、农田作物特性有关
	U_2 为用水函数	A_n 为作物降水利用	与降雨过程、灌溉过程及农田作物的生长期、植株高度、根系深度及作物叶面积有关
		A_h 为作物灌溉水利用	
	E_2 为耗水函数	$EY_{n,h}$ 为农田冠层截流	与农田作物生理特性、灌溉方式等有关
		EP_n 为作物蒸散发	与作物类型、区域气候等有关
		$ES_{n,h}$ 为土壤蒸发	与作物类型、灌溉方式、地下水位有关,其中灌溉方式对农田的无效蒸发控制有极大影响
	O_2 为排水函数	$OS_{n,h}$ 为降水径流	与降雨和灌溉过程、农田作物类型等下垫面有关
		$OG_{n,h}$ 为地下径流	与农田降雨及灌溉下渗量、农田土壤属性及墒情有关
		$OD_{n,h}$ 为农田人工排水	与农田作物类型、地下水位、农田管理制度有关

2.5.4 农田水循环综合模式

在海河流域农田系统中,人类活动的干扰主要表现在农田耕作、引水和排水等方面。但是,无论是灌溉水还是降水,水循环系统在输配水系统和农田上所发生的改变仅是各循环通量数量和时空格局的变化,或者是产汇流层次和方向的变化,而水循环的转换机理仍然遵循自然水循环机理。就农田降水而言,若无人类干扰因素存在,水分仍按照自然水循环过程进行,但是作物、田埂、田面平整、渠道和排水沟道等人类活动的干扰,改变了降水在田面上的入渗、产流过程和通量。农田水循环过程一方面遵循着蒸发蒸腾、入渗、产汇流等自然水循环机理与过程;另一方面又在人类活动的取水—输水—蓄水—用水—耗水—排水社会水循环的作用下改变其循环通量或产汇流方向,最终形成了农田"自然—社会"二元水循环系统。

按照水分流通过程,农田水循环系统包含四大过程:①取供水过程。即通过灌溉输配水系统将水自水源引至田间,也包括田间降水的自然输配补给过程。②用水过程。田间水分与作物体根系层土壤水的转化及土壤水再分配过程,主要体现在根系吸收过程和作物生长过程。③耗水过程。主要指作物吸收水分后通过光合作用将辐射能转换为化学能,最后形成碳水化合物的用(耗)水过程及棵间土壤蒸发和冠层截流蒸发过程等,另外还包括人工补充灌溉过程的输水蒸发过程。④排水过程。将多余水量排出农田系统的过程,包括农田退水过程和农田产汇流过程。各过程间相互作用又相互影响,并与自然水循环过程密切联系。图 2-11 为农田水循环系统结构概念示意图。图中右侧区域代表农田区域系统,左侧区域代表人工农田供水系统;如不含左边区域,右侧可以表述为海河流域雨养农田的水循环系统结构;若加入左边人工农田供水系统,则代表海河流域典型的灌区农田水循环系统结构。

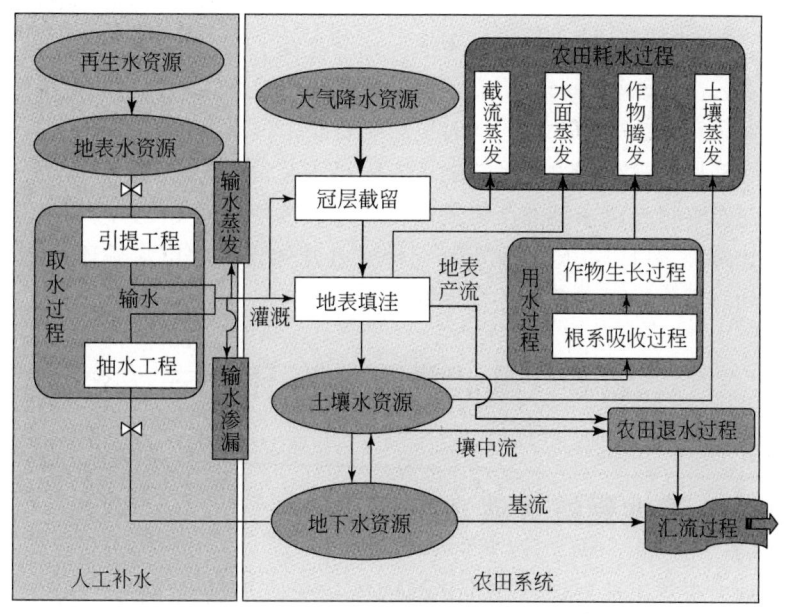

图 2-11 农田水循环系统结构概念示意图

对一个闭合的农田系统而言，水循环过程的输入项是降水或人工补充灌溉，基本输出项包括水平方向的径流项和垂直方向蒸散项。在人类活动作用下，海河流域农田系统另外一个突出的水循环效应就是垂向蒸散发的输出整体增加，而水平方向的径流输出不断减少。根据水量平衡原理，在一个较长的时段内农田系统储水量看做基本不变的话，水平方向径流量的减少量必然等于垂直方向蒸散量的增加。

根据前面雨养及灌溉农田水循环模式解析，为客观描述不断增强的人类活动对流域农田水循环形成与演化的巨大影响，本书研究农田降水为主、人工补充灌溉为辅的双重驱动，从而提出了流域农田水资源二元模式，用来描述"自然—社会"双驱动力共同作用下流域农田水资源形成与演化的基本规律及其本质特征。所谓农田水资源二元模式，就是流域农田"自然—社会"二元驱动力作用下的农田水资源形成与演化基本模式，其概念性通式可以简要表述为

$$\begin{aligned}R &= R_1 \cup R_2 \\ &= f_1\{S_1(P_n, G_n), U_1(A_n), E_1(\mathrm{EY}_n, \mathrm{EP}_n, \mathrm{ES}_n), O_1(\mathrm{OS}_n, \mathrm{OG}_n)\} \\ &\quad \cup f_2\{S_2(P_n, I_h, G_n), U_2(A_n, A_h), E_2(\mathrm{EY}_{n,h}, \mathrm{EP}_n, \mathrm{ES}_{n,h}), \\ &\quad\quad O_2(\mathrm{OS}_{n,h}, \mathrm{OG}_{n,h}, \mathrm{OD}_{n,h})\} \\ &= f\{G(n, h), Y(n, h), H(n, h), P(n, h)\}\end{aligned} \quad (2\text{-}21)$$

式中，R 为农田水资源；G 为供水（包括降水、人工灌溉水及地下水补给）；Y 为用水（包括降雨利用量、灌溉利用量）；H 为耗水（包括农田自然 ET、农田人工 ET）；P 为排水（包括降水径流、灌溉径流及农田排水）；n 为自然驱动力；h 为社会驱动力。

从式（2-21）可以看出，由于社会驱动项的作用，二元模式下的农田水资源演变过程

与一元模式相比发生了系统变化，人类从地表和地下水源中取水，通过渠首及其附属建筑物向农田供水，经由田间工程进行农田灌水，完全改变了农田水资源量及其时空变化；作物品种改良、农艺措施改进、农田增墒保墒、灌溉制度及方式的科学制定极大改变了农田用水系统的水资源利用效率和效益；同时也影响着农田蒸散发的效率及效益；农田排水系统及农田排水制度的科学制定也极大影响了农田径流及农田退水的时空变化。因此，人类灌排活动的参与对整个农田系统的产汇流过程进行直接控制，完全改变了天然状态下农田水循环相互转化过程，可以看出，农田二元模式客观体现了农田水循环系统的演变过程，反映了人类活动对现代农田水循环的全面影响。

2.6 其他类型水循环模式

2.6.1 林草、荒地受扰天然水循环系统

林草、荒地等天然土地利用中存在局部的受扰天然水循环系统。在这些水循环系统中，水的产汇流机制仍与纯粹天然水循环系统一样，主要是蓄满产流和超渗产流，但是其中的水循环的通量却由于受人类活动的干扰发生了变化。林草受扰天然水循环系统中水分通量的变化主要反映在两种情况下：一是一部分人工灌溉后的退水、渠道旁侧渗漏和田面产流进入林草水循环系统，增加了天然林草的地表入渗量。二是天然林草、荒地与农田、水库、渠道人工土地利用等通过区域地下水构成空间上的水力联系，农田的灌溉渗漏可通过地下水的水平传输被林草、荒地等天然状态下的土地利用通过潜水蒸发耗用；同理林草、荒地的降雨入渗等地下水补给也可被农田作物利用。受扰林草水循环系统自身的降水入渗、蒸发和产汇流机制等方面不受影响，仍与纯粹天然状态下的林草水循环系统一样。

林草、荒地受扰天然水循环系统的水循环模式可用来水、耗用、排水三个模式进行刻画。

(1) 来水模式

受扰林草、荒地的来水主要为其区域上的降水，并包括少部分来自附近农田的人工灌溉后的退水、渠道的旁侧渗漏和田面产流汇入等水量，以及对地下水的利用。其通式可以表述如下：

$$S_w = P(n) + G(n, h) + F(h) \tag{2-22}$$

式中，S_w 为林草、荒地的来水；$P(n)$ 为降水供给，与区域气候、降水过程有关；$G(n, h)$ 为地下水补给，与林草、荒地处的土壤质地、植被类型特性有关；$F(h)$ 为附近农田的人工灌溉后的退水、渠道的旁侧渗漏和田面产流汇入等水量；n 为自然驱动力；h 为人工驱动力。

(2) 耗用模式

林草、荒地对水分的耗用模式主要包括降水截流蒸发、植被蒸腾、土壤蒸发等项，其耗水通式可以表述如下：

$$E_w = \text{EI}(n) + \text{EP}(n) + \text{ES}(n) \tag{2-23}$$

式中，E_w 为林草、荒地等对水分的耗用；EI(n) 为林草、荒地等土地利用的冠层截留，与植被生理特性、所在的土壤属性有关；n 为自然驱动力；EP(n) 和 ES(n) 分别为植被蒸腾和表土蒸发。

(3) 排水模式

林草、荒地的排水主要体现在地表产流、壤中流（对于坡地）、深层渗漏等。其中地表产流与降雨强度和前期土壤墒情有关，壤中流主要取决于坡度和土层中的重力水含量，深层渗漏则受地下水位和土壤剖面含水量的影响。

其排水（O_w）通式可以表述如下：

$$O_w = \text{OR}(n) + \text{OS}(n) + \text{OL}(n) \tag{2-24}$$

式中，OR(n) 为林草、荒地上的降水产流，与降雨过程、植被类型等下垫面有关；OS(n) 为壤中流产出量；OL(n) 为林草、荒地上的深层渗漏量，最终向区域地下水补给；n 为自然驱动力。

2.6.2 湖泊、湿地等水域受扰天然水循环系统

湖泊、湿地等水域受扰天然水循环系统与林草、荒地受扰天然水循环系统既有相同的一面，又有不同的地方。相同之处在于，湖泊等水域也接受灌溉退水和居工地不透水面积上的产流参与到整体的水循环过程中；不同之处在于，由于近年来湖泊等水域的萎缩，人类为了保护和改善生态环境，通过渠道等水利设施对湖泊等水域进行补水。即人类活动对湖泊等水域的水循环系统既有直接的干预，又有间接的参与。但总的来说，在湖泊等水域的水循环过程中，各项人类活动干预主要是改变了湖泊水循环过程中的入流和蓄量，但湖泊、湿地的蒸发、渗漏、出流与湖泊的面积、水位相关，这部分循环通量也将受到间接影响。

湖泊等水域的水循环模式可通过以下模式描述：

$$\Delta S_p = P(n) + R(n,h) + Q(h) - E(n) - G(n) - O(n) \tag{2-25}$$

式中，ΔS_p 为湖泊、湿地的蓄量；$P(n)$ 为降落到湖泊、湿地水面上的降雨；$R(n,h)$ 为湖泊、湿地汇流面积内的降雨径流量，来源包括来自自然土地利用（林草、荒地等）及人工土地利用（居工地等）；$Q(h)$ 为湖泊、湿地的灌溉退水、人工渠道补水等；$E(n)$ 为湖泊、湿地的水面蒸发；$O(n)$ 为湖泊、湿地的出流量，与湖泊、湿地的下泄影响因素（如水位、蓄量、下游出流条件等）有关；n 为自然驱动力；h 为人工驱动力。

2.7 本章小结

本章首先介绍了水循环的相关概念、类型、过程等，给出了流域水循环的定义，并在概述流域水循环自然、社会二元特性的基础上，提出了流域水循环的 5 种理论模式：海陆模式、流域模式、城市模式、农业模式和其他模式。

1）海陆模式是流域水循环的背景模式。全球水循环中海陆间的水循环是连接陆地系统与海洋系统的最活跃因素之一，对陆地与海洋之间的物质循环和能量平衡起重要作用。流域水循环正是处于海陆水循环的大背景下实现其持续的水分更新和正常的服务功能。广义上，流域水循环是海陆水循环的重要组成部分，海陆水循环是流域水循环的背景模式；狭义上，如果说流域（陆面）水文循环刻画的是降水到达地表之后的一系列过程，海陆水循环描述的则是水分蒸发到大气层之后发生的各种变化和行为。从狭义上对海陆模式各环节的原理进行了解析，包括海陆蒸发、水汽扩散与输送、大气降水。

2）流域水循环模式系统分为自然、人工两种截然不同却又密切相关的子系统，共同形成了流域二元水循环系统。陆面流域水循环是指流域降水到达地面后发生的水分运移与转换过程，在此过程中，形成了地表水（包含陆面截流）、土壤水和地下水等不同赋存形式的水资源。流域水循环系统中，一是系统输入，主要指降水；二是循环环境，包括地表下垫面环境、土壤介质环境和地下含水层介质环境；三是循环结构；四是循环动力。由此给出流域水循环模式的概念性模型。

3）城市水循环从"自然"模式占主导逐渐转变为"自然—社会"二元模式。随着流域城市化聚集居住和人类文明进步，在城市范围内形成了"供水—用水—排水—回用"的水循环延展路径。城市模式从供水、用水、排水、回用四个方面进行了解析，给出了各环节水分转化、运移原理的数学模型。

4）农业模式以农田水循环模式为主。农田系统属于社会-自然水循环系统或人工水循环系统，按照水分流通过程，农田水循环可以分为垂向循环和水平循环两个方面。农田系统分为雨养和灌溉两类模式，根据两种模式的特点分析了水分循环的各个环节，并在总体上给出了农田水循环的概念性通式。根据雨养及灌溉农田水循环模式解析，为客观描述不断增强的人类活动对于流域农田水循环形成与演化的巨大影响，提出了流域农田水资源二元模式，用来描述"自然—社会"双驱动力共同作用下流域农田水资源形成与演化的基本规律及其本质特征。

5）其他模式包括林地、草地、荒地、湖泊、湿地等自然景观水循环模式，这些水循环模式相对城市、农业水循环模式受人类影响较小。林草、荒地等天然土地利用中为局部受扰天然水循环系统，产汇流机制与天然水循环系统类似，主要是蓄满产流和超渗产流，但是其中的水循环通量却由于受人类活动的干扰发生了变化。水域水循环过程中，人类活动的干预改变了湖泊水循环过程中的入流和蓄量，并间接影响了蒸发、渗漏、出流等水循环通量。

第 3 章 流域二元水循环演化驱动机制

随着人类经济社会的发展、科学技术的进步及生产生活的需求，人类活动对水循环的影响越来越大。人类对水循环的影响主要包括下述几个方面：一是社会取水在天然水循环大框架下形成了"取水—输水—用水—排水—回归"的社会水循环，从而使流域水循环结构具有明显的二元特性。社会水循环使下游河道的径流量减少，可能改变河湖关系；产生的蒸发渗漏改变了天然条件下地表与地下水之间的转化路径，给流域水循环过程中各环节带来了相应的附加项，从而影响了流域水循环转换过程和要素量。二是人类通过进行农业耕作和地表水体开发、修建水库、水保工程、开采地下水等活动，改变了水循环中的下垫面因素，对流域水循环产生全面而深刻的影响，不仅改变了流域水循环中的地面流、壤中流和地下径流等各径流成分的比例与径流量，同时全面改变了流域水循环的产流特性、汇流特性和蒸散发特性，甚至会影响局部地区的降雨特性。三是人类活动影响温室气体浓度，从而引起全球尺度的气候变化，直接影响到流域水循环的降水输入和蒸散发输出。

如果说流域水循环的自然驱动力在我们的研究期限内是相对稳定的话，改变流域水循环结构和路径的另一个驱动力只能是社会生产实践。社会驱动力只为社会生产实践的需要而产生，并以社会生产实践需求为导向。历史证明，社会生产实践需求是改变流域水循环结构和路径的一个原动力。因此，流域二元水循环是随社会生产实践自然形成的，它并不以个人意志和关注点为转移。原有的"一元"水循环模式不足以描述当前人类活动对水循环的剧烈影响，必须建立一套符合实际情况、反映在"自然—社会"双重驱动下水循环机理的理论。

驱动机制的二元化是导致流域水循环产生二元特性的直接原因，驱动机制主要表现为服务功能、循环结构和参数、循环路径及驱动力的二元化。其中，服务功能的二元化是其本质，循环结构和参数的二元化是其核心，循环路径的二元化是其表征，驱动力的二元化是其基础（图 3-1）(Qin et al., 2014)。

本章从服务功能二元化、循环结构和参数的二元化、循环路径二元化、驱动力的二元化等方面开展对应的驱动机制分析，最后从驱动力、过程、通量耦合三方面进行二元水循环耦合作用机制及反馈机制的分析。为流域二元水循环演化机理、水资源变化规律和模型构建提供理论方法支撑。

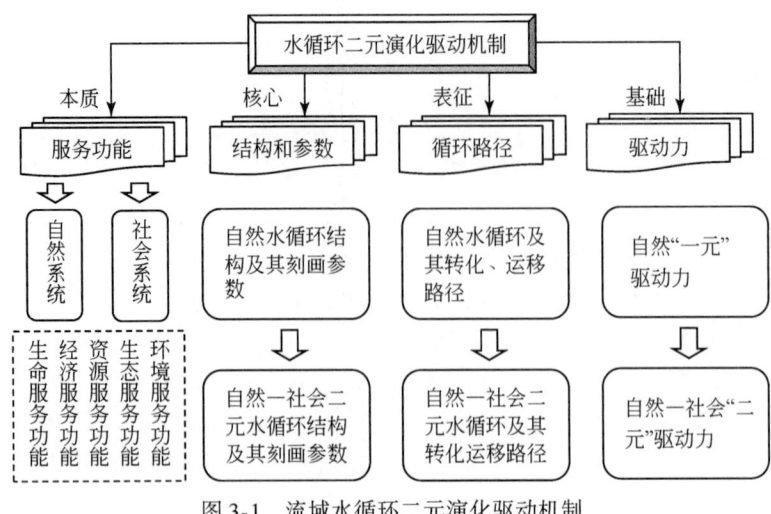

图 3-1 流域水循环二元演化驱动机制

3.1 服务功能二元化

水分在循环过程中要同时支撑自然生态环境系统和社会经济系统。自然生态环境系统和经济社会系统之间联系紧密、相互依存和相互作用，一方面自然生态与环境系统是人工经济社会系统存在和发展的基础，另一方面人工社会经济系统是自然生态与环境系统的服务对象。无论是自然生态环境系统，还是人工经济社会系统，其存在和演进都是以耗用一部分水资源为基础的。水循环对自然生态环境系统的支撑包含五个方面：第一，水在循环过程中不断运动和转化，使全球水资源得到更新；第二，水循环维持了全球海陆间水体的动态平衡；第三，水在循环过程中进行能量交换，对地表太阳辐射能进行吸收、转化和传输，缓解不同纬度间热量收支不平衡的矛盾，调节全球气候，形成鲜明的气候带；第四，水循环过程中形成了侵蚀、搬运、堆积等作用，不断塑造地表形态，维持生态群落的栖息地稳定；第五，水是生命体的重要组成成分，也是生命体代谢过程中不可缺失的物质组成，对维系生命有不可替代的作用。水循环对人类社会经济系统的支撑主要包括三个方面：第一，水在循环过程中支撑着人类的日常生活；第二，水在循环过程中支撑人类生产活动，包括第一产业、第二产业和第三产业；第三，水在循环过程中支撑市政环境、人工生态环境系统用水。

自然生态环境系统、人工经济系统都是动态发展的，不是一成不变的。在人类社会发展初期，人类经济社会系统和自然生态环境系统能够协调发展。但是随着人类社会的快速发展，特别是到了近现代工业化和城市化快速发展的时期，人类经济社会系统用水挤压了自然生态环境系统用水的空间，致使水循环对自然生态与环境的部分支撑作用已经改变、减弱甚至消失。在气候调节方面，人工修建的水库对区域气候的调节作用有着不可忽视的作用；在一些地区，部分河段出现了长时间的干涸，径流量和入海水量都急剧减少，河流的搬运、造床和造陆功能已严重削弱或者消失,生物群落的栖息地受到影响。工业和生活用水不断增加,水循环对人类经济社会的支撑作用不断加强,人类生活持续向好,经济稳定发展,但同时,人工经济社会系统用水量的增大挤占了生态和环境系统的用水量,人类经济社会使用后的废污水排放造成了水体污染,破坏了生态环境。人类过度开发水资源造成了严重的生态环境问题。中国的华北地区甚至出现了"有河皆干,有水皆污"的情况。

服务功能的二元化是水循环二元化的"本质"。在人类经济社会用水和生态环境用水发生冲突时,对水循环服务功能的二元化认识,有助于辩证地认识生态和环境系统、人类经济社会系统之间的关系,科学地指导两个系统之间的用水协调,实现人类经济社会系统和自然生态环境系统的可持续发展。

3.1.1 生命服务功能

水是生命体的重要组成成分,也是生命体代谢过程中不可缺失的物质组成,对维系生命有不可替代的作用,体现了水的生命支撑服务功能。

水分在自然界中处于动态循环过程中,构成了地球的基本生存环境。生命从起初的有机物质逐渐演化为单细胞生物,始终处于水环境中,一是可以躲避陆地严酷的生存条件,二是可以提供生物生存和繁衍的营养物质。之后生命体进化逐渐复杂多样,从多细胞生物到鱼类,但仍然完全处于水生环境中。可见,水对早期生命进化的重要性。生命进化到两栖类,才开始摆脱水的束缚,同时陆地环境的改善使更多的生物从水环境中解脱出来,并在陆地上进化、发展。然而,对于陆地上的任何生命体,水仍然是必不可少的物质。地球水循环在自然界物质和能量转化中不但为各种生命体创造了稳定、舒适的生存环境,而且为物种的进化与繁衍提供了物质基础。

人类出现后,水出现了资源、社会、经济属性,水循环对于生命的服务功能也从被动适应向主动改造的方向发展。早期人类逐水草而生,但是也出现了引水生产、打井生活的初始涉水活动,在人类文明的发展中意义重大。人类社会发展到当代,水循环的生命服务功能发挥得更加淋漓尽致。为了保证良好的生存环境和优质的生活质量,人们在顺应水循环自然特征的基础上更加积极主动地营造对自己有益的环境,提高水资源维持人类正常社会经济活动的能力。人类的出现使水循环的生命服务功能出现了两大分支:为维持人类发展的社会生命服务功能和为维持自然界生物繁衍的自然生命服务功能,即生命服务功能的二元化。

3.1.2 资源服务功能

根据定义,"资源"是针对人类而言的,在人类出现之前,地球上的一切物质都不是资源。因此,水资源是人类社会形成和发展的产物,此时水循环过程中不断更新的水分才具有了真正的"资源"意义。

实际上,人类出现之后,直到英国工业革命之前,人们一直认为水是取之不尽、用之不竭的自然物质。近现代社会经济各方面的高速发展使局部地区出现缺水的现象，干旱地区对水需求的增长也加剧了水的紧缺性，使水分在循环过程中出现了断链的现象，难以满足人类发展的需求。从而把水上升到了资源的高度，认为水也是一种非可再生资源，应对其进行保护。可见，水资源是在人类出现大规模水分短缺的情况下才具备了资源属性，从而使水资源的不断再生机制——水循环具备了资源服务功能。这种资源服务功能还涉及生态环境方面。人类过度开发利用水资源，占用了大量生态用水，使生态环境也出现了"用水"紧张，水对其也具有了资源意义。综上所述，无论是生态环境系统还是社会经济系统，都需要水循环提供的水资源服务，使水循环的资源服务功能也具备了"自然—社会"二元性特征。

3.1.3 经济服务功能

水资源是人类社会发展的基础性资源，通过水循环得到持续更新。在人工驱动力的作用下，水循环出现了侧支循环，即通过人工调控的方式将水循环的资源功能发挥出来，为社会经济发展服务，从而使水循环具备经济服务功能。

随着人类活动的增强，尤其是温室气体排放增加引起的气候变化及土地利用/覆被变化，对水循环的影响逐渐增大，对水循环的服务功能产生影响；水资源的过度开发和破坏降低了水循环服务于社会经济系统的能力。两者之间形成了恶性循环，影响社会经济的可持续发展。因此，水循环最大限度地发挥其经济服务功能的前提是保证水循环系统的健康与可持续性。

3.1.4 生态服务功能

自然状态下，生态系统的结构往往与当地的水资源条件相适应，而水资源条件又取决于水循环特点。因此，无论干旱地区还是湿润地区，都有其特定的生态景观格局。各种生物种类处于各自适宜的环境中，汲取自然界各种赋存形式的水分，而这些水分的维持与更新离不开水循环的作用机制。水循环的生态服务功能即体现在对生态系统的维持上。

水循环为生态系统的健康稳定创造了必要的物质基础，而生态系统中的物种平衡和生物多样性对人类社会具有重要影响。稳定的生态系统可以为人类提供可靠的食物来源，更重要的是，生态系统对于地球的物质循环、能量流动和信息传递至关重要，如碳循环、光合作用、遗传与变异等，而生态系统的这些功能都是建立在水循环基础之上的。可见水循环的生态服务功能不但直接作用于生态系统本身，而且对人类社会也是意义重大。

水循环、生态系统和人类社会是相互制约、相互依存的关系。水循环为生态系统和人类社会提供水资源，同时生态系统变化和人类社会发展也影响着水循环的结构和路径，人类对生态系统的破坏也会间接影响自然水循环的原始模式，改变水循环的生态服务功能。

3.1.5 环境服务功能

水循环是地球水圈最活跃的要素,将水圈、大气圈、生物圈和土壤圈联系起来,共同形成了地球上所用生物生存的地理环境。水循环过程中径流的侵蚀、搬运、堆积等作用,不断塑造地表形态,创造了各种不同的地表环境,为物种的多样性提供了基本的生存环境。生物及其生存环境形成了生态环境,地表水形成了陆地水环境,地下水赋存于地质环境,人类对自然环境的改造形成了农业环境、城市环境等。不管是自然形成的环境还是人工改造的环境,都离不开水循环这条主线。

近代以来,自然环境受人类活动的干扰日益强烈,出现了人类主导的社会环境,导致贯穿其中的水循环出现了强烈的二元性特征,从而使其环境服务功能也出现了明显的二元性。

3.2 循环结构与参数的二元化

从循环结构和参数上来看,二元模式水循环结构也呈现出明显的二元化特征。循环结构和参数的二元化是水循环二元化的"核心"。自然状态下,流域自然水循环具有"大气—坡面—地下—河道"主循环的大框架;人类活动参与下,在主循环的大框架外,形成了由"取水—输水—用水—排水—回归"五个环节构成的侧支循环。主循环与侧支循环共同构成了"自然—社会"流域二元水循环的基本结构,为水循环宏观结构上的演化。自然水循环是汇流、集中的过程,环节过程简单;社会水循环是耗散、分散、分配、扩散的过程,其环节多,过程复杂。水循环各环节从简单到复杂的演变也体现了水循环结构的变化。其中蒸发、下渗和径流在人类的影响下变化最为显著,对宏观水循环结构演化产生积累效应。

水循环宏观结构及各环节结构的变化导致刻画水循环的参数体系发生变化。在"大气—坡面—地下—河道"主循环之外形成的社会水循环,已经不能用自然水循环的参数来描述,必须增加一套用于描述和刻画社会水循环的参数体系,必须包括供水量、用水量、耗水量、排水量等体现社会水循环用水效率的参数,该套系数也能反映水循环对人类经济社会系统的支撑力度。

3.2.1 蒸发结构的变化

自然状态下流域陆面蒸发主要由植被蒸腾、土表蒸发、地表水面蒸发组成,是自然水循环的重要环节之一。其中,植被蒸腾是指土壤层水分被植被根系吸收到达植物的茎叶处,并通过茎叶上的气孔排出至大气的过程。该过程既反映植物的生理生态状态,又反映植被蒸腾在调节水循环中的作用。土表蒸发为土壤层水分的直接蒸发。在没有植被覆盖的区域,土表蒸发往往是土壤水分耗散的主要形式。如果地表有植被生长,则植被蒸腾占据土壤水分蒸发的主要部分。植被蒸腾和土表蒸发的水源来自土壤层的蓄水及通过土壤毛管毛细作用上升的潜水。地球上陆地范围内的自然水体包括河流、湖泊、沼泽、湿地、冰川等。这些水体的蒸发不像植被蒸腾和土表蒸发那样经历土壤颗粒和植物组织的阻滞才进入大气，而是直接与大气层接触，其蒸发强度更加剧烈。从时间尺度上看，短期内的蒸发蒸腾受气象因素的影响较大，如辐射、风速、温度、湿度、降水等气象因素；长期趋势上蒸散发强度与气候变化和自然景观变迁关系密切（Zhou and Huang，2012）。

人类社会形成后，干扰了自然环境本来的格局，使森林、草地、水域等自然景观的空间分布发生根本性变迁，同时又有新的土地利用/覆被方式出现，如城市和村落用地、农田等，原来的土地类型与新的土地类型形成强烈的竞争关系，对陆地的蒸散发结构产生重要影响。土地利用/覆被变化通过土地植被覆盖率、叶面积指数、反照率及不同植被根系深度的变化直接或者间接影响陆面总蒸散发量和不同蒸散发类型的比例（Calder，1993；Kondoh，1995；Dunn and Mackay，1995；Hasegawa et al.，1998）。由于人类的乱砍滥伐，森林面积及其覆盖率急剧降低，从而减少了冠层截留的蒸发量和植被蒸腾量，增加了土表蒸发量；为了保障粮食安全而实施的大面积垦荒措施，挤占了原来草地、森林、湖泊、湿地等土地类型，改变了蒸发条件，同时不合理的农业灌溉模式进一步加剧了这种变化（Ozdogan and Salvucci，2004；郭瑞萍和莫兴国，2007）；城市面积的扩张和不透水区面积比例的增大降低了土表蒸发和植被蒸腾量，但却大幅提高了人类生产和生活中耗散的水量（高学睿等，2012）。

人类活动对气候变化的影响已被证实，大量温室气体的排放导致地球出现长期的变暖趋势（Manabe and Wetherald，1980）。这种趋势不可避免地影响水循环的各个环节，直接或者间接地改变陆地的蒸散发结构。大量的观测实验和模拟计算都显示蒸散发有随气候变化逐渐降低的趋势（Chattopadhyay and Hulme，1997；Brutsaert and Parlange，1998；Liu et al.，2010）。蒸发规模降低的直接影响是大气中水汽的减少，从而使长期平均水平上的降水量减少，与土地利用/覆被类型变化对蒸发结构的明显改变不同，气候变化对蒸发结构的改变将是缓和渐进的过程。但是两者对蒸发的影响具有同等重要的意义，在相关的研究与实践中均应得到重视。

3.2.2 下渗结构的变化

自然水循环中，下渗是连接地表水、土壤水和地下水的重要环节，在"大气—坡面—地下—河道"主循环中进行着水量的再分配。大气降水首先在有植被覆盖的区域受到冠层截留的首次水量分配，之后降落到土壤表层，开始第二次水量分配，其中一部分水分通过地表向土壤渗透。降水入渗一部分补给土壤水分亏缺，一部分继续深层渗漏，补给浅层地下水，这是第三次水量分配。由此可见，降水入渗在水循环及水资源形成、转化中的特殊重要性。

人类活动引起的土地利用/覆被变化是下渗结构变化的直接原因。城市区不透水面积比例的增加阻隔了土壤水分蒸发的同时也降低了降水的入渗，对水循环结构的改变最为显著（朱琳等，2013）。城市社会水循环大部分在管道中进行，完全不同于自然水循环的运行特征，对水分损失如蒸发、下渗等的控制远高于自然水循环，从而使水循环形成了明显的二元性特征。与之相反，人类的另外一些活动，如植树造林、梯田开垦等，滞留了大量降水径流，增加了水分下渗量。另外，人为土壤改造活动也会影响下渗，如农作物根系和农业耕作措施会改变土壤的结构和质地，增大土壤的空隙度和持水能力，使土壤的下渗强度增加数倍（Krause，2002）。

总之，人类活动改变土地利用/覆被和土壤结构，影响下渗强度，改变水循环的结构，强化了水循环的二元性特征。

3.2.3 径流变化

气候变化和环境变化对流域产汇流过程的影响直接反映在径流变化上。人类活动加剧了气候变化的程度，使极端灾害事件增加，如大型洪水和干旱，导致径流年际、年内变化剧烈；环境变化以土地利用/覆被类型变化为主，影响水循环中的产流—入渗—汇流过程，使径流系数逐渐发生变化。流域二元水循环中出现侧支水循环后，更加降低了地表水的径流量，使径流结构出现了分化。无人类干扰的流域降水在自然下垫面的引导下进行截留、填洼、下渗、产流、汇流，最后流出本流域，径流结构完全由自然因素决定。与径流有关的生态、环境、河道塑造、泥沙侵蚀等都处于动态平衡的状态。

人类社会形成后对周围环境产生各种影响，生态系统平衡被打破，环境质量受到威胁，下垫面形势向有益于人类的方向倾斜，从而影响自然状态下的产流。为了获得新的平衡，径流结构又重新塑造了河道形态、地表地形、下垫面格局等，从而在自然驱动力上逐渐改变水循环的模式，由此发生水循环的二元演化。以坡地改梯田为例，张永涛等（2001）计算了山东省平邑县实验田坡地改梯田前后的地表径流量。在其他条件相同的情况下，坡耕地单位面积（1km^2）的地表径流量约为20.0万m^3。改造为梯田后，单位面积径流量急剧减少为6.1万m^3，其余降水量全部被梯田拦截消耗于蒸发和下渗。可见，农业活动对地形的影响使径流发生了巨大变化。

人类为了满足生产和生活的需要，不断从地表和地下汲取水资源，导致河道径流萎缩，地下水漏斗扩张，影响了水循环的本来结构。同时又形成了取水、输水、用水、排水、回归的"人工径流"过程，不但从宏观上改变了水循环的结构，而且对水循环各环节的微观结构也产生了影响。无论水循环宏观结构的演化（主循环—侧支循环），还是水循环各环节结构的改变，都是由于人类为满足自己的需求对自然环境进行改造引起的，因此，对水循环的刻画应考虑自然和社会两方面的驱动机制。

3.2.4 参数变化

人类活动引起的气候变化和环境变化导致自然水循环及其所处介质发生改变，用于刻画水循环关键节点的参数也相应变异。土地利用/覆被变化使下垫面的曼宁糙率系数发生变化，其中，城市不透水区的扩展降低了对径流的阻滞和渗透作用，使径流系数增大；而农田土地利用类型则增大了地表的积水能力，使径流系数大幅度减小，从而增大了降水的入渗补给系数。土壤含水率在人类的影响下出现了不同于自然状态的时空分布格局，由此带来了降水、产流、入渗和蒸发的变化。浅层地下水大量集中开采使地下水位大幅降低，影响了潜水蒸发系数和地下水基流衰退常数；同时改变了含水岩土层的结构，使浅层含水层的饱和渗透系数发生变化。深层地下水的大量开采使其水头发生变化，影响饱和渗透系数及弹性释水系数；贯穿浅层和深层地下含水层的承压井必然改变两个含水层之间地下水的越流系数，使两类地下水的补给/排泄构成发生变化。人工河渠及对自然河道的改造改变了河槽的曼宁糙率系数，影响径流的流速和流量。水库的建设改变了河道径流的天然模式，水库的大量蓄水必然使渗漏系数发生变化，影响地下水的自然补给。

在二元化的循环结构中，不同区域社会水循环的特点并不一致。以农业为主的地区耗水主要是蒸发蒸腾量。回归水在北方地区主要是补充地下水，在南方主要是回归天然径流、部分补充地下水。而以城市和工业供水为主的地区，耗水量小，以产品带走和输运过程中的损耗为主；排水系数大，排水污染程度高。因此对两种不同的社会水循环结构，需要用不同的参数体系来描述。

3.3 循环路径二元化

从路径上来看，水循环也体现出二元化的特征。循环路径的二元化是水循环二元化的"表征"。由于人类取用水、航运等多种经济活动的影响，水循环已经不局限于河流、湖泊等天然路径。人类对水循环天然路径的改变，一方面，是人类在天然路径之外开拓了包括长距离调水工程、人工航运工程、人工渠系、城市管道等新的水循环路径；另一方面，天然的水循环路径在人类活动的影响下发生变化，人工降雨缩短了水汽的输送路径，地下水的开发缩短了地下水的循环路径，也改变了地表水和地下水的转化路径。

水循环路径的改变必然伴随着水循环周期的改变。从流域层面上来说，流域水循环路径的二元化使流域纵向水通量减小，垂向水通量增大，从而加快了区域内的水循环速度，缩短了流域内的水循环周期。特别是地下水，在天然状况下需要长时间才能更新的深层地下水由于受到人类大规模的开发利用，其赋存条件发生极大改变，转化周期大大缩短。

3.3.1 天然水循环路径的变化

自然水循环路径由降水、入渗、产流、汇流、蒸发、水汽输送等环节组成，受到人类的影响均出现了二元性特征。大气中温室气体浓度的增大导致全球气温普遍升高，从而影响降水的大范围、长时期的变化趋势（Middelkoop et al.，2001）；人工降雨使大气降水的局部时空分布发生变化。可见，强人类活动改变了降水的自然路径，使其出现了二元性特征。入渗方面，农田和城市两类人类活动最强烈的土地利用方式对入渗的影响最大，使水分入渗的空间格局发生明显变化。地下水的高强度开采使地下水漏斗大面积发展，改变了地下水的水头分布，使地下水流的方向发生变化。在人类的影响下，汇流路径的改变最为显著。土地利用变化，如城市区域面积的扩大使降水径流通过地下水管道汇入河流，而不是沿着天然状态下坡面地形漫流汇入。农业生产中为了提高雨养农业的生产效率，充分利用山丘区的雨水资源，往往沿坡修筑梯田，以存蓄山区降水。但是这种措施对山丘区的汇流过程产生很大影响，是对天然汇流路径的剧烈改变。降水到达坡地后汇流迅速，径流系数比平原区大。但是当坡地改造为梯田以后，原来的微地形发生变化，坡面平整为可拦蓄径流的农田。这样，大量径流被拦蓄形成壤中流，或者大量蒸发，即地表径流路径变为壤中流和蒸发两种路径，体现了人类活动影响下的循环路径二元化（李亚龙，2012）。

3.3.2 社会水循环路径

水循环路径最显著的二元化特征即是形成了社会水循环路径。中国最早的社会水循环路径为人工开凿的运河，著名的京杭大运河即是人工干预径流路径的典型例子。古代京杭大运河全线贯通后连接了长江、淮河、黄河和海河四大流域，是当代南水北调东线工程的雏形。南水北调东线工程通水以后，长江流域的部分径流通过自流和泵站提水向黄淮海平原输送，影响了水源流域和受水地区的水循环。

除了大型调水工程，平原地区往往开挖大量的小型河渠，用于灌溉、防洪、航运等，使由细枝末节逐级汇流到大型干道的自然树状水系形成了不同水系通过人工渠道彼此连通的网状河网，径流除了逐级汇聚，还会发生径流的分流。例如，淮河径流主流通过三河闸，出三河，经宝应湖、高邮湖在三江营入长江，通过长江排流入海；另一路在洪泽湖东岸出高良涧闸，经苏北灌溉总渠和淮河入海水道在扁担港入黄海；第三路在洪泽湖东北岸出二河闸，经淮沭河北上连云港市，经临洪口注入海州湾。这些分流路径均是人工开凿或者修缮后的结果，与其他天然或者人工河渠纵横交错，形成四通八道的河网，带有强烈的二元性特征，对自然水循环路径影响很大。

城市输水管网是另一类社会水循环路径，将城市社会经济生活中的输水、用水和排水过程从其他水循环路径中分离出来。尽管城市输水管网内的水资源源于自然界且最终回归自然界，但是其强烈的人工控制特性，使其完全成为社会水循环的一部分，可以说是水循环二元化最为彻底的一个环节。城市用水除了通过排水回归自然界的部分，其他水分均蒸发、渗漏、被产品带走等，这也是水循环路径二元化的具体体现。

3.4 驱动力的二元化

天然状态下，流域水分在太阳辐射能、势能和毛细作用等自然作用力下不断运移转化，其循环内在驱动力表现为"一元"的自然力。而随着人类活动对流域水循环过程影响范围的拓展，流域水循环的内在驱动力呈现出明显的二元结构，在人类活动强烈干扰地区，人工作用影响持续增大，在某些方面甚至超过了天然作用力。所以在研究水循环时，必须把人工驱动力作为与自然作用力并列的内在驱动力。循环驱动力的二元化是水循环二元化的"基础"。

3.4.1 自然驱动力及其二元化

驱动水循环的自然作用力包括太阳辐射能、重力和毛细作用力三类原动力。风能也是驱动水循环的作用力之一，但不是原动力，而是太阳辐射能作用于大气形成的次生动力。水体在蒸腾发过程中吸收太阳辐射能，克服重力做功形成重力势能；水汽凝结成雨滴后受重力作用形成降水，天然的河川径流也从重力势能高的地方流到低的地方；当上层土壤干燥时，毛细作用力可以将低层土壤中的水分提升。太阳辐射能和重力势能、毛细作用等维持水体的自然循环。

太阳通过核聚变产生大量辐射能，到达地球大气边界层的能量高达 1.73×10^{14} kW，由于大气层的吸收和折射作用，到达地球表面的能量衰减为 8.5×10^{13} kW，但仍然是地球总发电量的几十万倍。太阳辐射能进入大气层之后，有一部分能量转化为热能，使地球平均温度保持在14℃左右的稳定区间内，为全球生物提供了适宜的生存环境，有一部分能量转化为风能，推动全球水汽的输送，还有一部分被植物吸收，为光合作用提供能量（何道清等，2012）。太阳辐射能在水循环中的水分蒸发、植被蒸腾、水汽输送、降水等环节中意义重大，可以说是推动自然水循环最强大的动力，正是这个覆盖了水分和大气的星球接受了来自太阳的辐射能才开始了水循环的循环往复和水资源的持续更新。太阳辐射能对水循环的作用也受到人类活动的影响。温室气体的大量排放提高了大气的保温作用，使太阳辐射热能更多地储存在大气中，导致气候变暖。气候变化对水文循环的影响已被众多学者研究和证实（Gleick，1989；Milly et al.，2005；Huntington，2006；Oki and Kanae，2006）。人类活动引起的土地利用/覆被类型的变化使太阳辐射达到地表的能量发生变化，如有植被覆盖的地区太阳辐射能被光合作用转化为生物质能，同时促进了水分的蒸发蒸腾；植被被大面积破坏，出现裸土地甚至形成不透水的城市区，使太阳辐射能被地表大量吸收，增加了地表及附近大气的温度，如城市热岛效应，减少了蒸发蒸腾量。由此可见，自然驱动力在作用于水循环时，也由于人类的影响出现了二元性特征。

3.4.2 社会驱动力

社会驱动力外在表现为修建水利工程使水体壅高，或者使用电能、化学能等能量转化为机械能将水体提升。社会驱动力存在着三大作用机制：第一是经济效益机制，水由经济效益低的区域和部门流向经济效益高的区域和部门。第二是生活需求驱动机制，水由生活需求低的领域流向需求高的领域，生活需求又由人口增长、城市化和社会公平因素决定。水是人类日常生活必不可少的部分，为了兼顾社会公平和建设和谐社会的需求，必须在经济效益机制和生活需求的基础上考虑社会公平机制。第三是生态环境效益机制，生态环境效益已经从自上至下的政府行政要求转化成自下至上的民众普遍要求。为了人类经济社会的可持续发展，社会驱动力的生态环境效益机制的作用越来越大。

水循环的自然驱动力是相对恒定的，而人工驱动力的影响是不断发展的，随着人类使用工具的发展、新技术的开发，人类能够影响的水循环范围在扩大。在采食经济阶段，人类只能够开发利用地表水和浅层地下水；到了近代，人类已经通过修建大型水利工程，深度影响地表水、大规模开发利用浅层地下水；到了现代，人类已经能够进行跨流域调水、开发深层地下水，甚至能够采用科学的手段调控利用土壤水，排放的温室气体引起的全球气候变化能够影响全球水循环，人类活动已经对水循环产生了深度影响。

3.5 二元水循环耦合作用机制

现代环境下，流域水循环演变规律受自然和社会二元作用力的综合作用，具有高度复杂性，是一个复杂的巨系统。水循环在驱动力、过程、通量三大方面均具有耦合特性，并衍生出多重效应（图 3-2）。

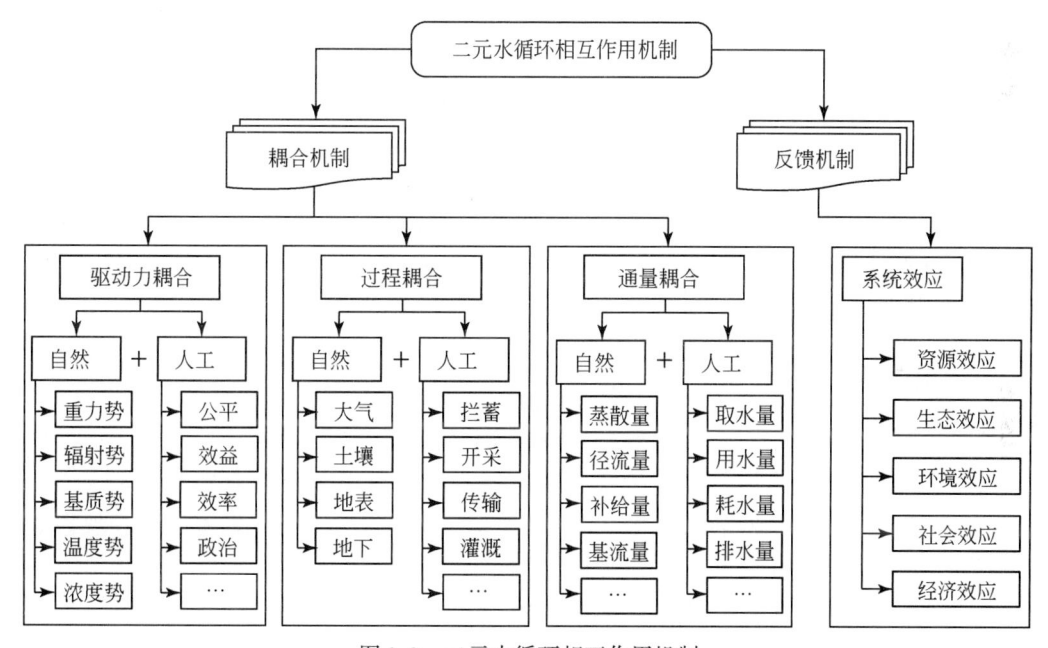

图 3-2 二元水循环相互作用机制

在驱动力方面，体现为自然驱动力和人工驱动力的耦合，即流域水分的驱动机制不仅基于自然的重力势、辐射势等，也受人工驱动力如公平、效益、效率、国家机制等作用。自然驱动力是流域水循环产生和得以持续的自然基础，人工驱动力是水的资源价值和服务功能得以在社会经济系统中实现的社会基础。自然驱动力使流域水分形成特定的水资源条件和分布格局，成为人工驱动力发挥作用的外部环境，不仅影响人类生产、生活的布局，同时影响水资源开发利用方式和所采用的技术手段。人工驱动力使流域水分循环的循环结构、路径、参数变化，进而影响自然驱动力作用的介质环境和循环条件，使自然驱动力下的水分运移转化规律发生演变，从而对人工驱动力的行为产生影响。流域水循环过程中两种驱动力并存，并相互影响和制约，存在某种动态平衡关系。需要指出的是，相对而言自然驱动力的稳定性和周期性规律较强，但人工驱动力则存在较大的变数，动态平衡阈值的破坏往往源自于人工驱动力不合理地扩张和过度强势。

在过程耦合方面，体现为自然水循环过程与人工水循环过程的耦合。自然水循环过程可划分为大气过程、土壤过程、地表过程和地下过程。在过程耦合作用机制上，人工水循环过程较多地体现为外在干预的形式。自然水循环四大过程中的每一个环节，人工水循环过程均有可能参与其中。例如，大气过程中人工降雨过程、温室气体排放过程等；地表过程中的水库拦蓄过程、水利枢纽分水过程、渠系引水过程等；土壤过程中的农业灌溉过程、低渗透性面积建设过程等；地下过程中的地下水开采、回补等。以上自然过程和人工过程的耦合显著增加了流域水循环整体过程的复杂性和研究的难度。

在通量耦合方面，现代环境下的自然水循环通量与社会水循环通量紧密联系在一起。二元水循环通量的耦合与过程的耦合有直接的因果关系。在水循环过程二元耦合情况下，水循环通量的二元耦合是必然的。二元水循环系统中自然水循环的各项通量，如蒸散量、径流量、入渗量、补给量等，与社会经济系统的取水量、用水量、耗水量、排水量等既是构成系统整体通量的组成部分，又相互影响，此消彼长，存在对立统一的关系。传统的水资源评价方法相对于现代环境下的水资源评价技术需求存在五大缺陷，即评价口径狭窄、一元静态评价、要素分离评价、时空集总式评价、缺乏统一的定量工具，这样可能导致水资源评价结果对水循环过程和规律的认知上出现失真，不能反映水循环过程的全部有效水量和利用效率的高低。为客观评价二元水循环系统的通量，需要发展新的评价理论与技术方法，进行全口径层次化动态评价（王浩等，2006）。

驱动力、过程、通量耦合的综合作用下，二元水循环系统产生资源、生态、环境、社会、经济五维反馈效应。一是水资源次生演变效应，大多表现为径流性水资源衰减；二是伴生的水环境演变效应，主要表现为水体污染和环境污染；三是伴生的水生态演变效应，主要表现为天然生态退化和人工生态的发展；四是社会反馈效应，主要表现为生产力布局、制度与管理、水价值观与水文化、科技水平等变化；五是经济反馈效应，表现为经济发展状态、产业结构调整、水的经济价值与流向等变化。必须建立二元水循环理论辩证地分析人类社会经济系统和生态环境系统的关系，科学指导人工经济社会系统用水，合理设置生态环境保护目标，实现人工经济社会系统与生态环境系统的协调发展。

3.6 本章小结

本章详细介绍了流域水循环二元演化的驱动机制。驱动机制的二元化是导致流域水循环产生二元特性的直接原因，驱动机制主要表现为服务功能、循环结构和参数、循环路径及驱动力的二元化。从服务功能二元化、循环结构和参数的二元化、循环路径二元化、驱动力二元化等方面开展对应的驱动机制分析，最后从驱动力、过程、通量耦合三方面进行二元水循环耦合作用机制及反馈机制的分析。

1) 服务功能的二元化是水循环二元化的"本质"。水分在循环过程中要同时支撑自然生态与环境系统和社会经济系统,并体现了水循环五大服务功能:生命功能、资源功能、经济功能、生态功能及环境功能。

2) 循环结构和参数的二元化是水循环二元化的"核心"。自然状态下,流域自然水循环具有"大气—坡面—地下—河道"主循环的大框架;人类活动参与下,在主循环的大框架外,形成了由"取水—输水—用水—排水—回归"五个环节构成的侧支循环。主循环与侧支循环共同构成了"自然—社会"流域二元水循环的基本结构,为水循环宏观结构上的演化。循环各环节从简单到复杂的演变也体现了水循环结构的变化。水循环宏观结构及各环节结构的变化导致刻画水循环的参数体系发生变化。

3) 循环路径的二元化是水循环二元化的"表征"。人类在天然路径之外开拓了包括长距离调水工程、人工航运工程、人工渠系、城市管道等新的水循环路径;天然的水循环路径在人类活动的影响下发生变化,人工降雨缩短了水汽的输送路径,地下水的开发缩短了地下水的循环路径,也改变了地表水和地下水的转化路径。

4) 循环驱动力的二元化是水循环二元化的"基础"。驱动水循环的自然作用力包括太阳辐射能、重力和毛细作用力三类原动力。人工作用力表现为三大作用机制:经济效益机制,水由经济效益低的区域和部门流向经济效益高的区域和部门;生活需求驱动机制,水由生活需求低的领域流向需求高的领域;生态环境效益机制,生态环境效益已经从自上至下的政府行政要求转化成自下至上的民众普遍要求。

5) 水循环在驱动力、过程、通量三大方面均具有耦合特性,并衍生出多重效应。在驱动力方面,体现为自然驱动力和人工驱动力的耦合;在过程耦合方面,体现为自然水循环过程与人工水循环过程的耦合;在通量耦合方面,现代环境下的自然水循环通量与社会水循环通量紧密联系在一起。驱动力、过程、通量耦合的综合作用下,二元水循环系统产生资源、生态、环境、社会、经济五维反馈效应。

第4章 流域二元水循环概念模型

在人类活动参与下，流域社会经济系统与天然水循环是两个不可分割的整体，它们相互依存、相互影响，共同发展。在目前的水循环过程中，由于受到自然和社会两类因素作用的综合影响，流域水循环系统呈现出新的特征，因此不能再仅以单纯的自然水循环系统和社会水循环系统来解释说明区域的水资源演变过程和四水转化规律，而应研究自然和社会综合因素作用下的"自然—社会复合水循环系统"，这既适应社会经济的发展，又满足人水和谐的需求。

由于"自然—社会复合水循环系统"涉及海陆水循环模式和流域水循环模式的综合，特别是流域水循环模式中还需考虑人类社会经济系统在水循环过程中的参与和影响，因此为较为完整地刻画和模拟"自然—社会复合水循环系统"，需要通过构建相应的综合模型体系来完成。本章首先在二元水循环模式和驱动机制理论的指导下提出了气候模型、多目标决策模型、水资源合理配置模拟模型和分布式水循环模拟模型组成的模型系统，对模型系统中不同模型的功能和交互关系进行了剖析，然后概述了各模型的基本理论依据和部分模型原理。

4.1 "自然—社会"二元水循环模型系统

为完整刻画流域"自然—社会"二元水循环模式需要建立相应的模型系统。模型系统的构建引入气候模型、多目标决策模型、水资源合理配置模型、分布式水循环模拟模型四类模型，并建立模型之间的数据传输和计算耦合的有机联系。模型系统框架见图4-1。

模型系统设计思路为：首先，由气候模型和分布式水循环模拟模型进行水资源时空分布演算，为多目标决策模型和配置模型提供来水信息；其次，运用多目标决策模型和水资源配置模型对系统进行优化，初步确定各种水源在各计算单元的分配关系（包括数量和比例等）；然后将各类可调配水源在各分区、各用户的分配关系输入分布式水循环模拟模型，对各方案配置结果进行验证，通过水量平衡（包括地表径流和地下径流过程）、土壤墒情、遥感ET、地下水位和作物产量等要素检验水资源配置结果在水循环过程中的实现情况。

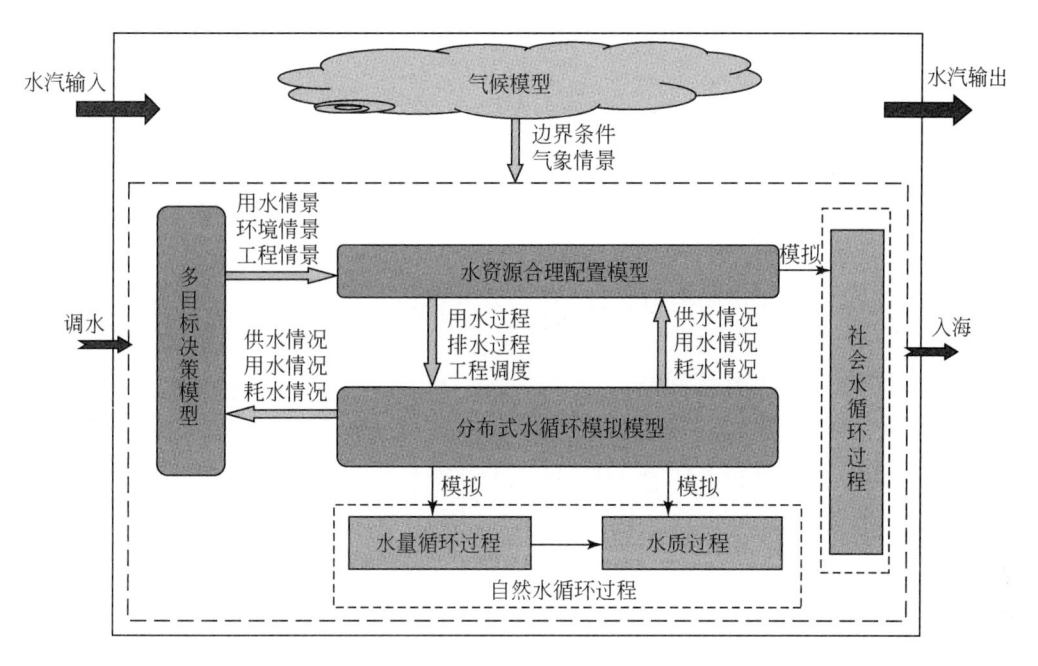

图 4-1 "自然—社会"二元水循环模型系统框架图

4.2 气候模型

20 世纪下半叶，科学家开始从全球视角研究海洋、陆地和大气之间的相互作用关系，但是由于计算工具的限制，仅限于观测数据分析和理论推导。计算机的出现及其性能的提升使科学家利用数学模型进行地球生物、化学和物理过程的综合模拟成为现实。同时，人类活动影响下的全球气候与环境变化逐渐显现，全球气候模型在这些因素的推动下产生。美国国家海洋和大气管理局（NOAA）的地球物理流体动力学实验室率先开发出该领域最早的大气环流气候模式。该模式几乎包括影响气候变化的所有组成因素：大气、海洋、陆地和海冰。如今这一模式已被广泛地应用于气候科学和气象预报，还被用于预测自然因素的改变对气候控制的影响，如海洋和大气环流及温度可能会导致的气候变化，进而明确海洋和大气之间的相互作用过程。这是一个极为重要的技术突破，但此模式仅能覆盖从北极到赤道和经度由西到东 120°、占地球表面 1/6 的区域。随后，越来越多的科学家和实验室增加了资源的投入，使得更多的复杂模式相继被开发出来，以求能更准确地预测天气和模拟气候系统（严力蛟等，2013）。

4.2.1 气候模式

根据基本的物理定律如牛顿运动定律、能量和质量守恒定律等，建立方程（组），确定边界条件和初始条件，给定各变量的参数化方案，用于刻画地球上大气、海洋、陆地等不同气候因素之间的相互作用，预测未来时期的气象、气候变化等，即气候模式。

气候模式经历了一个由简单到复杂、由不完善到逐步完善的长期发展历程。目前虽已建立了多种气候模式，但归结起来，大致可以分为两大类：理论气候模式（传统气候模式）和三维环流模式（现代气候模式）。

(1) 理论气候模式

早期的气候模式主要属于理论气候模式，这类模式通常又被称为简单气候模式或传统气候模式。最有代表性的几类模式包括能量平衡模式（EBM）、辐射对流模式（RCM）、二维纬向平均动力模式（ZADM）；EBM 则可以进一步分为零维、一维和三维能量平衡模式。传统的气候模式基本建立在描写地-气系统的热力学方程基础上，这类模式通过对描写地-气系统的热力学方程进行不同程度的简化和处理，用以刻画地-气系统中与气候相关的各种关键的物理过程。

(2) 三维环流模式

自 20 世纪 50 年代以来，开始出现了被现代气候学研究所广泛采用的三维环流模式。现代气候模式自早期的大气环流模式（AGCM）开始，经历了由简单到复杂的不断发展、完善的过程。这类气候模式以描写气候系统或者气候系统不同分量的基本方程为基础，详细考虑了有关气候系统或不同分量的动力、热力、物理甚至化学过程，从而能够对气候系统的不同分量乃至整个气候系统进行更全面、合理的描述。

为了模拟气候系统不同分量或整个气候系统的演变特征，海洋环流模式（OGCM）、海冰模式（SIM）、陆面模式（LSM）、海气耦合模式（OGCM 或 CGCM）和气候系统模式（CSM）等不同等级的模式也逐渐发展起来。现代气候模式所关注的对象也从早期的大气开始向海洋、冰雪、陆地等气候系统分量乃至整个气候系统转变。气候模式所涉及的物理过程也变得更加完善。应该说现代气候模式考虑气候系统三维特性和尽可能详尽的物理过程，是现有最完善的模式，而现代气候模式在气候变化的研究领域和气候变化的预测方面发挥了越来越大的作用（缪启龙等，2010）。

4.2.2 气候模式的基本原理

气候模式的基础是描写大气、陆地、海洋、海冰乃至整个气候系统的基本方程组。就 AGCM 而言，通常采用大气的原始方程组来描述大气运动。在球坐标系下方程组通常表示为

$$\begin{cases} \dfrac{\mathrm{d}u}{\mathrm{d}t} - \dfrac{uv\tan\varphi}{r} + \dfrac{uw}{r} = \dfrac{1}{\rho r\cos\varphi} \cdot \dfrac{\partial p}{\partial \lambda} + fv - \hat{f}w + F_\lambda \\ \dfrac{\mathrm{d}v}{\mathrm{d}t} - \dfrac{u^2\tan\varphi}{r} + \dfrac{vw}{r} = -\dfrac{1}{\rho r} \cdot \dfrac{\partial p}{\partial \varphi} - fu + F_\varphi \\ \dfrac{\mathrm{d}w}{\mathrm{d}t} - \dfrac{u^2 + v^2}{r} = -\dfrac{1}{\rho} \cdot \dfrac{\partial p}{\partial z} - g + \hat{f}u + F_z \\ \dfrac{\mathrm{d}\rho}{\mathrm{d}t} + \rho\left(\dfrac{1}{r\cos\varphi} \cdot \dfrac{\partial u}{\partial \lambda} + \dfrac{1}{r} \cdot \dfrac{\partial v}{\partial \varphi} + \dfrac{\partial w}{\partial r} - \dfrac{v}{r}\tan\varphi + \dfrac{2w}{r}\right) = 0 \\ c_p \dfrac{\mathrm{d}T}{\mathrm{d}t} - \rho \dfrac{\mathrm{d}p}{\mathrm{d}t} = Q \\ \dfrac{\mathrm{d}p}{\mathrm{d}t} = \dfrac{1}{\rho}M + E \\ p = \rho RT \end{cases} \quad (4\text{-}1)$$

式中，$\dfrac{\mathrm{d}}{\mathrm{d}t} = \dfrac{\partial}{\partial t} + \dfrac{u}{r\cos\varphi} \cdot \dfrac{\partial}{\partial \lambda} + \dfrac{v}{r} \cdot \dfrac{\partial}{\partial \varphi} + w\dfrac{\partial}{\partial z}$；$f = 2\Omega\sin\varphi$；$\hat{f} = 2\Omega\cos\varphi$。其中使用的符号同大气动力学中的惯常符号：$\lambda$、$\varphi$ 是球坐标的经度、纬度；$z = r-a$，z 是与地心的距离，a 是地球半径；u、v 和 w 是沿 λ、φ 和 z 轴的速度分量；F_λ、F_φ 和 F_z 是沿 λ、φ 和 z 轴的摩擦力，t 是时间；ρ 是空气密度，p 是气压；g 是重力加速度；Q 是非绝热加热项（或称为热源项）；q 是比湿；M 是凝结或冻结造成的单位体积水汽的时间变率；E 是单位体积水汽含量的时间变率，它是由表面蒸发和大气中的次网格尺度的垂直和水平扩散引起的；Ω 是地球旋转角速度。上述方程包含 u、v、w、p、T、ρ 和 q 7 个变量。如果摩擦力 F_λ，F_φ 和 F_z，热源项 Q、水汽源汇项 E 和 M 已知或者可以用前面提到的变量来描述，则方程组构成了上述变量相互相制约的闭合方程组。

由于大尺度大气运动在垂直方向近似满足静力平衡，可以将大气运动方程写到 P 坐标系中。与此同时，考虑到大气的厚度远远小于地球的半径，可以采用薄层近似，即 $r = a + z \approx a$，并忽略掉与垂直运动有关的小项。上述大气运动方程组可以写为

$$\begin{cases} \dfrac{\mathrm{d}u}{\mathrm{d}t} - \dfrac{uv\tan\varphi}{a} = -\dfrac{1}{a\cos\varphi}\dfrac{\partial \Phi}{\partial \lambda} + fv + F_\lambda \\ \dfrac{\mathrm{d}v}{\mathrm{d}t} - \dfrac{u^2\tan\varphi}{a} = -\dfrac{1}{a}\dfrac{\partial \Phi}{\partial \varphi} - fu + F_\varphi \\ \dfrac{\mathrm{d}w}{\mathrm{d}t} - \dfrac{u^2 + v^2}{r} = -\dfrac{1}{\rho}\dfrac{\partial p}{\partial z} - g + \hat{f}u + F_z \\ \dfrac{1}{a\cos\varphi}\dfrac{\partial u}{\partial \lambda} + \dfrac{1}{a\cos\varphi}\dfrac{\partial v\cos\varphi}{\partial \varphi} + \dfrac{\partial \omega}{\partial p} = 0 \\ c_p\dfrac{\mathrm{d}T}{\mathrm{d}t} - \dfrac{RT}{p}\omega = Q \\ \dfrac{\mathrm{d}p}{\mathrm{d}t} = S \end{cases} \quad (4\text{-}2)$$

式中，$\mathrm{d}p/\mathrm{d}t = w$ 为 P 坐标下垂直速度；S 为与降水过程有关的水汽源汇项。

AGCM 就是通过对上述方程组进行求解，从而得到温度、水平风速和地面气压等模式主要变量（预报量）。在适当的边界条件下，控制大气运动的能量守恒方程、水平动量方程、地面气压倾向方程（通常可由连续方程导出），连续方程、状态方程及静力平衡方程联立，构成了绝热无摩擦的自由大气的闭合方程组，这就构成了 AGCM 的动力学框架。同时，由于大气环流本质上是受热力驱动的，为了描写相关的热力过程，AGCM 还必须包括另外几个预报量及相应的控制方程和边界条件。在这些预报量中最重要的是水汽，它受水汽连续性方程的控制，水汽的凝结产生云和降水，同时释放出凝结潜热；另外很大一部分加热作用来自大气对太阳辐射和地表热辐射的吸收和传输过程，以及大气和它的下垫面之间的感热和潜热交换（潜热交换指蒸发给大气输送的水汽在空气中凝结时为大气提供热量的过程）。土壤温度和土壤湿度也应是模式的预报量，它们受地面的热量收支方程和水分收支方程的控制；辐射传输方程则作为能量守恒方程的附加条件。此外，由于雪盖对地面反射率有很大影响。因此，模式预报量中还应包括地面积雪量，它受雪量收支方程的控制。除了预报量以外，AGCM 中还包含了许多诊断量，即由预报量按照某些关系式（大多是半经验半理论的）导出的量。需要说明的是，早期的 AGCM 中一般包含了处理陆地表面过程的简单计算方案，在后期的 AGCM 和现阶段的 AGCM 中，陆面过程的处理通常由陆面模式来完成，并由陆面模式为 AGCM 提供陆地上的下边界条件。

总之，模式方程组提供了描写大气运动的动力学框架，这是建立大气环流模式的基础。在具体设计模式时，为了求解过程的种种需要，通常还需要对方程进行必要的坐标变换和变形。经过几十年的研究发展，各种 GCM 所用的模式控制方程组已经基本定型。但不同的模式，在控制方程的具体形式、计算格式的设计方面会存在一些差异。类似地，海洋模式、海冰模式、陆面模式也是建立在反映各自演变的基本控制方程组基础上的（缪启龙等，2010）。

4.3 多目标决策模型

4.3.1 多目标决策理论

4.3.1.1 多目标问题及其特点

系统问题往往存在多种目标和影响因素，令决策者难以决策，因此，与单目标问题相比，多目标问题的寻优解显得尤为复杂。一般而言，多目标问题需要满足多方利益，实现多个目标，各目标之间由于涉及方向不一，包含内容不一致，往往具有矛盾性。同时各个目标之间的相互依存和相互制约关系错综复杂，一个目标的变换会对其他目标造成直接或间接的影响，且某一目标的实现通常都是以其他目标值的减少甚至牺牲其他目标值为代价的，因此目标之间具有激烈的竞争性和敏感性。另外，各目标之间缺乏统一的量度，有的目标可以定量描述,有的只可以定性描述,即使是可以定量的目标,也可能由于量纲的不一致性,难以定夺,因此目标之间的不可公度性是多目标问题的一大特点。多目标问题的另一个主要特点是多目标在全局上不存在最优解,即多目标的解不是唯一的,存在着多个非劣解,既要考虑目标的满足程度,又要考虑决策者的偏好,因此,多目标问题的最终结果呈现给决策者的往往是好几个非劣解,以供决策者根据自己的偏好进行选择。多目标问题区别于单目标问题的另一个特点是求解任务重、工作量大。由于多目标问题涉及范围广、所需资料多,在求解的过程中需要考虑方方面面,在合理建模求解的同时,还要兼顾实际的可行性,因此,往往需要重复工作,工程程序繁杂,求解数据众多。正是由于多目标问题的多目标性,人们在对多目标问题求解的过程中,总是根据一定的计算规则和可行性原则,或根据权重,或根据经验,将其转化为单目标,抓住主要矛盾,逐步寻优,最终达到决策者需要的解域。

4.3.1.2 多目标决策中的基本概念和术语

多目标决策问题中所涉及的基本概念和术语主要有属性、目标、最优解、非劣解和偏好解。

1)属性:属性是指可供选择的方法的特征、性质、特性等参数。多属性决策问题是要从按照它们的属性事先确定的可供选择的方法中做出最好的选择。例如,某个城市的扩展规划问题,由于这座城市的地理原因,调查人员已经确定它的未来发展方向只有三个:东部、东南部和西部。于是决策者就只能从这三个选择中选出一个最好的拓展方向。这三个选择首先要按照一些相关属性进行比较,这些属性就包括:是否以政府部门的扩张为代价;是否影响到城市的活力;洪水的发生概率;与相邻城市的平衡发展问题及尽量靠近现有的休闲娱乐设施等。

2)目标:目标就是决策者认为可以做得更好的方向,它反映了决策者的愿望,表明了决策者想组织工作的方向。所以,多目标决策问题就是找出一个选择使决策者的目标最优化或者最满意。

3)最优解:向量极值问题的最优解是使每个目标函数同时达到最大值的解。因为多目标决策问题的本质就是包含互相矛盾的目标函数,所以通常很难找到或者找不到一个最优解。

4)非劣解:非劣解是一组解,在这一组解中,某个目标函数的取值越大时,却使得另外的某个目标函数值越小,也就是说,目标函数值的变化趋势是相反、相矛盾的。通常,非劣解的数量是非常多的,所以决策者必须通过运用一些别的准则来选择出一个最满意的解作为最后的解,也就是下面的偏好解。

5)偏好解:偏好解一定是非劣解,是决策者根据自身利益和喜好,从非劣解集中选择出来的最终解。

4.3.1.3 多目标决策理论基础

在多目标问题中,决策的目的在于使决策者获得最满意的方案,或取得最大效用的后果。为此，在决策过程中，必须考虑两个问题：其一是问题的结构或决策态势，即问题的客观事实；其二是决策规则或偏好结构，即人的主观作用。前者要求各个目标（或属性）能够实现最优，即多目标的优化问题。后者要求能够直接或间接地建立所有方案的偏好序列，借以择优，这是效用理论的问题。多目标决策问题的两个理论基础，即向量优化理论与效用理论。

（1）向量最优化理论

多目标决策问题，从数学规划的角度看，它是一个向量优化问题（vector optimization problem），或多目标优化问题。向量优化问题求解的是下述形式的优化问题：

$$\begin{aligned}\max f(x) &= [f_1(x), \cdots, f_p(x)] \\ \text{s.t.} \quad g(x) &= [g_1(x), \cdots, g_m(x)] \leq 0\end{aligned} \quad (4\text{-}3)$$

当然，我们希望存在一个 $x^* \in X$ 能够使得所有的目标函数最优，但是这种情况十分罕见，由于多目标之间的不可公度性，目标之间彼此竞争，甚至矛盾，现实中几乎找不到这样的理想最优解，尽管不存在使得各目标均能达到最优的单解，但是却存在分别使各目标最大的可行解集，在这个解集中，必然存在有一个解满足其中一个决策目标最大，而其他目标值相对较小，即在这个可行解集中，没有最优解，只有不劣于可行解集内任一解的非劣解，且不唯一，并组成了非劣解集合。

在向量优化问题中，用非劣解的概念代替了最优解。它是这样的解，在所有可行解集没有一个解优于它，或者说，它不劣于可行解集中任一个解。多目标优化计算得不出同时满足各个目标的最优解，只能求得非唯一的一组解，称为非劣解集。向量优化理论主要研究非劣解的库恩-塔克（Kuhn-Tucker）充分必要条件。设 x^* 是一个非劣解，且对约束为一正则点（regular point），则 x^* 是式（4-3）的非劣解的必要条件是：存在 λ_j 与 u_i 使

$$\begin{aligned}\sum_{j=1}^{p} \lambda_j \nabla f_j(x^*) - \sum_{i=1}^{m} u_i \nabla g_i(x^*) &= 0 \\ u_i g_i(x^*) &= 0\end{aligned} \quad (4\text{-}4)$$

$\lambda_j \geq 0, j=1, \cdots, p$，且至少有一个 $\lambda_j > 0$，$u_i \geq 0, i=1, \cdots, m$ 成立。

非劣解的 Kuhn-Tucker 充分条件：设 $f_j(j=1, \cdots, p)$ 与 $g_i(i=1, \cdots, m)$ 是连续可微的凸函数，且 $g_i(i=1, \cdots, m)$ 是严格凸的，则 x^* 是式（4-3）的非劣解的充分条件是存在 λ_j 与 u_i 使式（4-4）成立，λ_j、u_i 称为拉格朗日乘子。

（2）效用理论

向量优化理论是生成多目标问题非劣解的基础，但是，在非劣解生成之后，如何从中选出最终解（或方案），这在很大程度上取决于决策者对某个方案的偏好（喜欢）、价值观和对风险的态度。测度这种偏好或价值的尺度，就是所谓的效用。它是能用实数表示决策者偏好程度的量化指标或量化的度量。在任何决策过程中，都直接或间接地含有能够排列方案的序列关系。它可按效用值的大小排列方案的先后次序。其一般形式可写为

$$u(x) = u[f_1(x), \cdots, f_p(x)] \quad (4\text{-}5)$$

显然，决策者的偏好结构，应能用实函数来表示，这个实函数便是效用函数（utility function）。对确定决策者问题，选取具有最大效用函数值的相应方案，便是决策者最满意的解；对于不确定性决策问题，具有最大期望效用值的相应方案，也就是最终的决策方案。

效用理论是符合人类思维规律的一种公理化的理论，是多目标决策评价技术的基础。效用理论的研究，一般从序列关系入手，研究确定性和非确定性效用函数的存在性、效用函数的表现形式和构造方法等，从而为多目标问题的决策服务（裴源生等，2008）。

4.3.2 多目标决策模型

多目标决策理论在用于实践时需要建立对应的多目标决策模型。本节以水资源配置为例，介绍多目标决策模型的结构与构建。

4.3.2.1 模型设计与结构

水资源合理配置模型着眼于同时对社会经济和生态环境两大系统之间和内部水资源配置展开，涵盖社会经济发展、生态系统修复和水资源规划与管理等多方面内容，所涉及的问题既包括能够定量计算的结构化问题，也包括大量不能单纯利用数学模型进行描述的半结构化问题，如区域社会经济发展的理想模式、生态系统最佳恢复格局等。但决策者和模型研制人员在实践工作中已经积累了大量行之有效的处理这一类半结构化问题的决策经验，因此本次水资源合理配置模型构建和系统研制过程中，采用专家经验和模型计算相结合的方式，通过人机交互，综合了定量计算和定性判断两方面的优势，完成水资源合理配置的全过程决策（图 4-2）。

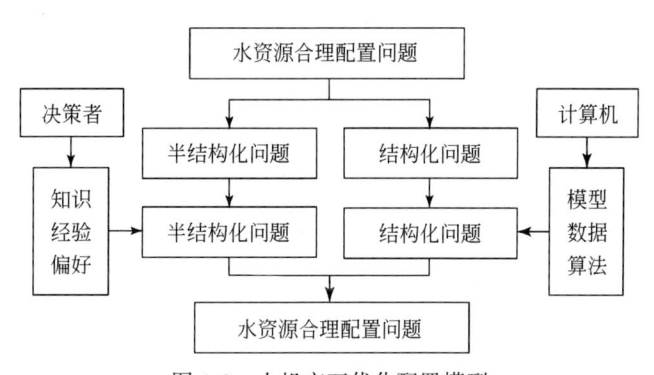

图 4-2 人机交互优化配置模型

根据水资源合理配置问题的特点进行模型设计，应考虑的主要因素包括：①区域社会经济发展、生态环境保护和水资源开发利用策略的互动影响与协调。②水量供需、水环境的污染与治理、水投资的来源与分配之间的动态平衡关系，其中水量供需中，水资源供给考虑流域水资源演变和具体供水工程，水资源需求包括生态环境和社会经济两大用水需求，水环境污染与治理包括污水集中处理回用和水盐平衡关系，水投资主要是各项节水和调蓄措施之间的均衡分配。③决策过程中各地区、各部门之间的利用冲突协调，包括地区之间用水竞争、生态用水和经济用水竞争协调、各用水行业用水协调等。④已经批复的相关规划和约束性条件。⑤决策问题描述的详尽性和决策有效性之间的权衡。⑥有关政策性法规、水管理机构的运作模式和运行机制等半结构化问题的处理。⑦区域水资源长期发展过程不确定性和供水风险评估。⑧流域水资源系统配置与管理系统的物理设计。

水资源多目标决策分析模型的设计充分体现了综合集成的思想，将社会、经济、生态、环境、水资源等子系统高度概括而得到一个数学模型，它描述了水资源与资金在"经济—环境—社会—资源—生态"复杂系统的各子系统中的分配关系及这种关系是如何决定社会发展模式的。其中，宏观经济模型、工业用水模型、农业用水模型、生活用水模型、水质模型、绿色当量面积模型、城镇人员就业模型是其基础模型。在这些模型中，需要建立现状及预测状态下的国内生产总值、工农业生产总值、消费与积累的比例关系。其基本组成和结构如图4-3所示。

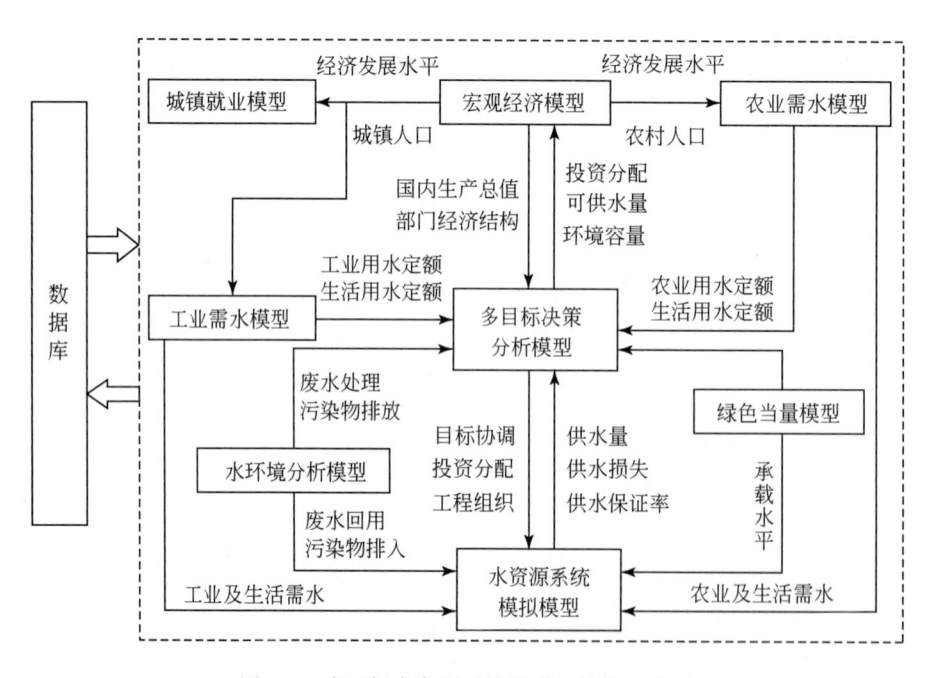

图 4-3 多目标水资源系统组成和结构示意图

4.3.2.2 数学模型构建

数学模型在水资源系统分析中起着十分重要的作用，通常由目标函数和约束两部分组成，数学模型的建立一般包括：①定量化表示系统中的各个因素和它们之间的关系。②确定系统结构,并进行数学描述。③确定决策变量。决策变量即需要求解的未知变量。求解系统分析问题,就是确定使系统达到最优时决策变量的值。④建立目标函数。因研究的问题不同,可能要求目标函数实现最大化或最小化。⑤建立约束。约束表示系统中的限制条件。推求系统达到最优时的决策变量,应是在约束条件下求得的。在水资源系统分析中,农业用水、工业用水、生活用水、生态用水及当地总的水资源量的限制等构成总的约束条件。

(1) 经济目标

宏观经济预测模型为动态投入产出模型规划模型,其理论基础为投入产出分析技术和计量经济学方法;其数学形式为优化模型。宏观经济分析模型采用模块设计思想,构建计算模型。

1) 目标模块。选择规划水平年各地区国内生产总值（GDP）之和最大为主要经济目标,即

$$\max\{\text{TGDP} = \sum_{s=1}^{m} \sum_{j=1}^{n} \text{GDP}(s, j)\} \quad (4-6)$$

式中,TGDP 为各地区 GDP 之和;j 为子区,$j = 1, 2, \cdots, n$;$s = 1, 2, \cdots, m$ 为规划水平年。

2) 投入产出分析模块。投入产出分析模块主要描述国民经济各行业间的投入产出关系。这些关系是动态的,是建立在国民经济行业描述基础上的。其约束如下:

Ⅰ. 国民经济结构约束

$$(\boldsymbol{I} - \boldsymbol{A})X(s, j, k) = B_{\text{HO}}(s, j, k)X_{\text{HO}}(s, j) + B_{\text{SO}}(s, j, k)X_{\text{SO}}(s, j) + B_{\text{FI}}(s, j, k)X_{\text{FI}}(s, j) \\ + B_{\text{ST}}(s, j, k)X_{\text{ST}}(s, j) + X_{\text{EP}}(s, j, k) - X_{\text{IM}}(s, j, k)$$

$$(4-7)$$

式中,$\boldsymbol{I}$ 为单位矩阵;$\boldsymbol{A}$ 为投入产出系数矩阵;$k = 1, 2, \cdots, 6$ 分别为农业、工业、建筑、邮电、商业、非物质部门;$X_{\text{HO}}(\cdot)$、$X_{\text{SO}}(\cdot)$、$X_{\text{FI}}(\cdot)$、$X_{\text{ST}}(\cdot)$ 分别为居民消费、社会消费、固定资产积累、流动资金积累;$B_{\text{HO}}(\cdot)$、$B_{\text{SO}}(\cdot)$、$B_{\text{FI}}(\cdot)$、$B_{\text{ST}}(\cdot)$ 分别为相应变量的分配系数;$X_{\text{EP}}(\cdot)$、$X_{\text{IM}}(\cdot)$ 分别为各地区各部门的进口、出口量;$X(\cdot)$ 为各水平年各地区各部门的产值变量。

Ⅱ. GDP 值方程

$$\text{GDP}(s) = \sum_{k=1}^{6} \text{IOC}(s, j, k)X(s, j, k) \quad (4-8)$$

式中,IOC(·) 为各水平年各部门的附加值率。

Ⅲ. 居民消费方程

$$X_{\text{HO}}(s, j) = \text{HOMECR}(s, j) \cdot \text{GDP}(s, j) \quad (4-9)$$

式中,HOMECR 为居民消费系数。

Ⅳ. 社会消费方程

$$X_{\text{SO}}(s, j) = \text{SOCIALCR}(s, j) \cdot \text{GDP}(s, j) \quad (4-10)$$

式中,SOCIALCR 为社会消费系数。

Ⅴ. 社会积累上、下限约束方程

$$X_{\text{FI}}(s, j) + X_{\text{ST}}(s, j) \geq \text{INVESTRLO}(s, j) \cdot \text{GDP}(s, j)$$
$$X_{\text{FI}}(s, j) + X_{\text{ST}}(s, j) \leq \text{INVESTRUP}(s, j) \cdot \text{GDP}(s, j) \qquad (4\text{-}11)$$

式中，INVESTRLO、INVESTRUP 分别为来自 GDP 的总投资率系数上、下限。

Ⅵ. 流动资金方程

$$X_{\text{ST}}(s, j) = \text{STOCKCR}(s, j) \cdot X_{\text{FI}}(s, j) \qquad (4\text{-}12)$$

式中，STOCKCR 为流动资金的投资系数。

Ⅶ. 进出口上、下限约束

$$\begin{cases} X_{\text{EP}}(s, j) \geq \text{EXPCOELO}(s, j) \cdot X(s, j) \\ X_{\text{EP}}(s, j) \leq \text{EXPCOEUP}(s, j) \cdot X(s, j) \\ X_{\text{IM}}(s, j) \geq \text{IMPCORLO}(s, j) \cdot X(s, j) \\ X_{\text{IM}}(s, j) \leq \text{IMPCORUP}(s, j) \cdot X(s, j) \end{cases} \qquad (4\text{-}13)$$

3）扩大再生产模块。扩大再生产分析模块主要描述经济活动年际间的关系，即描述扩大再生产过程。其主要约束方程包括：固定资产投资来源方程、固定资产形成方程、生产函数方程等。主要方程的数学描述为

$$\text{FI}^t = \sum_{l=1}^{n} \text{FI}_l^t \qquad (4\text{-}14)$$

式中，l 为固定资产投资来源项，包括自身投资和区外投资等；FI^t 为第 t 年固定资产总投资；FI_l^t 为第 l 来源的固定资产投资。

$$\text{FI}^t = \sum_{i=1}^{n} \text{SI}_i^t + \text{OI}^t \qquad (4\text{-}15)$$

式中，SI_i^t 为第 i 行业的固定资产投资；OI^t 第 t 年其他部门非生产性投资。

$$\text{FA}_i^t = \sum_{t_0=1}^{T} \beta_i^{t_0} \text{SI}_i^t + \delta_i^t \text{FA}_i^{t-1} \qquad (4\text{-}16)$$

式中，FA_i^t 为第 i 行业第 t 年的固定资产存量；T 为投资时滞；$\beta_i^{t_0}$ 为第 t_0 年投资形成固定资产的形成率；δ_i^t 为第 i 行业固定资产折旧系数。

$$X_i^t = A \left(\text{FA}_i^t \right)^a \left(L_i^t \right)^b \qquad (4\text{-}17)$$

式中，A 为科技进步系数；a、b 分别为固定资产存量和劳动力生产弹性系数；L_i^t 为第 t 年第 i 行业劳动力数量。

（2）粮食产量目标

选择各规划水平年各地区粮食产量与其目标期望值偏差之和最小：

$$\min\{\text{TFOOD} = \sum_{s=1}^{m} \sum_{j=1}^{n} [\text{TFOOD}(s, j) - \text{FOOD}(s, j)]\} \qquad (4\text{-}18)$$

式中，TFOOD（·）、FOOD（·）分别为各地区各规划水平年的粮食消耗量期望目标和实际粮食生产总量。粮食生产目标方程由式（4-19）确定：

$$\text{TFOOD}(s, j) = K_{\text{FO}}(s, j) \cdot \text{PLO}(s, j) \qquad (4\text{-}19)$$

式中，$K_{\text{FO}}(\cdot)$、PLO（·）分别为各地区的人均粮食消耗量和人口总数。粮食产量方程为

$$\text{FOOD}(s, j) = \text{YD1}(s, j)\text{AR1}(s, j) + \sum_{l=1}^{n} \text{YD2}(s, j, l)\text{AR2}(s, j, l) \quad (4\text{-}20)$$

式中，YD1（·）、AR1（·）分别为各地区各规划年旱地作物单产和播种面积；YD2（·）、AR2（·）分别为灌溉作物单产和播种面积；l 为作物种类。农业产值方程为

$$X(s, j, l) = \text{PR1}(s, j) \cdot \text{AR1}(s, j) + \sum_{l=1}^{n} \text{PR2}(s, j, l) \cdot \text{AR2}(s, j, l) + \sum_{a=1}^{m} \text{LMF}(s, j, a) \quad (4\text{-}21)$$

式中，PR1（·）、PR2（·）分别为各地区各规划年旱地单位面积产值和灌溉地单位面积产值；LMF（·）为各地区的林、牧、副、渔总产值。

（3）环境目标与约束条件

考虑到城市化带来的环境压力，选择各规划水平年各地区城镇某种污染物负荷排放量最小作为环境目标，即

$$\min\left\{\text{TPOL} = \sum_{s=1}^{m}\sum_{j=1}^{n} \text{POL}(s, j)\right\} \quad (4\text{-}22)$$

式中，POL（·）为各水平年各地区该污染物负荷排放总量。

（4）城镇就业率目标

城镇就业率最大：

$$\max \sum_{s=1}^{m}\sum_{j=1}^{n} \text{EMP}(s, j) \quad (4\text{-}23)$$

其中，

$$\text{EMP}(s, j) = \frac{\text{NEE}(s, j)}{\text{LAB}(s, j)} \quad (4\text{-}24)$$

城市就业能力：

$$\text{NEE}(s, j) = \sum_{k} \text{NEM}(s, j, k) X(s, j, k) \quad (4\text{-}25)$$

劳动力方程：

$$\text{LAB}(s, j) = \text{PU}(s, j)\text{KPU}(s, j) + \text{PV}(s, j)\text{KPV}(s, j) \quad (4\text{-}26)$$

式中，PU（·）为城镇人口总数；KPU（·）为城镇人口中劳动力；PV（·）为农村人口总数；KPV（·）为农村向城市允许迁移劳动力系数；NEM（·）为各部门单位产值的就业人数。

（5）生态目标

绿色当量面积最大：

$$\max \sum_{s}\sum_{j} \text{GREEN}(s, j) \quad (4\text{-}27)$$

（6）水资源约束

上述五个目标除相互促进、相互制约的关系外，还同时受到水资源系统的控制与制约，即必须满足水量平衡的基本要求（裴源生等，2006）。

4.4 水资源合理配置模型

4.4.1 水资源合理配置理论

水资源合理配置是在保证社会经济和生态环境可持续发展的前提下，基于全局利益，针对区域经济社会发展现状、区域特色及潜力、资源及环境状况，比较宏观地规划区域的水资源条件与经济社会和生态环境之间的协调关系。水资源合理配置是水资源综合规划的一个重要组成部分，是以水资源评价、开发利用评价，以及需水预测、供水预测、节水规划、水土保持规划、水资源保护等工作的成果为基础。分析水资源的动态供需平衡状况，弄清楚各水资源配置方案下的供需平衡情况，确定开源节流及污水处理、回用的最佳组合，工程与非工程措施并举，合理调配有限的水资源，使其在国民经济发展中充分发挥作用。

4.4.1.1 供需平衡理论

水资源合理配置的第一步是进行供需平衡分析。根据实际情况可分为一次平衡、二次平衡和三次平衡。

(1) 基于现状供用水水平的一次供需平衡

水资源一次平衡供需分析，简而言之，就是区域现状供水能力与外延式增长的用水需求间所进行的平衡分析。

在水资源需求方面，按基本满足国民经济发展和生态环境用水要求进行水需求计算。在国民经济发展的增量部分考虑区域产业结构调整，如工业需水考虑区域产业结构的自然调整和各部门经济量的相对变化，但各部门经济存量的用水效率仅在常规技术进步条件下有所改变，如先进技术设备、生产工艺所带来的节水效益所导致的经济增量的用水效率提高。灌溉用水考虑种植结构的调整、作物品种的变化、农业生产技术的进步，在这些因素的共同作用下，原有农田灌溉面积和新增灌溉面积的定额均有所下降，新增灌溉面积定额的下降幅度稍大。生活需水考虑人口增长、城市化程度提高、生活用水定额增加，包括农业人口向城镇人口转变、居民生活水平和公共生活水平提高所引起的用水水平的提高。

在水资源供给方面，在不考虑新增供水投资来增加供水量的前提下，以水资源可持续利用为指导思想，采取一系列原则来对现状实际供水能力进行修正，主要进行三方面修正：一是考虑天然径流演变对可供水量的影响，如水土保持工程建设的减水效应；二是在考虑河道生态基流条件下计算国民经济可供水量；三是要扣除现状实际供水中非正常的供水手段增加的供水量，从而得到现状条件下区域真实可供水能力。

生态环境需水方面，城镇绿化等生态需水归并到城镇生态需水当中，河道生态用水等根据前面所制定的区域生态环境保护目标来确定所需的水量，根据"三先三后"原则首先予以保障，不参加供需平衡计算。

进行流域的一次供需平衡本身不是目的，而是希望通过一次平衡来明晰现状供水能力与外延式用水需求间的缺口,该缺口充分暴露了发展进程中的水资源供需矛盾,从而对无直接投入下的未来水资源供需情势有了一个清晰的定量认识。

更为重要的是,一次供需平衡缺口为区域水资源的开源和节流措施提供了集成型操作平台,在这个缺口当中可以通过一系列具体措施,如当地水资源进一步挖潜,包括地表水和地下水的进一步开发、污水处理回用等多种方式来提高区域现状供水能力,以及区域用水的节流,如提高水价、工程节水措施、加强管理等来抑制需水增长,使缺口的上下包线同时向内收缩,缓解供需矛盾。由于已明晰了供需水量和一次平衡供需缺口,因此在这个收缩过程中,即可精确识别出各种开源和节流措施对供需缺口减小的贡献大小,并以此为依据进行措施比选,最终利用最小社会投入来最大限度地消减供需缺口。

(2) 基于当地水资源承载力的二次供需平衡

水资源供需二次平衡分析的基本思路,是在一次平衡分析的基础上,立足于当地水资源,在需求侧通过各项节流措施进一步压缩需求的增长速度,通过水价的调整和管理措施的增强来抑制需求的增长等;在供给侧通过治污在提高用水水质的同时增加当地的可利用水量,通过当地水资源开源进一步挖掘区域内供水潜力等。在抑制需求和增加供给双侧共同作用下,一次平衡下的供需缺口有较大幅度的降低,即得到二次平衡供需缺口。可以看出,二次平衡下的供需缺口实质上是在充分发挥当地水资源承载力条件下仍然不能解决的矛盾缺口。

在具体操作过程中,采取的节水措施主要包括:限制大耗水产业部门的发展,鼓励低耗水产业部门的发展;开展节水宣传和水价调整,减少无形用水浪费;进行生活、工业、农业方面的器具型和工程型节水,降低用水定额;进行蓄水、供水、用水、排水等各个环节的基础设施改造以减少无效蒸发和渗漏,改变作物种植结构和田间用水方式,提高农业水的利用效率等。采取上述措施后,各规划水平年的水资源需求将普遍有所降低。因此,从某种意义上说,一次平衡的需求曲线是外延用水模式发展的客观反映,二次平衡的需求曲线则是内涵用水模式发展的真实体现。

治污和当地水资源挖潜增加供给的措施包括:① 加大污水集中处理力度和回用程度,在治理污染的基础上形成再生循环利用。② 对现有供水设施进行除险加固改造,提高其蓄水、输水和供水能力;兴建小型和微型水利设施。③ 在有条件的地方,修建新的蓄、引、提工程,提高水资源的开发利用程度。④ 提高对雨水的直接利用程度。⑤ 在地下水位较高且水质较好的地区,提高地下水的开发利用程度。显然,通过以上措施,各个规划水平年二次平衡的供水量要有所增加,大于现状供水能力,从而其供给曲线也要高于一次平衡的供给曲线。

二次平衡还反映了市场机制对水资源需求和供给的影响。需求侧市场机制的驱动主要体现在水价的提高对水资源需求过度增长的抑制作用。供给侧则表现为当各类供水手段的边际成本发生变化时,人们总是尽可能地选择边际成本较低的供水方式。

综上所述,二次供需平衡的结果所反映的是在未来某一水平年,以该时间断面上水资源预期的社会经济技术发展水平为依据,区域内所能实现的最小供需缺口。

(3) 基于区域外调水的三次供需平衡

水资源供需三次平衡分析,是在二次平衡分析的基础上,进一步考虑跨流域调水补充当地缺水后，将当地水与外调水作为一个整体进行合理配置后的平衡分析。

水资源供需三次平衡分析，是在考虑节水和当地治污挖潜的基础上，以二次平衡缺口为操作平台，将二次平衡的供需缺口作为三次平衡的需水项，供水侧则以不同调水方案中的调水量作为模拟输入所进行的流域水资源供需平衡，即以外调水去面对二次供需平衡缺口在流域层面所进行的平衡，其目的是通过不同的工程规划方案比选为工程方案决策提供数据支持。

由于三次供需平衡的需调水量计算是基于各调水方案不同受水区范围，而并非以全流域需水为基础展开的，因此"一次平衡—二次平衡"和"二次平衡—三次平衡"之间的空间对应关系是不同的。基于上述原因，三次供需平衡的作用之一就是明晰以受水区为空间基础的外调水对流域供需缺口的贡献率，并通过三次供需平衡的结果来考察流域剩余缺水程度及地区分布；还可以通过三次平衡结果来判别基于受水区所计算出来的需调水量在流域层面上的合理性。

4.4.1.2 水资源合理配置的五个方面

水资源应从空间、时间、目标、水量、水质等五个方面进行配置，以实现水资源利用效益的最大化。

（1）空间配置

根据国民经济布局、供水水源和缺水状况，确定合适的供水范围，重点是解决该地区水土资源严重不相匹配的问题，使水资源保障条件与生产力布局相互之间更协调。对于相对贫水区，在流域内部需要明确水资源的使用权，以调整上下游各地区之间的用水关系；要强化流域水资源统一管理，进行行政区控制界面的水量水质总监控，以保障各用水主体的权益；通过建设地表水蓄、引、提水工程和地下水开采工程，形成流域上下游和干支流的水资源综合调控水利工程体系。当出现区域性的水资源承载能力不足时，需要通过工程手段和管理手段跨越分水岭，在流域之间进行水资源重新分配调水，在更大空间范围内提高水资源利用—经济发展—生态保护之间的协调指数。

（2）时间配置

由于水资源在年内、年际存在明显的随机性变化，而需水相对来讲是比较稳定的系列，有时也表现出随机性，如灌溉需水的不确定性。那么问题就在于，要以随机的来水去应对相对较稳定的需水（有时是随机的），可通过水库、湖泊、地下水含水层的调节，以满足需水在时间上较高的要求。重点是解决该地区春季旱灾和汛期洪水因无足够工程蓄水而产生浪费的矛盾。另外，来水与农业灌溉用水不相适应也是严重问题。基本手段是建设水库，尤其是大、中型水库或加大河流的调节来水能力，将更多汛期来水拦蓄，即洪水资源化处理，以备旱季使用。同时还可以建设各类小型和微型水利设施，加大雨水对地下含水层的补给量，发挥地下含水层天然地下水库的作用，以调蓄丰枯间的供水。

（3）目标配置

各用水户在用水结构中的特点和重要性都存在差异，确定各供水目标的优先次序，进行部门间的水量分配。协调各用水目标，重点在于解决社会经济用水挤占生态环境用水、城市与工业用水挤占农业用水，以及水资源多目标利用中的竞争性用水等问题。应以流域为单元，确定与生态环境保护目标相适应的河道最小生态需水量，并优先给予保证。生态建设用水会导致产水减少，采取相应补偿措施。在社会经济发展用水中应优先保证生活用水，合理安排有较高保证率的重要工业用水，其次是具有较强季节性的农业灌溉用水。在发展进程中逐步扭转本区水质下降和供需水缺口增大的趋势。

(4) 水量配置

人类活动强烈的流域水资源形式多样，地表水、地下水、外调水、再生水等构成了整个水资源系统的输入项，配置时协调好多种水源，提高供水总量和供水保证率。同时减少无效蒸发，补偿调节以节约资源和能源。对大中型城镇，要修建适应自身特点的污水处理设施，逐步实现污染负荷排放量、处理量和自然降解量之间的平衡及提高污水再生利用效率。

(5) 水质配置

按用水户对水质的不同要求，对原生水、再生水等进行统一分配，高水高用，分质供水是在采用工程手段实现水资源合理配置的同时，辅之以法律、政策、经济、科技等方面的非工程管理措施。通过法律和相关政策法规明确水资源统一管理的主体，界定流域水资源管理和行政区水管理的关系；实现水权的合理划分，建立由资源水价、工程水价、环境水价构成的面向可持续发展的水价体系；进行水资源调控的实时监测。促使传统的重建轻管、重开源轻节流的外延式水资源开发利用模式向内涵式水资源利用模式转变。

4.4.1.3 配置原则

综合水资源合理配置的基本理念和区域水资源配置具体目标，水资源合理配置应坚持以下四个原则。

(1) 可持续发展原则

在水资源配置过程中必须坚持水资源的可持续利用，支持国民经济的可持续发展原则。一方面，区域水资源开发利用不能破坏或超过其可再生能力；另一方面，区域发展模式也应该适应当地的水资源条件，并优先考虑调整产业结构模式。

(2) 有效性原则

有效性原则是基于水资源作为社会经济行为中商品属性确定的，从纯经济学观点看，由于水利工程投资，对水资源在经济各部门的分配应解释为：水是有限的资源或资本，经济部门对其使用并获得回报。效率是水资源合理配置的最主要目标之一，因此水资源合理配置必须坚持有效性原则，通过各种措施提高参与生活、生产和生态过程的水量及其有效程度，提高对降水的直接利用效率，减少水资源转化过程和用水过程的无效蒸发损失，一水多用、高水高用及综合利用，提高水资源利用效率，增加单位供水量对农作物、工业产值和 GDP 的产出；减少水污染，增加有效水资源总量。

(3) 系统性原则

系统性原则是要求在水资源合理配置中，在流域间、流域、水系三个系统层次上对水资源进行合理配置。以流域为基础，统一调整流域内各行政区间的用水权益关系，对干流和支流的水资源统一配置。首先明确系统水资源的收支平衡关系，然后在这个统一的基础上进行当地水和过境水的统一配置、原生性水资源和再生性水资源的统一配置、降水性水资源和径流性水资源统一配置等。将水量平衡、水沙平衡、水环境容量平衡联系起来考虑，并在不同层面上，将流域水循环转化过程和国民经济用水的供、用、耗、排过程属性串联起来考虑问题。

(4) 公平性原则

区域水资源配置的目的是解决或缓解由于区域水资源短缺及不合理开发利用等因素引起的生产、生活和生态等方面问题，保障区域经济的可持续发展和人们生活水平的提高。公平性原则应以满足不同区域、不同时期、不同经济发展水平、不同科技水平下的不同社会阶层对水资源的需求为目标。不同区域有相同的生存权和发展权，水资源配置要充分体现区际公平，应采取区域缺水率基本一致和人均耗水量趋近两个准则作为衡量水资源配置公平性指标。获得洁净、卫生的饮用水是人类基本权利，也是身体健康的前提和保障。所以，在生活用水方面，必须优先获得保证。在水市场竞争中，弱势群体始终处于劣势，不能因为他们无力支付供水成本而剥夺他们的用水权利，考虑社会发展的公平性，保障弱势群体的基本用水，应在水价政策、水权分配上适当倾斜。近期原则上要不断减少乃至停止对深层地下水的开采，可以考虑作为未来应急预案的水源地。对于那些最为必要的生态用水项，要首先满足，同时在经济用水中要在保障供水的前提下兼顾综合利用。

4.4.2 水资源合理配置模型

4.4.2.1 模型结构的主要影响因素

水资源配置模型构建过程中应考虑以下因素：

1) 区域社会经济发展、生态环境保护和水资源开发利用策略的互动影响与协调。

2) 水量供需、水环境的污染与治理、水投资的来源与分配之间的动态平衡关系。其中，水量供需中，水资源供给考虑区域水资源演变和具体供水工程，水资源需求包括生态环境和社会经济两大用水需求；水环境污染与治理主要指污水集中处理回用和污水处理厂的建设；水投资主要是各项节水和工程调蓄措施之间的均衡分配。

3) 决策过程中各地区、各部门之间的利益冲突协调，包括上下游用水竞争、生态用水和经济用水竞争协调、各用水行业用水协调等。

4) 决策问题描述的详尽性和决策有效性之间的权衡。

5) 有关政策性法规、水管理机构的运作模式和运行机制等半结构化问题的处理。

6) 区域水资源长期发展过程不确定性和供水风险评估。

4.4.2.2 模型结构及其逻辑关系

水资源合理配置是在配置原则的指导下，综合考虑区域发展及各分区近期、中长期总体规划和各专项规划的基础上,拟定各种水资源开发利用、经济社会发展、生态环境保护目标,以水资源供需平衡模拟模型为核心,以预测的各计算单元的各行业的不同时间尺度需水量和需水过程为需求依据,以水资源系统中的各种水源作为供水资源,以各单元上已建及规划的水利工程作为备选供水设施,依据所确定的各项准则,进行系统分析和长系列模拟计算,通过水资源配置方案的优化选择(包括水资源系统规划方案的优化选择和各种水源的优化调度),分析在不同水平年下的水资源供需平衡状况,得到各水资源配置方案的供需平衡结果。

水资源配置模型由 5 个子模型组成,其核心子模型是流域水资源供需平衡模拟模型,另外还包括计量经济子模型、人口预测子模型、国民经济需水预测子模型和生态需水预测子模型。对各模型进行相应的耦合,共同生成区域水资源配置方案的非劣集。进一步与合理配置评价模型耦合,最终生成区域水资源合理配置方案,模型结构见图 4-4。

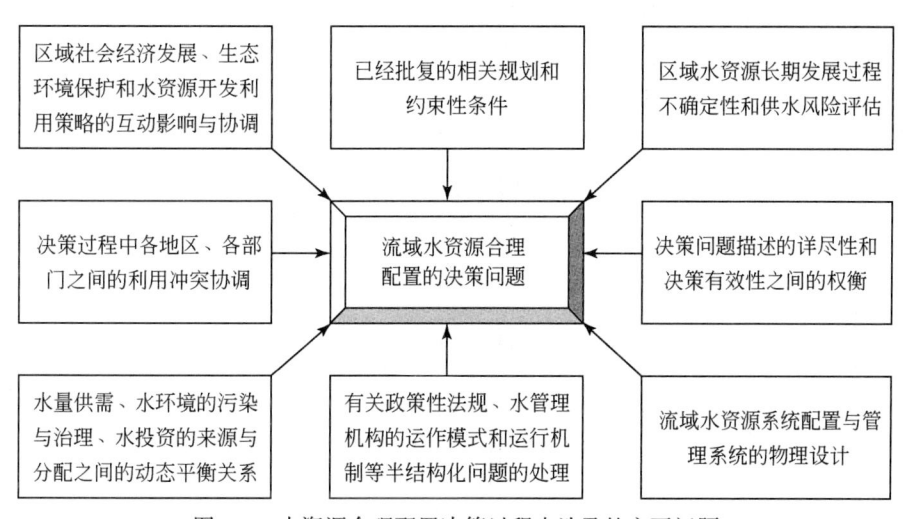

图 4-4 水资源合理配置决策过程中涉及的主要问题

各子模型的逻辑关系可以描述为:首先,由计量经济模型和人口预测模型分别进行国民经济发展和人口增长预测,其预测过程中充分考虑节水型社会建设进程的推进,产业结构、种植结构和用水结构的不断优化;其次,基于现有的流域和区域相关规划,确定不同水平年可能水利工程投资规模和备选的节水方案集合,同时结合计量经济模型和人口模型预测结果,利用需水预测模型进行需水预测;再次,根据规划水利工程组合,结合水源供给和调度规则,确定不同时段的区域可供水资源总量;进而根据水资源配置的宏观原则和操作准则,以计算单元为对象进行逐时段供需平衡模拟计算,最后提出各单元的配水方案。

4.4.2.3 数学模型的构建

以流域综合缺水总量最小及各计算单元缺水率均衡两个目标进行水资源合理配置。

(1) 目标函数

目标函数之一：缺水总量最小。

$$\min Z = \sum_{i=1}^{I} \sum_{j=1}^{J} \sum_{k=1}^{K} S(i,j,k) \tag{4-28}$$

式中，$S(i,j,k)$ 为第 i 个计算单元第 j 时段第 k 用水类型的缺水量。

目标函数之二：各具有水力联系的计算单元的缺水率基本一致。

$$|\max \eta_i - \min \eta_i| \leq \varepsilon \tag{4-29}$$

$$\max \eta_i = \max(\eta \mathrm{wd}_{ijy}),\ i=1,2,\cdots,I \tag{4-30}$$

$$\min \eta_i = \min(\eta \mathrm{wd}_{ijy}),\ i=1,2,\cdots,I \tag{4-31}$$

$$\eta \mathrm{wd}_{ijy} = \frac{\sum_{k=1}^{4} S(i,j,k,y)}{\sum_{k=1}^{4} D(i,j,k,y)} \tag{4-32}$$

式中，$\eta \mathrm{wd}_{ijy}$ 为第 i 个计算单元第 j 时段第 y 水平年的缺水率；$S(i,j,k,y)$ 为第 i 个计算单元第 j 时段第 y 水平年第 k 用水类型的缺水量；$D(i,j,k,y)$ 为第 i 个计算单元第 j 时段第 y 水平年第 k 用水类型的需水量。

(2) 约束条件

Ⅰ. 水量平衡约束

1) 计算单元水量平衡约束：

$$\begin{aligned}S(i,j,k,y) =\ & D(i,j,k,y) - N(i,j,k,y) - Q(i,j,k,y) - H(i,j,k,y) \\ & - R(i,j,k,y) - G(i,j,k,y) + L(i,j,k,y)\end{aligned} \tag{4-33}$$

式中，$S(i,j,k,y)$ 为第 i 计算单元第 j 时段缺水量；$D(i,j,k,y)$ 为第 i 计算单元第 j 时段需水量；$N(i,j,k,y)$ 为第 i 计算单元第 j 时段使用的天然来水量；$Q(i,j,k,y)$ 为第 i 计算单元第 j 时段的泉水使用量；$H(i,j,k,y)$ 为第 i 计算单元第 j 时段的河道取水量；$R(i,j,k,y)$ 为第 i 计算单元第 j 时段的水库供水量；$G(i,j,k,y)$ 为第 i 计算单元第 j 时段的地下水使用量；$L(i,j,k,y)$ 为第 i 计算单元第 j 时段的损失水量。

2) 河道节点水量平衡约束：

$$\begin{aligned}H(j,n,y) =\ & H(j,n-1,y) + H_{\mathrm{in}}(j,n-1,y) + T(j,n-1,y) \\ & - V_r(j,n-1,y) - H_{\mathrm{ou}}(j,n,y) - L(j,n,y)\end{aligned} \tag{4-34}$$

式中，$H(j,n,y)$ 为第 j 时段河道节点 n 的来水量；$H(j,n-1,y)$ 为第 j 时段河道节点 $n-1$ 的来水量；$H_{\mathrm{in}}(j,n-1,y)$ 为第 j 时段河道节点 $n-1$ 的注入水量；$T(j,n-1,y)$ 为第 j 时段由河道节点 $n-1$ 产生的退水量；$V_r(j,n-1,y)$ 为第 j 时段河道节点 $n-1$ 处水库的放水量；$H_{\mathrm{ou}}(j,n,y)$ 为第 j 时段从河道节点 n 处引走的水量；$L(j,n,y)$ 是第 j 时段河道节点 $n-1$ 与节点 n 之间损失的水量。

3) 水库水量平衡约束：

$$V(y,j+1,t) = V(y,j,t) + V_{\mathrm{in}}(y,j,t) - V_r(y,j,t) - L(y,j,n) \tag{4-35}$$

式中，$V(y,j,t)$、$V(y,j+1,t)$ 分别是第 t 水库的初始库容和末库容；$V_{\mathrm{in}}(y,j,t)$ 为第

t 水库 j 时段的入库水量;$V_r(y, j, t)$ 为 j 时段从第 t 水库引走的水量;$L(y, j, n)$ 为第 t 水库 j 时段损失的水量。

Ⅱ. 蓄水库容约束

$$V_{\min}(t) \leqslant V(y, j, t) \leqslant V_{\max}(t) \tag{4-36}$$

$$V_{\min}(t) \leqslant V(y, j, t) \leqslant V'_{\max}(t) \tag{4-37}$$

式中,$V_{\min}(t)$ 是第 t 水库的死库容;$V(y, j, t)$ 为第 t 水库 j 时段库容;$V_{\max}(t)$ 为第 t 水库的兴利库容;$V'_{\max}(t)$ 为第 t 水库的汛限库容。

Ⅲ. 使用当地天然来水量的约束

$$N(i, j, k, y) \leqslant N_{\max}(i) \tag{4-38}$$

式中,$N(i, j, k, y)$ 为第 i 计算单元当地天然来水的利用量;$N_{\max}(i)$ 为第 i 计算单元可利用的当地天然来水量。

Ⅳ. 引提水量的约束

$$H(i, j, k, y) \leqslant H_{\max}(i) \tag{4-39}$$

式中,$H(i, j, k, y)$ 是第 i 计算单元第 j 时段引、提水量;$H_{\max}(i)$ 为第 i 计算单元最大引、提水能力。

Ⅴ. 地下水使用量约束

$$G(i, j, k, y) \leqslant P_{\max}(i, j, y) \tag{4-40}$$

$$\sum_{j=1}^{J} G(i, j, k, y) \leqslant G_{\max}(i, y) \tag{4-41}$$

式中,$G(i, j, k, y)$ 是第 i 计算单元第 j 时段的地下水使用量;$P_{\max}(i, j, y)$ 为第 i 计算单元第 j 时段的地下水开采能力;$G_{\max}(i, y)$ 为第 i 计算单元最大允许地下水开采量。

Ⅵ. 水环境约束

1) 污水产生量与排放量、回用量之间的平衡约束:

$$SW_{pr}(i, j, y) = SW_{le}(i, j, y) + SW_{re}(i, j, y) \tag{4-42}$$

式中,$SW_{pr}(i, j, y)$ 是第 i 计算单元 j 时段产生的污水量;$SW_{le}(i, j, y)$ 为第 i 计算单元 j 时段污水排放量;$SW_{re}(i, j, y)$ 为第 i 计算单元 j 时段污水回用量。

2) 各类污染物质的排放总量与其运移、积累及降解自净之间的平衡约束:

$$PL_{le}(i, j, y) = PL_{ac}(i, j, y) + PL_{ca}(i, j, y) + PL_{sm}(i, j, y) \tag{4-43}$$

式中,$PL_{le}(i, j, y)$ 是第 i 计算单元 j 时段各类污染物的排放总量;$PL_{ac}(i, j, y)$ 为第 i 计算单元 j 时段污染物积累总量;$PL_{ca}(i, j, y)$ 为第 i 计算单元 j 时段污染物的运移总量;$PL_{sm}(i, j, y)$ 为第 i 计算单元 j 时段污染物降解自净总量。

Ⅶ. 水库运行规则约束

$$R(i, j, k, y) = 0 \tag{4-44}$$

对于多沙河流上的水库来说,周期性拉闸泄沙、空库运行是必要的调度规则,此时段水库水量平衡约束和库容约束就成为零约束,如王瑶水库,当 $j = 7, 8$ 时,水库供水量为 0,水库 j 时段的初始库容和末库容为 0。其他水库同理。

Ⅷ. 非负约束

模型中所涉变量都非负。

(3) 边界条件

1) 水库的起调库容约束：

$$V(1,t) = V_0(t) \tag{4-45}$$

式中，$V(1,t)$ 为第 t 水库第一月的库容；$V_0(t)$ 为第 t 水库起调库容。

2) 传递条件：

$$V(j+1,t) = V(j,t) \tag{4-46}$$

式中，$V(j+1,t)$ 为第 t 水库第 $j+1$ 月份的初始库容；$V(j,t)$ 为第 t 水库第 j 月份的末库容。

4.5 分布式水文模型

在刻画流域水分运移转化方面，水文模型是较为理想的定量工具。在洪水预报、水资源评价、水环境、水生态等方面水文模型都有着广泛的应用，对解决资源与环境问题具有重要意义。近几十年来水文水资源领域发展了很多水文模型，包括概念性的集总式水文模型，如爱尔兰的 SMAR 模型（Nash and Sutcliffe，1970）、日本的 TANK 模型（Sugawara et al.，1976）等，以及基于物理机制的分布式水文模型，如欧洲水文模型 SHE（Beven and O'Connell，1979）、TOPMODLE（Beven and O'Connell，1984）等。Singh 和 Woolhiser（2002）曾对世界众多水文模型进行过综述，其中以自然物理机制为基础的分布式流域水文模型为当今世界水文研究的热点之一。

水文模型本是传统水文学的研究范畴，早期水文模型的主要研究目标是模拟流域尺度水循环的地表径流过程，产/汇流机制是水文模型的精髓。在模型的模拟要素上，主要是洪峰流量和洪水过程线，应用层面多在于防洪设计和水库调度。由于洪水发生过程具有短时间内发生和间断性特征，而且与降雨强度的联系较大，早期水文模型多以模拟短时期（洪水期）的水文过程为主。在模拟的时间步长上，一般都需要日内甚至分钟级的时间步长，以匹配暴雨在时间频率和分布上的强烈变化。

近年来由于水资源可持续理念的深入和强化，以及随着人类活动干预的逐渐增强导致流域水资源数量的显著衰减和水资源质量的持续恶化，人们逐渐从关心洪水过程转向关心水资源的形成、利用与管理的问题。近十余年来，人类活动干扰对水循环的影响、变化环境下的水循环/水环境演变等新学科命题成为当今水科学界的重大研究方向。水文模型也从初期产汇流模拟预报逐渐发展成为兼顾各种微观水文过程的丰满体系，并形成与环境、生态、气象等学科领域的深度交叉融合。后期发展的一些水文模型如 SWAT（Neitsch et al.，2011）、WEP（Jia et al.，2006）等，其模型理念已经逐步脱离了传统水文模型研究产-汇流机制为主的框架，转向重点研究流域或区域不同形态和介质中水分的循环转化机制。虽然这类模型仍源自于水文模型，但水循环研究的味道在模型中体现得越来越浓厚。可以把这类模型称为以水循环模拟为主的水文模型或水循环模型。由于研究目的与早期的水文模型有显著差异,水循环模型在模拟时期上拓展到了长时期多年尺度,模拟时间步长上也多以日尺度为主。在水循环过程的模拟上,虽然产-汇流机制仍是模型的重要方面,但其他过程如蒸发蒸腾机制、土壤水-地下水的转化、积雪-融雪过程、作物生长作用等过程在模型中的整合和刻画也越来越细致,注重的是水循环系统内部各分项过程相互作用的整体效果。另外,人类活动如作物种植、收割、土地翻耕、人工灌溉、水库蓄滞、河道—水库间调水、人工退水等在传统水文模型中很难刻画的过程,在水循环模型中却得到了长足的发展。需要指出的是,为了适应复杂应用条件,水循环模型在计算原理上比较偏向于半经验-半动力学的方式,而传统水文模型如物理机制较强的 SHE 等则主要以动力学方式求解偏微分方程。在对区域或流域的空间刻画上,水循环模型也综合了集总式水文模型和物理分布式模型的特点,既有集总式模型的概念性又有分布式模型的物理性。即在空间上把区域或流域按 DEM 划分为子流域或子单元,子流域或子单元之间具有空间的联系;在子流域或子单元的内部,则按照集总式的方式进行处理。这种空间的离散方式在简化了传统物理性分布式水文模型计算难度的同时又增加了灵活性,但又比集总式模型大大提高了模拟精度。在时间尺度上,为适应长时期模拟的需要和基于水量平衡分析所需模拟精度的考虑,水循环模型一般多采用日尺度。由于时间尺度上的扩展,水循环模型对单次洪水过程的精细模拟一般不太适合,因为如前所述单次洪水过程的模拟对短时段降雨数据的要求很高,一般要求日内尺度。但水循环模型的突出优势在于可以使研究者站在流域的角度审视长时期水循环的整体过程及水循环系统内部的相互联系。这种能力为当前研究人类活动对水循环的影响这一水文/水资源学科的重要专题提供了强大的分析工具。

本节以 MODCYCLE 模型为例,简要介绍流域二元水循环概念模型系统的分布式水文模型部分。

4.5.1 模型总体设计

4.5.1.1 模型结构与水循环路径

MODCYCLE 模型为具有物理机制的分布式模拟模型(陆垂裕等,2012)。在平面结构上,首先,模型需要把区域/流域按照数字高程(DEM)划分为不同的子流域,子流域之间通过主河道的级联关系构建空间上的相互关系。其次,在子流域内部,将按照子流域内的土地利用分布、土壤分布、管理方式的差异进一步划分为多个基本模拟单元,基本模拟单元并不等同于一块地,实际上它是子流域内具有相同土地利用方式、管理和土壤类型的地块的集合体,这些具有相同性质的地块可能分散在子流域的各处,并不相连。在模拟时基本模拟单元之间相对独立,之间没有作用关系。除基本模拟单元之外,子流域内部可以包括沼泽、湿地、池塘、湖泊等自然水体。在子流域的土壤层以下,地下水系统分为浅层和深层共两层。每个子流域中的河道系统分为两级,一级为主河道,另一级为子河道。子河道汇集从基本模拟单元而来的产水量,部分输送到子流域内的沼泽/湿地、池塘/湖泊,部分输送到主河道。所有子流域的主河道通过空间的拓扑关系构成模型中的河网系统，河网系统可以包括水库，水分将从流域/区域的最末级主河道逐级演进到流域/区域出口。从这个意义而言，子流域之间是有水力联系的，其空间关系是通过河网系统构成的。图 4-5 为模型系统的平面结构示意图。

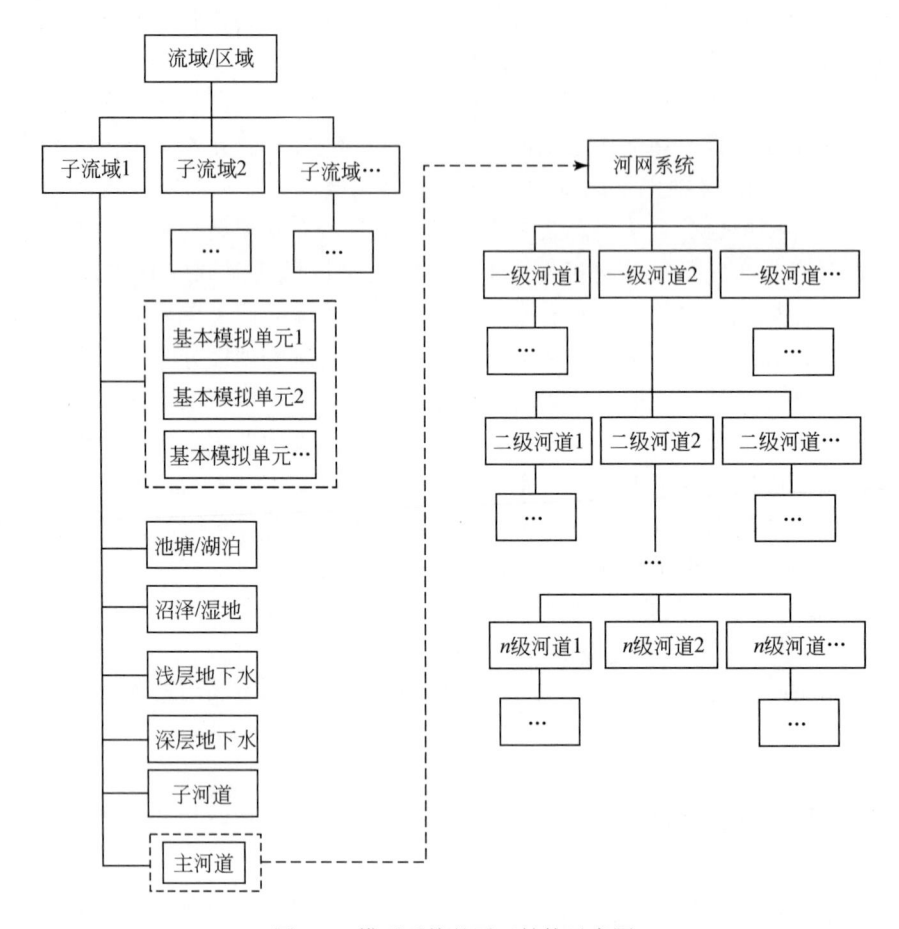

图 4-5　模型系统的平面结构示意图

在水文过程模拟方面，MODCYCLE 将区域/流域中的水循环分为两大过程进行模拟，首先是陆面水文循环过程的模拟，控制流域陆面上的水循环过程，包括降雨产流、积雪/融雪、植被截留、地表积水、入渗、土表蒸发、植物蒸腾、深层渗漏、壤中流、潜水蒸发、越流等过程。其次是河道水文循环过程的模拟，陆面过程的产水量将向主河道输出，考虑沿途河道渗漏、水面蒸发、水库等水利工程的拦蓄等过程，并模拟不同级别主河道的水量沿着主河道网络运动直到流域或区域的河道出口的河道过程。图 4-6 为 MODCYCLE 模型模拟的水循环路径示意图。

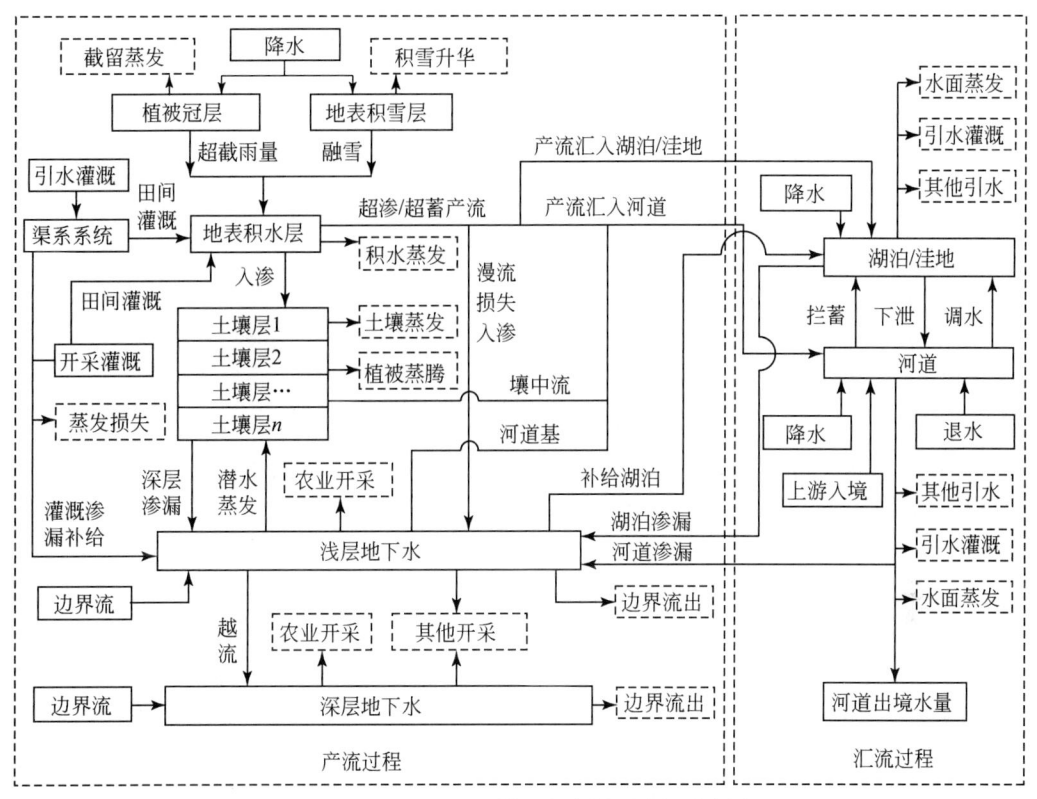

图 4-6 MODCYCLE 模型的水循环路径示意图

4.5.1.2 模型的多过程综合模拟能力

在模型开发过程中,充分考虑到模型对自然水循环过程和人类活动影响的双重体现,具体体现为以下分项过程模拟。

自然过程的模拟如下。

1）大气过程：降雨、积雪、融雪、积雪升华、植被截留、截留蒸发、地表积水、积水蒸发等。

2）地表过程：坡面汇流、河道汇流、径流滞蓄、湖泊/湿地漫溢出流、水面蒸发、河道渗漏、湖泊/湿地水体渗漏等。

3）土壤过程：产流/入渗、土壤水下渗、土壤蒸发、植物蒸腾、壤中流等。

4）地下过程：渗漏补给、潜水蒸发、基流、浅层/深层越流等。

5）植物生长过程：根系生长、叶面积指数、干物质生物量、产量等。

人类活动过程的模拟如下。

模型可考虑多种人类活动对自然水循环过程的干预,主要包括以下几种。

1）作物的种植/收割。模型可根据不同分区的种植结构对农作物的类型进行不限数量的细化,并模拟不同作物从种植到收割的生育过程。

2）农业灌溉取水。农业灌溉取水在模型中具有较灵活的机制，其水源包括河道、水库、浅/深层地下水取水及外调水五种类型。除可直接指定灌溉时间和灌溉水量之外，在灌溉取水过程中还可根据土壤墒情的判断进行动态灌溉。

3）水库出流控制。可根据水库的调蓄原理对模拟过程中水库的下泄量进行控制。

4）点源退水。模型可对工业/生活的退水行为进行模拟，点源的数量不受限制，同时可指定退水位置。

5）工业/生活用水。工业/生活用水在模型中通过耗水来描述，其水源包括河道、水库、浅/深层地下水、池塘五种类型。

6）水库—河道之间的调水。可模拟任意两个水库或河道之间的调水联系，并有多种调水方式。

7）湖泊/湿地的补水。可模拟多种水源向湖泊/湿地的补水。

8）城市区水文过程模拟。针对不同城市透水区和不透水区面积的特征，对城市不同于其他土地利用类型的产汇流过程进行模拟。

4.5.2 模型原理

分布式水文模型在刻画自然—社会二元水循环时需要大量的数学公式和参数，限于篇幅，本部分简要介绍模型的主要原理。

4.5.2.1 基础模拟单元水循环

基础模拟单元代表特定土地利用（如耕地、林草地、滩地等）、土壤属性和种植管理方式的集合体，其物理原型是土壤层及其上覆植被。模型采用一维半经验/半动力学模式对基础模拟单元的水循环过程进行模拟，时间尺度为日尺度。涉及的模拟原理包括产流/入渗、蒸发蒸腾、土壤水分层下渗等过程，见图4-7。

(1) 入渗/产流

模型的入渗/产流过程通过地表具有积水机制的改进 Green-Ampt 模型进行模拟，并在日模拟过程用半小时尺度作为迭代计算时段。若当天有降雨或灌溉，先用 Green-Ampt 模型计算基础模拟单元的地表累积入渗量：

$$F(t_i) = F(t_{i-1}) + K_e \cdot \Delta t + \psi \cdot \Delta\theta_v \cdot \ln\left[\frac{F(t_i) + \psi \cdot \Delta\theta_v}{F(t_{i-1}) + \psi \cdot \Delta\theta_v}\right] \quad (4-47)$$

式中，$F(t_i)$ 为当前时刻的累计入渗量（mm）；$F(t_{i-1})$ 为前一时刻的累计入渗量（mm）；K_e 为土层的有效水力传导度（mm/h）；Δt 为计算步长（0.5h），等于 $t_i - t_{i-1}$；ψ 为湿润峰处的土壤水负压（mm）；$\Delta\theta_v$ 为湿润峰两端的土壤含水率相差值（-）。地表产流量的计算公式为

$$\begin{cases} R(t) = P(t) + \text{IR}(t) - F(t) - \text{SP}_{mx} & \text{若 } P(t) + \text{IR}(t) - F(t) > \text{SP}_{mx} \\ R(t) = 0 & \text{若 } P(t) + \text{IR}(t) - F(t) \leq \text{SP}_{mx} \end{cases} \quad (4-48)$$

式中，$R(t)$ 为第 t 天的地表产流量（mm）；$P(t)$ 为第 t 天的降水量；$\text{IR}(t)$ 为第 t 天的灌溉

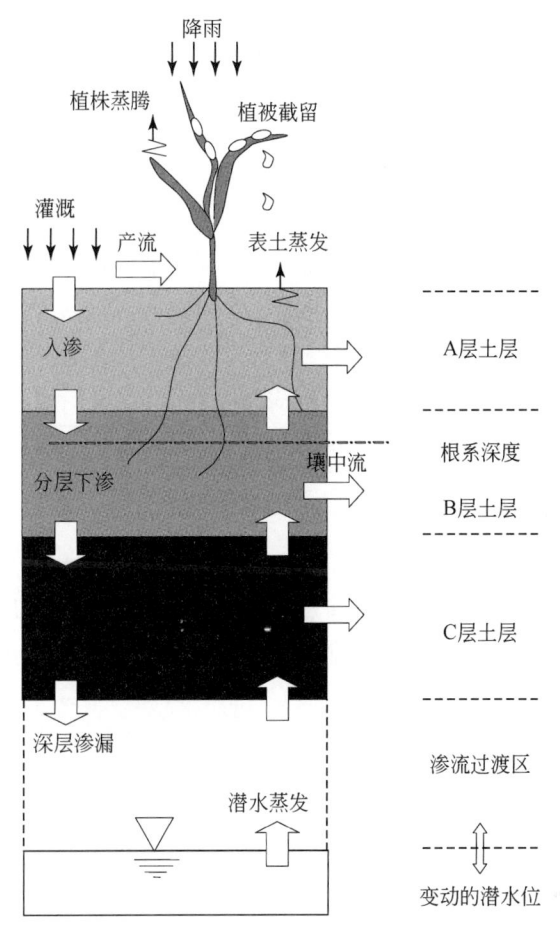

图 4-7 基础模拟单元水循环示意图

量（mm）；$F(t)$ 为第 t 天的累计入渗量（mm），SP_{mx} 为地表最大积水深度参数（mm）；其他符号意义同前。SP_{mx} 为影响入渗量的重要参数，式（4-48）表达的含义为，只有当地表的积水量（深度）超过最大积水深度时才能形成地表产流。当天的地表积水量可计算为

$$\begin{cases} SP(t) = SP_{mx} & \text{若 } P(t) + IR(t) - F(t) > SP_{mx} \\ SP(t) = P(t) + IR(t) - F(t) & \text{若 } P(t) + IR(t) - F(t) \leq SP_{mx} \end{cases} \quad (4-49)$$

式中，$SP(t)$ 为第 t 天的地表积水量；其他符号意义同前。第 t 天的积水量 $SP(t)$ 将在次日扣除积水蒸发后与次日的地表降雨、灌溉量一起作为综合的地表潜在入流量继续模拟入渗/产流过程。

（2）蒸发蒸腾

MODCYCLE 模型使用 Penman-Monteith 公式计算日蒸发蒸腾量，该公式需要太阳辐射、最高/最低气温、相对湿度和风速五项气象数据。

$$E_0 = \frac{\Delta \cdot (H_{net} - G) + \gamma \cdot c_p \cdot (0.622 \cdot \lambda \cdot \rho_{air}/P) \cdot (e_z^0 - e_z)/r_a}{\lambda \cdot [\Delta + \gamma \cdot (1 + r_c/r_a)]} \quad (4-50)$$

式中，E_0 为日蒸发强度（mm/d）；Δ 为饱和气压-温度曲线的斜率（kPa/℃）；H_{net} 为净辐射 [MJ/(m²·d)]；G 为地中热通量（MJ·m²/d）；ρ_{air} 为空气密度（kg/m³）；c_p 为常压下的比热容 [MJ/(kg·℃)]；e_z^0 为高度 z 处的饱和水汽压（kPa）；e_z 为高度 z 处的实际水汽压（kPa）；γ 为湿度表常数（kPa/℃）；r_c 为植物阻抗（s/m）；r_a 为空气动力阻抗（s/m）；λ 为汽化潜热（MJ/kg）；P 为大气压力 kPa。

每日计算开始时，模型先利用式（4-50）计算参考作物腾发量。模型的参考作物为 40cm 高度的紫花苜蓿，植物阻抗 $r_c=49$s/m，空气动力阻抗每日根据风速计算，计算公式为 $r_a=114/u_z$，其中 u_z 为高度 z 处的风速（m/s）。

植被截留蒸发、积水蒸发、积雪升华、土表蒸发这四项蒸发分项将以参考作物潜在腾发量为基准结合当天植被截留水量状况、地表积水/积雪状况、地表覆盖度、土壤含水率等因素分别计算。植被蒸腾仍使用 Penman-Monteith 公式计算，但植物阻抗和空气动力阻抗这两项关键参数依据具体作物而定。

（3）土壤水分层下渗

进入土壤剖面的水分在重力作用下向下渗透，在模型中土壤水的下渗由田间持水度控制，当某层土壤的含水率超过田间持水度对应的含水率时（存在重力水），水分才能下渗。对于单个土层，当天的下渗过程分强迫排水和自由排水两阶段。强迫排水阶段为该土层之上有静水压力作用的阶段，计算公式为

$$\text{seep}_x = K_s \cdot \frac{2H_0 \cdot t_x \cdot 24 - (H_0 - \text{thick}) \cdot 24^2}{2 \cdot t_x \cdot \text{thick}} = K_s \cdot \frac{24H_0 \cdot t_x - 288 \cdot (H_0 - \text{thick})}{t_x \cdot \text{thick}}$$

$$t_x = 2 \cdot \frac{\text{seep}_x \cdot \text{thick}}{K_s \cdot (H_0 + \text{thick})} \tag{4-51}$$

式中，seep_x 为强迫排水阶段当天的排水量（mm）；H_0 为静水压力（mm）；t_x 为强迫排水结束时间（h）；thick 为土层厚度（mm）；K_s 为饱和渗透系数（mm/h）。

自由排水阶段为土层排泄自身重力水的阶段，排水量计算如下：

$$\text{seep}_y = (\text{sol\_ST} - \text{sol\_FC}) \cdot \left(1 - \exp\left(-\frac{24}{\text{HK}}\right)\right) \tag{4-52}$$

式中，sol_ST 为当天该土层的含水量（mm）；sol_FC 为该土层田持时含水量（mm）；HK = thick/K_s。

当天该土层的总排水量（seep）计算为

$$\text{seep} = \text{seep}_x + \text{seep}_y \tag{4-53}$$

模型逐层计算每层土壤的下渗量，当计算到土壤剖面的底层土层时，该土层的下渗量作为深层渗漏量离开土壤剖面进入渗流区，并通过储流函数的方法计算土壤深层渗漏量向地下水的补给。

4.5.2.2 地下水模拟

MODCYCLE 将地下水系统概化为浅层地下水含水层和深层地下水含水层两层，浅层地下水含水层即通常意义的潜水含水层，深层地下水含水层为通常意义的承压含水层。

模型中每个子流域都具有这两个含水层。在当前版本的 MODCYCLE 中,将子流域分为山区子流域和平原区子流域两类进行模拟计算。考虑到山区子流域一般都具有自然的分水岭,且地表水分水岭与地下水分水岭通常一致,因此山区子流域地下水用均衡模式计算,各子流域的地下水认为相互之间相对独立,不考虑子流域间地下水水量的侧向交换。平原区由于子流域分水岭不明显,各子流域地下水含水层之间相互连续,地下水水平向的侧向运动不能忽略,因此采用网格形式的数值方法进行模拟。

(1) 山丘区子流域地下水计算

子流域浅水地下水的水量平衡为

$$aq_{sh,i} = aq_{sh,i-1} + w_{rchrg,i} - Q_{gw,i} - w_{revap,i} - w_{shpm,i} - w_{leak,i} \quad (4-54)$$

式中,$aq_{sh,i}$ 为第 i 天存储在浅层含水层中的水量;$aq_{sh,i-1}$ 为第 $i-1$ 天存储在浅层含水层中的水量;$w_{rchrg,i}$ 为第 i 天进入浅层含水层的补给量;$Q_{gw,i}$ 为第 i 天地下水产生的基流量;$w_{revap,i}$ 为第 i 天的潜水蒸发量;$w_{shpm,i}$ 为第 i 天浅层地下水的抽取量;$w_{leak,i}$ 为当天浅层地下水向深层地下水的越流量。

子流域浅层地下水的补给量包括以下分项:

$$w_{rchrg,sh} = w_{rg,soil} + w_{rg,riv} + w_{rg,res} + w_{rg,runoff} + w_{rg,pnd} + w_{rg,wet} + w_{rg,irrloss} \quad (4-55)$$

式中,$w_{rchrg,sh}$ 为浅层地下水各补给源的总量;$w_{rg,soil}$ 为土壤深层渗漏向地下水的补给量;$w_{rg,riv}$ 为主河道的渗漏量;$w_{rg,res}$ 为水库的渗漏量;$w_{rg,runoff}$ 为地表径流在向主河道运动时的损失量;$w_{rg,pnd}$ 为湖泊/池塘的渗漏量;$w_{rg,wet}$ 为湿地的渗漏量;$w_{rg,irrloss}$ 为灌溉工程引水过程的渗漏量。

模型中子流域深层地下水仅接受来自浅层地下水的越流(或向浅层地下水越流),此外还可被人工耗用,其水量平衡为

$$aq_{dp,i} = aq_{dp,i-1} + w_{leak,i} - w_{pump,dp,i} \quad (4-56)$$

式中,$aq_{dp,i}$ 为第 i 深层地下水的储量;$aq_{dp,i-1}$ 为第 $i-1$ 天深层地下水的储量;$w_{leak,i}$ 为第 i 天从浅层地下水越流到深层地下水的水量;$w_{pump,dp,i}$ 为第 i 天的深层地下水开采量。

浅层地下水与深层地下水之间的越流是指由于浅层地下水和深层地下水之间的水头差异形成势能差,水分通过两个含水层之间的隔水层发生水量交换。

浅层/深层越流量计算式为

$$w_{leak} = \frac{\mu_1 \mu_2}{\mu_1 + \mu_2}(SHA_{depth}^0 - DEEP_{depth}^0) \cdot \left[1 - t \cdot \exp\left(-\frac{\mu_1 + \mu_2}{\mu_1 \mu_2} \cdot V_k\right)\right] \quad (4-57)$$

式中,μ_1 为潜水的给水度;μ_2 为深层水的贮水系数;SHA_{depth}^0 为浅层地下水初始埋深;$DEEP_{depth}^0$ 为深层地下水初始埋深;t 为时间;V_k 为浅层和深层地下水之间的越流系数;其他符号意义同前。

(2) 平原区子流域地下水数值模拟

模型如果涉及计算平原区地下水循环计算,首先需要定义平原区模拟范围,模拟范围内的子流域为平原区子流域,这些子流域之间的地下水通过含水层的连续性联系在一起。此时含水层的属性通过地下水数值网格单元刻画而不是子流域,网格单元的尺度通常比子流域的尺度小。地下水数值网格单元与子流域之间具有从属关系,完全位于某个子流域内

部的网格单元具有唯一从属的子流域，位于两个或多个子流域的边界上的网格单元则从属于多个子流域，见图4-8。

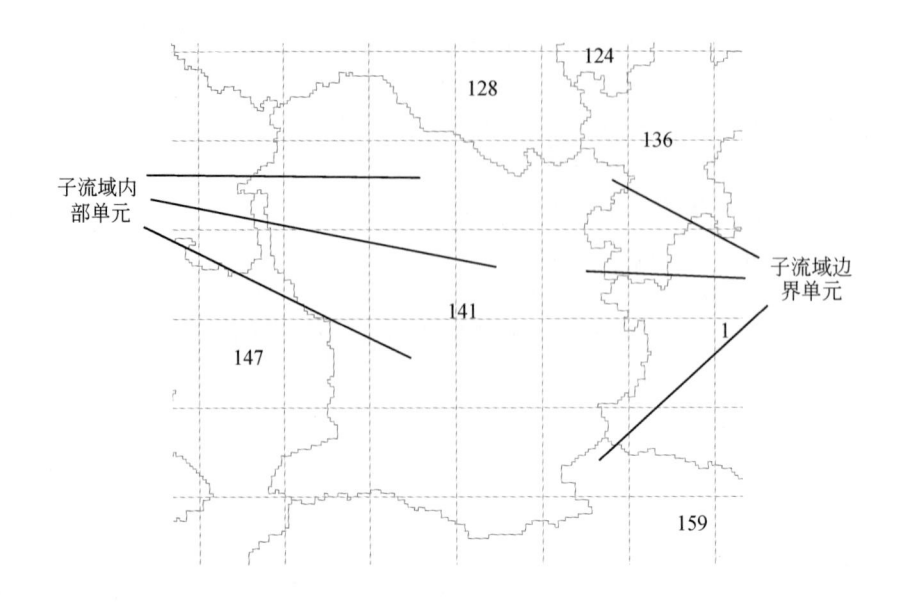

图4-8 平原区子流域与网格单元

进行地下水数值模拟计算时浅层含水层各网格单元的面上补给量来源于子流域的水循环计算结果。如果是子流域内部的网格单元，其补给量为其所属子流域面上补给量（单位为mm）乘以网格单元的面积；如果网格单元为子流域边界单元，则其补给量为与该网格单元相关的各子流域面上补给量的面积加权平均值。除侧向流入/流出之外的排泄项，如潜水蒸发、基流、地下水开采等，均采用以上方式处理。在地下水数值模拟计算完毕后，各子流域浅层/深层地下水的埋深、水头、蓄变量等将根据网格单元的计算结果通过面积加权法进行更新，同时根据网格单元水量平衡状况计算子流域地下水的侧向净流入/流出量，从而完成子流域地下水和网格单元地下水的数据交互。

地下水数值算法采用网格单元中心差分法进行全三维模拟，其控制方程为

$$\frac{\partial}{\partial x}\left(K_{xx}\cdot\frac{\partial h}{\partial x}\right)+\frac{\partial}{\partial y}\left(K_{yy}\cdot\frac{\partial h}{\partial y}\right)+\frac{\partial}{\partial z}\left(K_{zz}\cdot\frac{\partial h}{\partial z}\right)-W=S_s\frac{\partial h}{\partial t} \quad (4-58)$$

式中，K_{xx}、K_{yy}和K_{zz}分别为渗透系数在X、Y和Z方向上的分量。在这里，假定渗透系数的主轴方向与坐标轴的方向一致（L/T）；h为水头（L）；W为单位体积流量（T^{-1}），用以代表来自源汇处的水量；S_s为孔隙介质的储水率（L^{-1}）；t为时间（T）。

三维含水层系统划分为一个三维的网格系统，整个含水层系统被剖分为若干层，每一层又剖分为若干行和若干列。每个计算单元的位置可以用该计算单元所在的行号（i）、列号（j）和层号（k）来表示。图4-9表示计算单元（i, j, k）和其相邻的六个计算单元。

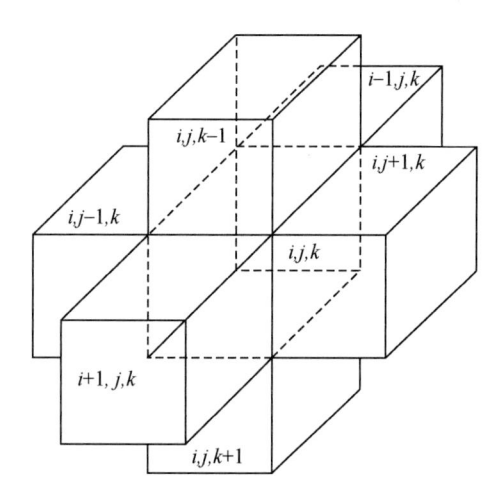

图 4-9 计算单元（i, j, k）和其六个相邻的计算单元

通过隐式差分离散处理，控制方程可离散为以下形式的矩阵方程：

$$\begin{aligned}
& \mathrm{CR}_{i,j-\frac{1}{2},k}(h^m_{i,j-1,k} - h^m_{i,j,k}) + \mathrm{CR}_{i,j+\frac{1}{2},k}(h^m_{i,j+1,k} - h^m_{i,j,k}) \\
& + \mathrm{CC}_{i-\frac{1}{2},j,k}(h^m_{i-1,j,k} - h^m_{i,j,k}) + \mathrm{CC}_{i+\frac{1}{2},j,k}(h^m_{i+1,j,k} - h^m_{i,j,k}) \\
& + \mathrm{CV}_{i,j,k-\frac{1}{2}}(h^m_{i,j,k-1} - h^m_{i,j,k}) + \mathrm{CV}_{i,j,k+\frac{1}{2}}(h^m_{i,j,k+1} - h^m_{i,j,k}) \\
& + P_{i,j,k}h^m_{i,j,k} + Q_{i,j,k} = \mathrm{SS}_{i,j,k}(\Delta r_j \Delta c_i \Delta v_k)\frac{h^m_{i,j,k} - h^{m-1}_{i,j,k}}{t_m - t_{m-1}}
\end{aligned} \quad (4\text{-}59)$$

式中，CR、CC、CV 分别为沿行、列、层之间的水力传导系数（L²/T）；P 为水头源汇项相关系数；Q 为流量源汇项相关系数；SS 为储水系数；m 代表当前计算的时间层，$m-1$ 代表上一时间层。

地下水数值模拟矩阵方程在 MODCYCLE 中采用强隐式迭代法（SIP）进行求解，计算时间步长为日，与水循环模拟计算的时间步长一致。

4.5.2.3 河道汇流模拟

水体在河道网络中的运动过程类似于明渠流，模型采用马斯京根法对水量在河道中的演进过程进行模拟。马斯京根法是运动波模型的简化算法。

模型假设主河道具有梯形断面，如图 4-10 所示。

子流域主河道的水量平衡公式为

$$V_{\mathrm{stored},2} = V_{\mathrm{stored},1} + V_{\mathrm{in}} - V_{\mathrm{out}} - w_{\mathrm{rg,riv}} - E_{\mathrm{ch}} - \mathrm{div} \quad (4\text{-}60)$$

式中，$V_{\mathrm{stored},2}$ 为时间段的结束时刻河段中存储的水量；$V_{\mathrm{stored},1}$ 为时间段开始时刻河段存储的水量；V_{in} 为该时段进入河段的入流水量；V_{out} 为该时段流出河段的水量；$w_{\mathrm{rg,riv}}$ 为沿途的渗漏损失；E_{ch} 为河道的蒸发损失；div 为河道的引水量。

模型先通过马斯京根法计算河段的出流量 V_{out}，然后计算沿途渗漏损失、蒸发损失等

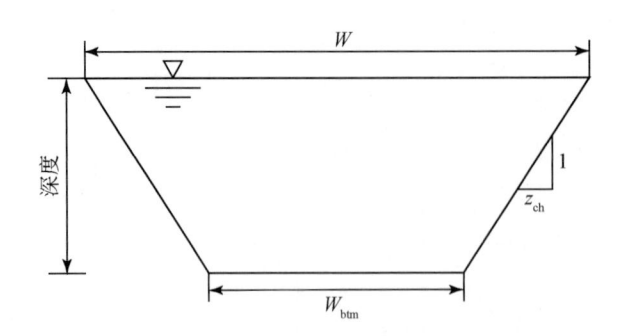

图 4-10 河道断面概化

其他水量。在河段的出流量进入下一个河段之前将这些水量在 V_{out} 进行扣除以保持水量平衡。

马斯京根法将河道中的水体体积模拟为棱柱水体和楔形水体。通过以上两式的联合求解并化简可得时段的结束时刻河道的出流量 $q_{out,2}$：

$$q_{out,2} = C_1 \cdot q_{in,2} + C_2 \cdot q_{in,1} + C_3 \cdot q_{out,1} \tag{4-61}$$

式中，$q_{in,1}$ 为时段初始时刻的入流流量；$q_{in,2}$ 为时段结束时刻的入流流量；$q_{out,1}$ 为时段开始时刻的出流流量；$q_{out,2}$ 为时段结束时刻的出流流量，并且有

$$\begin{aligned} C_1 &= \frac{\Delta t - 2 \cdot K \cdot X}{2 \cdot K \cdot (1 - X) + \Delta t} \\ C_2 &= \frac{\Delta t + 2 \cdot K \cdot X}{2 \cdot K \cdot (1 - X) + \Delta t} \\ C_3 &= \frac{2 \cdot K \cdot (1 - X) - \Delta t}{2 \cdot K \cdot (1 - X) + \Delta t} \end{aligned} \tag{4-62}$$

式中，K 为河段的存储时间常数，具有时间量纲。

4.5.2.4 农业灌溉过程

农业灌溉通常是人类活动中对区域水循环影响程度最大的行为，因为一般农业用水都是区域取用水的主体部分。

灌溉水源在 MODCYCLE 中有 5 种：河道、水库、浅层地下水、深层地下水、流域外供水。模型中对于农业灌溉过程可采用三种方式进行模拟，一是指定灌溉，二是动态灌溉，三是自动灌溉。无论是哪种方式，均需考虑水源的可供水量因素。如果水源的水量不能满足要求，则有可能取不到灌溉水量。一般认为地下水（包括浅层地下水和深层地下水）的灌溉保证率比较高，因此模型目前不对地下水取水量进行限制。如果灌溉水源是河道，灌溉中模型允许输入灌溉取水控制参数，包括最小河道流量、最大的灌溉取水量或河道中允许灌溉取水的最大比例等，可用来防止由于灌溉用水量太大导致河道流量枯竭。对于水库取水则有水库蓄水量限制。流域外取水灌溉是指水源与模拟区域无关的灌溉取水，模型中不对取水量进行限制。对于单个灌溉事件，模型首先计算水源的可供水量（主要针对主河道和水库），并与指定的灌溉需取水量进行比较，如果水源的可供水量小于指定的

灌溉取水量，模型将只用可供水量进行灌溉。

灌溉事件中可以指定水量损失比例，以考虑水分在传输过程中的渗漏损失。损失的灌溉水量将成为浅层地下水的补给量。

（1）指定灌溉

指定灌溉以灌溉事件的形式表达。在单次灌溉事件中，用户指定某基础模拟单元的灌溉时间、灌溉水量、灌溉水源属性。模型在运行到指定的时间时，将从相应水源提取相应水量并灌溉到基础模拟单元上。

灌溉水源的属性包括两点：一是灌溉水源的性质，如河道水源、水库水源、地下水水源等；二是由于采用分布式模拟，灌溉水源的属性还包括水源的位置（除非是流域外供水）。对于河道、浅层地下水、深层地下水水源的位置指的是水源所在的子流域编号，对于水库供水则为水库的编号（模型中虽然河道和水库同属于河道网络系统，但河道和水库各有自己的编号系统），对于流域外供水则无须指定位置。

（2）动态灌溉

"动态灌溉"与"指定灌溉"的重要区别是，"指定灌溉"中灌溉发生时间是固定的，只要模型运行到该时间，灌溉事件即被执行。"指定灌溉"比较适合于用户对灌溉时间的发生比较确定的情形。但在通常情况下，特别是对于区域/流域尺度范围的灌溉模拟，用户不可能清楚所有灌溉事件发生的时间，而且通常收集相应信息也是比较困难的。为此，MODCYCLE 模型采用模拟灌溉驱动行为的方式开发了动态灌溉方法，具有一定的人工智能性。

一般而言，某地区某种作物的灌溉制度信息是相对容易收集的，动态灌溉的思路是以作物每个生育阶段的灌溉制度信息预设灌溉事件。这里预设灌溉事件有两层含义：一是灌溉事件本身是预设的，不一定执行。在预设的灌溉事件中，用户需要给出土壤墒情的阈值作为灌溉发生的时机，只有满足灌溉时机时，模型才对基础模拟单元执行灌溉操作。如果从该生育阶段开始直到结束都未找到灌溉时机，则该预设灌溉事件被取消。二是此时灌溉事件指定的时间是预设的，该时间只是可能进行灌溉的起始时间，模型从该时间开始起不断检查每天基础模拟单元的土壤墒情和降雨情况，执行该灌溉事件的时间是当土壤墒情达到阈值时的时间。

土壤墒情阈值在模型中通过某指定深度范围内土壤中的植物可用水占土壤中最大植物可用水的比例界定。土壤中植物可用水为土壤含水量与凋萎含水率对应含水量之差，土层中最大的植物可用水量为田持含水量与凋萎系数含水量的差值。图 4-11 表示墒情阈值为 0.3 时植物可用水的状况。

动态灌溉模拟的程序设计框图如图 4-12 所示。当模型遇到当天有预设灌溉事件时，将首先判断基础模拟单元上是否有作物。如果没有作物，则认为该灌溉事件为作物播前补墒灌溉，当天即执行该灌溉操作；如果有作物，则进一步判断该作物是否已经成熟等待收割，一般成熟的作物不需要灌溉，因此该预设灌溉被取消。如果作物未成熟，则作物处于生长阶段，模型将首先检查当天的降雨情况和土壤墒情，如果当天没有明显降雨（降雨小于 2mm），且土壤墒情小于设定的土壤墒情阈值时（土壤较旱），模型认为当天为适当的灌溉时机，预设灌溉将在当天执行。否则预设灌溉将被推迟到下一日，并反复以上降雨与

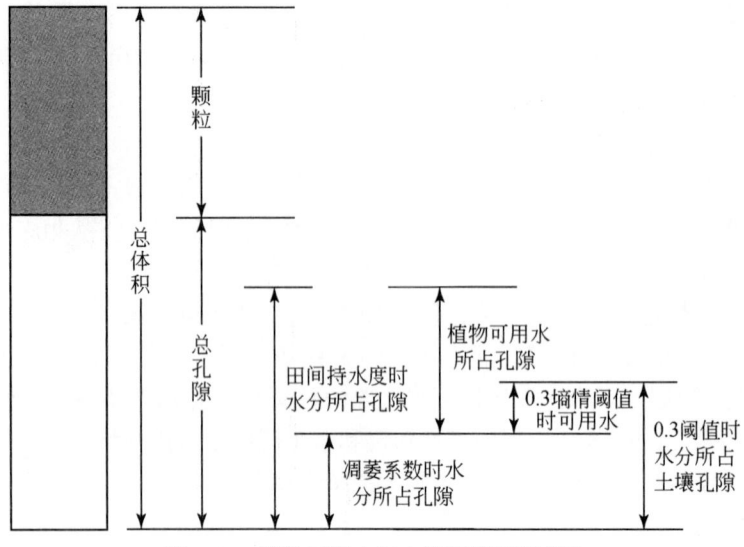

图 4-11　植物可用水与土壤墒情阈值表达

墒情的监测过程，直到满足灌溉时机条件为止。如果在下一个预设灌溉事件到来之前都没有合适的灌溉时机，模型认为作物的这段生育时间不需要灌溉，该预设灌溉被取消，模型开始下一个预设灌溉事件的动态识别过程。预设灌溉事件被取消的其他情况还包括作物已经成熟，或到了当年的年底。

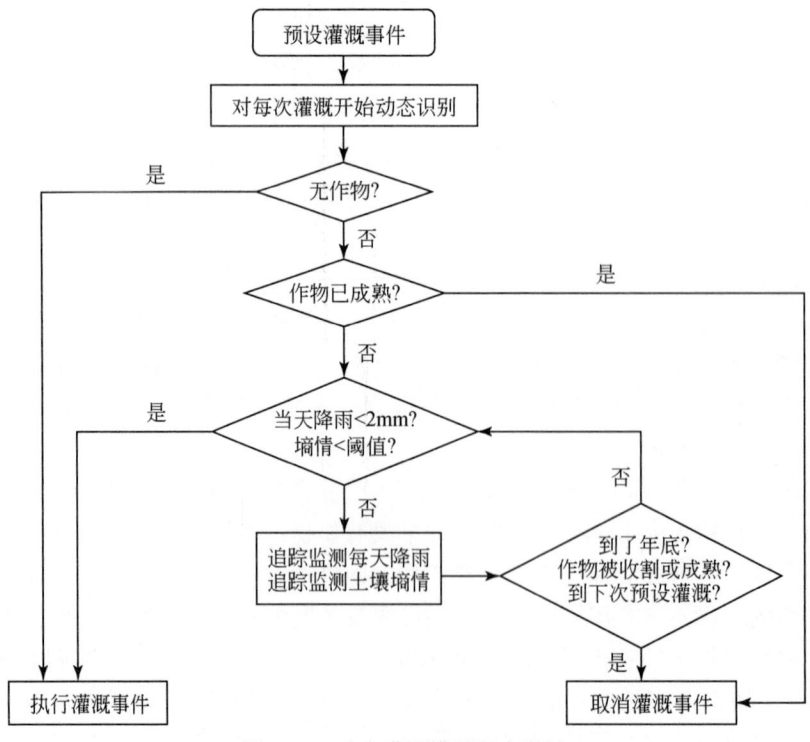

图 4-12　动态灌溉模拟程序设计

(3) 自动灌溉

自动灌溉的模拟思路与动态灌溉基本类同，区别在于自动灌溉不再通过作物生育期的灌溉制度条件预设灌溉事件，而仅从土壤墒情阈值和天气的角度考虑需不需要灌溉。当某基础模拟单元指定了自动灌溉时，模型将从当天开始不断监测土壤墒情，只要符合墒情阈值和当天降雨小于2mm的条件就进行灌溉。自动灌溉只能在基础模拟单元上有作物时才有效，如果作物被收获或成熟则被取消。自动灌溉方式相对于前两种方式的便利之处在于只需在作物生长初期指定一次，灌溉操作便可以在作物整个生长期内自动进行，比较适合于对模拟区域当地灌溉制度信息掌握程度不够时使用。

4.6 本章小结

流域二元水循环模型系统的构建引入了气候模型、多目标决策模型、水资源合理配置模型、分布式水循环模拟模型四类模型，并建立了模型之间的数据传输和计算耦合的有机联系。

1) 四大模型通过信息交换实现有机联系：首先，由气候模型和分布式水循环模拟模型进行水资源时空分布演算，为多目标决策模型和配置模型提供来水信息；其次，运用多目标决策模型和水资源配置模型对系统进行优化，初步确定各种水源在各计算单元的分配关系（包括数量和比例等）；最后，将各类可调配水源在各分区、各用户的分配关系输入分布式水循环模拟模型，对各方案配置结果进行验证，通过水量平衡（包括地表径流和地下径流过程）、土壤墒情、遥感ET、地下水位和作物产量等要素检验水资源配置结果在水循环过程中的实现情况。

2) 气候模型根据基本的物理定律如牛顿运动定律、能量和质量守恒定律等，建立方程（组），确定边界条件和初始条件，给定各变量的参数化方案，用于刻画地球上大气、海洋、陆地等不同气候因素之间的相互作用，预测未来时期的气象、气候变化等。

3) 在决策过程中，必须考虑两个问题：其一是问题的结构或决策态势，即问题的客观事实；其二是决策规则或偏好结构，即人的主观作用。前者要求各个目标（或属性）能够实现最优，即多目标的优化问题。后者要求能够直接或间接地建立所有方案的偏好序列，借以择优，这是效用理论的问题。多目标决策问题的两个理论基础，即向量优化理论与效用理论。多目标决策理论在用于实践时需要建立对应的多目标决策模型。以水资源配置为例，介绍了多目标决策模型的结构与构建。

4) 水资源合理配置是在保证社会经济和生态环境可持续发展的前提下，基于全局利益，针对区域经济社会发展现状、区域特色和潜力、资源和环境状况，比较宏观地规划区域的水资源条件与经济社会和生态环境之间的协调关系。从供需平衡、配置原则等方面介绍水资源配置模型的理论基础，分析模型结构的主要影响因素，明确模型的结构及各部分之间的逻辑关系，进而构建水资源合理配置的数学模型。

5) 水文模型是研究流域水循环的核心工具。由于领域内水文模型众多，以MODCYCLE为例，介绍了分布式水文模拟模型的总体框架和模拟能力。从基础模拟、地下水模拟、汇流模拟和农业模拟等方面简要介绍了模型的原理。

第 5 章 海河流域不同时间尺度水循环演化规律

流域水文循环是一个随时空变化的连续过程，与气候、流域下垫面、地质等环境条件直接相关，在不同的时间尺度下水循环变迁和演化规律有很大差异。开展不同时间尺度下的海河流域水循环演化规律研究可以揭示流域的水循环演化发展历史，分析不同阶段下影响流域水循环和水资源演变的主导因子，为当前研究提供历史借鉴和重要参考。本章将在万年、千年和百年三个尺度下讨论海河流域的水循环演化规律。较长时间尺度下（万年和千年尺度），由于积累和观测的数据资料有限，因此本章综合多方面学科的研究方法和研究成果，利用古文献记载还原、植物孢粉分析、同位素测验等多种手段，寻求海河流域气候演化、水系变迁、地下水演变等各方面的历史痕迹和影响因素，尽可能科学地还原海河流域特定历史条件下水循环状况，为了解海河流域水循环变迁的规律提供参考。

5.1 海河流域万年尺度水循环演变规律

从万年尺度看，影响流域水循环主要是气温和水系变迁。海河流域水循环演变的主要影响要素为温度、海岸和水系变迁及人类活动的影响。其中，温度的影响主要体现在，温暖时期，降雨充沛，地下水既得到降水补给，又有河湖、洼淀补给，大气水、地表水、地下水系统之间能量交换与水分转移通量值较大；寒冷时期，降雨贫乏，地下水得不到充分补给，大气水、地表水、地下水系统之间能量交换与水分转移通量值较小。水系变迁的影响主要是，黄河河道变迁对海河中下游的成陆和海河水系形成的直接影响。人类活动对流域水循环具有直接和间接的影响，但从万年尺度上看，没有气温和水系变迁的作用大。

5.1.1 气温主导下的流域水循环演变

气温对流域水循环演变的作用主要体现在两个方面：在气候温暖期，降雨充沛，河流流量大，水系湿地发育，对地貌改变和冲积平原的形成起积极作用，地下水既得到降水的补给，又能得到河流补给，流域水汽通量大；在气候寒冷期，降雨减少，地下水获取的补给较少，甚至年净补给量为负值，流域水汽通量小。本研究调研分析了以往研究成果（吴忱，1991；James et al., 2001；Pavel et al., 2006；吴忱，2008；郑景云等，2010），将前人研究中位于海河流域的样本资料集中起来，应用沉积特征分析（Davis, 2000）、孢粉组合分析（Tauber, 1967；Kershaw and Hyland, 1975；杨怀仁和陈西庆，1985；Heusser,

1986)、有机物分析和放射性同位素分析（宋献方等，2007）等方法，发现海河流域万年以来的气温大致经历了四个大的变化阶段（图5-1）：①晚更新世末期，海河流域处于玉木主冰期，气候寒冷干燥；②早全新世，距今11 000～8000年前，气候迅速变暖变湿；③中全新世，距今8000～3000年前，气候温暖，为仰韶温暖期，但后期气候温暖偏干；④晚全新世，即距今3000年以来，气候变化频繁，但整体偏凉偏干，公元1660年前后气温达到近3000年的最低值，之后海河流域气温开始上升，现在气温大体处于万年以来的平均值附近。

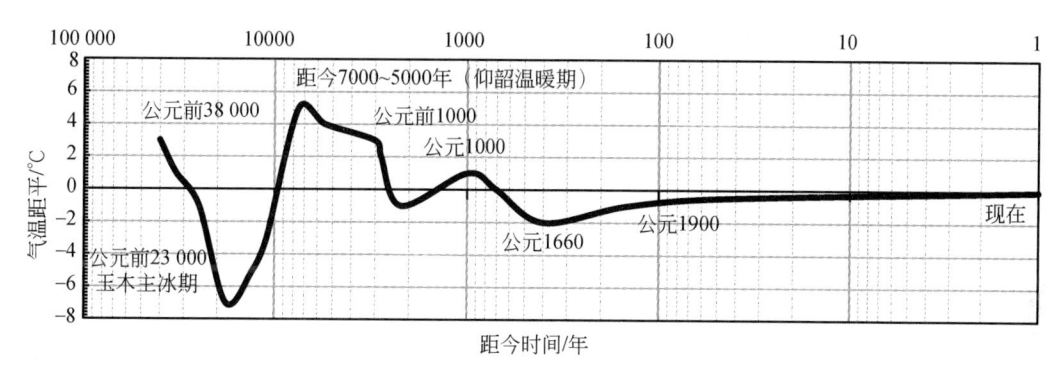

图5-1 海河流域万年尺度气温变化曲线

图5-1所示的温度变化曲线与竺可桢（1972）的研究成果基本一致，也得到了海河流域不同地区研究成果的证实。海河流域的研究点分布见图5-2。

Xu等（1996）采用孢粉组合分析与沉积特征分析法，对山前平原、沉积平原和滨海平原的古气候进行了研究，认为在早全新世，距今11 000～7500年，气候相当凉爽；在中全新世，距今7500～2500年，年平均温度比现在高3.5±1℃，在距今2500年以后，属于凉爽微干的气候。童国榜等（1991）对华北平原东部地区（宝坻—濮阳）的五口井和一个剖面的孢粉资料的研究表明，距今12 000～10 000年，气温低于平均值约4℃；距今10 000～9000年，气温明显回升，约比现在高1℃；距今9000～7500年，气候有短暂降温；距今7500～5000年，气候温暖湿润，约比现在高3～4℃；距今5000～2500年，是一个降温变旱的过程，气温下降2～3℃，但略高于现今；距今2500～1000年，由两个暖期和一个冷期组成，即周汉温暖期、晋朝低温期和唐朝温暖期；距今1000年以来，为现代冷期，与明清低温干旱期相当。王艳（2000）对渤海湾西北岸的曹妃甸进行了孢粉研究，距今7500年前左右，气候温暖湿润，一月平均温度比现在高3～5℃，七月平均温度比现在高1～2℃；距今6000～5000年，气温下降，气候变干，在距今5000年左右出现了一个短暂的冷期，延续时间很短。郭盛乔等（2000）对宁晋泊地区的隆尧县南王庄剖面的文史分析和孢粉分析，得到了华北平原的古气候变化，认为10 830～10 060年，是一个快速升温过程，且湿度也相对增加，当时气候条件凉偏干到凉湿；10 060～8350年前是温和湿润的气候特点；5400～4900年前出现了一个冷事件，随后，在4900～4000年，温度迅速回升，这时气候温暖，比较稳定，距今1010～630年，气候温暖；而距今630～200年，气候冷干。Jin和Liu（2002）通过对太师庄泥炭^{14}C测年、孢粉和氧同位素分析，获得了距今

6000~3000 年来较高分辨率的环境演化记录，距今 5700~5400 年环境冷湿；距今 5400~4800 年温暖湿润；距今 4800~4200 年气候发生突变，出现降温事件，植被稀少；距今 4200~3300 年温暖干燥。太师庄泥炭记录的降温气候事件在北半球有普遍性。

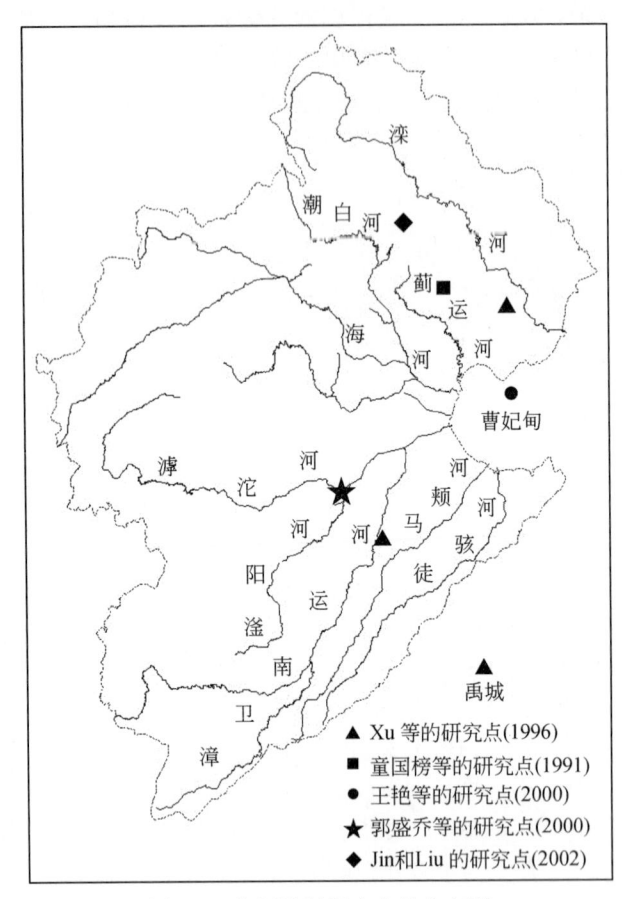

图 5-2　海河流域研究点的分布图

以上同位素和孢粉等的研究证据说明海河流域万年尺度的气温变化划分为图 5-1 所示的四段是基本合理的，当然这条温度曲线没能反映出一些短期的降温骤冷事件，如郭盛乔等（2000）提出的距今 5400~4900 年的冷事件，以及 Jin 和 Liu（2002）提出的距今 5700~5400 年环境冷湿过程（郭盛乔提出的冷事件与 Jin 和 Liu 提出冷湿过程可能是指同一个降温骤冷过程）。这在万年尺度的趋势分析上是可以接受的。

在万年尺度上，气温和降水呈正相关关系。为证实这一规律，本研究重建了万年以来海河流域的降水变化过程。依据的数据资料主要包括：①1841 年以来海河流域实测降水记录（吴增祥，1999）；②《水旱灾害网络共享数据库》（张伟兵，2009）；③华北地区近 500 年的旱涝变化（王绍武和赵宗慈，1979；苏桂武，1999；苏同卫等，2007）及其降水序列重建成果（荣艳淑和屠其璞，2004）；④中国古代文献中的旱涝灾害记述及分析成果（龚志强和封国林，2008；郑景云等，2010）；⑤植物孢粉、树木年轮、动物生活遗迹等资料。本次对降水变化曲线的研究主要分为六个大的时间段：①玉木冰期；②公元前6000~前137年；③公元前136年~1469年；④1470~1841年；⑤1841~1955年；⑥1956年至今。

玉木冰期前段温度稍高，气候偏湿润，海河流域太行山前平原植被以云杉、冷杉林及蒿、藜等草本植物为主；后段气温寒冷干燥，降水量大为减少，平原上原有的云杉、冷杉林逐渐消失，代之以干旱草原或荒漠草原植被（张翠莲和段宏振，2011）。按照地理纬度、植被、降水的相关性和相似性推测，当时海河流域的降水与现在内蒙古乌兰察布干旱草原的降水量大致相当，约为300 mm。

公元前6000~前137年，历史文献记录很少，主要依据施雅风等的研究成果（施雅风和孙昭宸，1992）。施雅风等研究指出亚洲象在距今8000~3000年前分布到海河流域的阳原县（属河北省），而亚洲象习惯生活在亚洲的热带雨林地区，以竹笋、嫩叶、野芭蕉等作为食物。根据亚洲象需要的生存环境和依存的食物链，重建了"中国全新世大暖期"的降水，认为华北地区当时的降水量比现在高200~300 mm（施雅风和孙昭宸，1992），由此推测海河流域当时年平均降水量约为800 mm。在天津静海、北塘同时期的地层中均发现了现生长在亚热带湖沼地区的水蕨孢子，这从另一个方面印证了当时海河流域的降水量与现代淮河及长江中下游地区的降水量相当。历史上，海河流域北京站的短系列的年均降水量也曾经达到800 mm以上，1884~1894年11年的年均降水量为904 mm（1841~2010年降水全记录中连续最丰的11年）。这个温暖期大致持续到距今3000年前，之后进入温凉偏干期，在大暖期繁盛的动植物开始衰落。据《竹书纪年》记载，周孝王时北方冰冻的范围扩大到长江流域，汉水有两次结冰，发生于公元前903年和公元前897年，结冰之后紧接着就是大旱。根据历史记述，当时的降水量和光绪年间华北大旱类似，由此推测当时的降水量与19世纪相当，约为490 mm。周朝早期寒冷干燥时期没有持续多久，即100~200年，到春秋时期又暖和了（竺可桢，1972）。

公元前136年~1469年，这段时间历史文献记录较多，此区间降水存在干湿周期性变化，主周期约为80年。继西周时期低温少雨之后，海河流域降水总体上先升后降，存在一个短暂的宋元小温暖期（1200~1300年）。这时期著名道士邱处机（1148~1227年）曾住在北京长春宫数年，于公元1224年寒食节作《春游》诗云"清明时节杏花开，万户千门日往来"，可知那时北京物候正与北京今日相同（竺可桢，1972），推测当时海河流域的降水量为550 mm。

1470~1841年，这段时间的明清地方志、清代洪涝档案对当时的洪旱灾害有比较详细的记录，可以比较准确地重建这一时期的降水变化趋势——先降低后升高，在1640年左右达到历史低值。根据张伟兵（2009）《水旱灾害网络共享数据库》的估算结果，1637~1643年海河流域的均值如表5-1所示，取其均值（378 mm）为此降水极低点的作图采样值。

表 5-1　1637~1643 年海河流域年降水量

项目	1637 年	1638 年	1639 年	1640 年	1641 年	1642 年	1643 年
降水量/mm	358	401	368	283	294	466	479

1841~1955 年，利用本研究收集到的海河流域北京站这段时间的实测降水记录均值，基于水文的周期性和一致性，通过相关性换算，得到海河流域这段时间的平均降水量为 490 mm。

1956 年至今，利用海河流域第二次水资源评价的数据，取现状海河流域的平均降水量为 535 mm（任宪韶等，2007）。

基于以上六段分析得出的七个特征点的数据，可作出海河流域万年尺度降水变化的趋势图（图 5-3）。

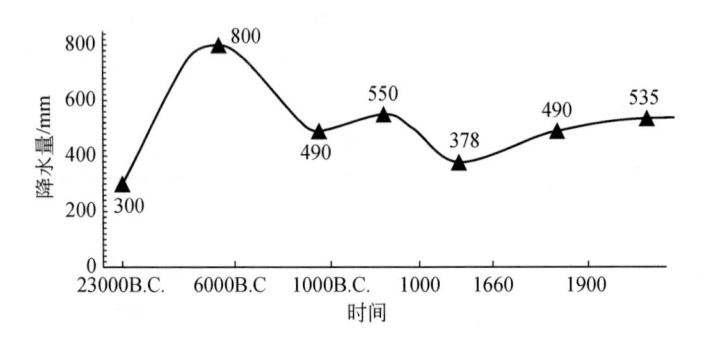

图 5-3　海河流域万年以来降水变化趋势图

基于上述海河流域气温和降水的变化趋势图，可发现气温对流域水循环演变的作用主要体现在两个方面：在气候温暖期，降雨充沛，河流流量大，水系湿地发育，对地貌改变和冲积平原的形成起积极作用，地下水补给充分，蓄存量大；在气候寒冷期，降雨减少，地下水获取的补给较少，甚至年净补给量为负值，平原地下水蒸发咸化作用明显。基于上述气温对水循环的作用原理，分三个时间段分析如下。

1) 晚更新世（玉木主冰期）至早全新世，气候寒冷干燥，华北平原大气水、地表水、地下水系统之间能量交换与水分转移通量达到万年时间尺度的极小值，当时海平面低，第三和第四含水组中水流速度加快，水头降低，更新出更老的水，氢氧稳定同位素含量贫。山前平原以溶滤作用为主，地下水中碳酸钙含量高；中东部平原以蒸发作用为主，潜水水质咸化。因此，该时期是末次冰期以前补给的地下水输干、咸化的发育阶段。

2) 中全新世，气候温暖湿润，河流宽阔稳定，水流动力强劲。距今 7000~5000 年前，蒸发与降水过程达到鼎盛期，海河流域年均降水量在 800 mm 以上。山前平原在洪水作用下以切割为主，将晚更新世洪积扇切割成侵蚀谷。在洪积扇前缘为局部有水的冲积扇间洼地，堆积了砂壤质土及河道延伸堆积的砂质土。中部平原至滨海平原为洪积扇——冲积平原堆积，形成了细粉砂质古河道和亚砂、亚黏质古河道间的泛滥平原（滨海平原）。这一期间，冰川退缩过程中的融水通过山前在冰后期乃至全新世早期进入含水层，加上本时期丰沛的降水和河湖补给，地下水以淡化、蓄积作用为主。实际上，海河流域现在超采的地下水，基本都是近一万年以来的存货（图5-4中第Ⅱ、Ⅲ含水组），其主要形成期就是仰韶温暖期（张光辉等，2000；张光辉等，2009b）。

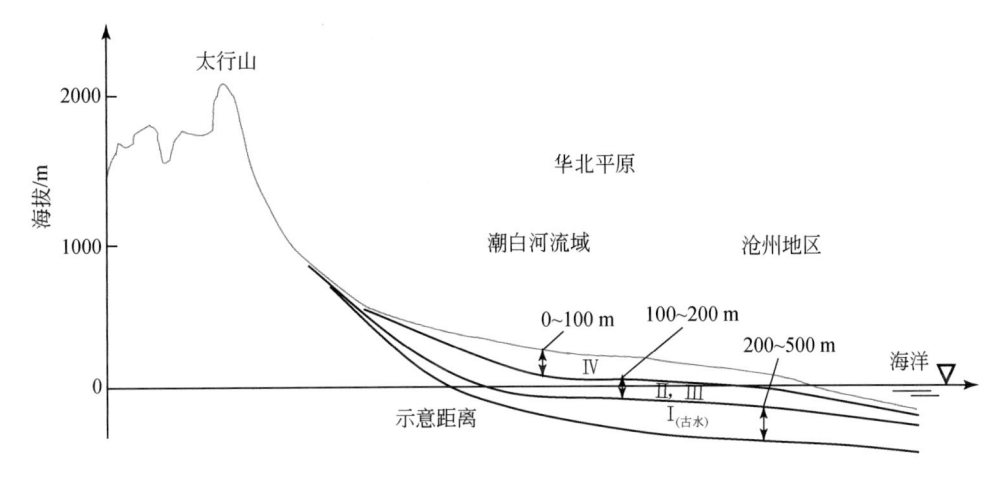

图 5-4　华北平原地下含水层分布图

含水层组Ⅰ~Ⅳ由老至新，依次对应于更新世到全新世地层，第Ⅰ含水层最为古老，埋深350 m以下，厚度50~60 m，形成年代为2万~6万年前（徐彦泽等，2009）。山前平原地区埋深小于300 m，由胶结砂砾及薄层风化砂组成，厚度20~40 m，单位涌水量5~10 m³/(h·m)，地下水矿化度小于1 g/L；中部平原含水层以中细砂、细砂为主，埋深大于350 m，一般厚度为10~30 m，单位涌水量2~3 m³/(h·m)；沿海平原含水层由细砂、粉砂组成，厚度20 m左右，中部和沿海地下水的矿化度分别为0.5~1.5 g/L、1.5~2 g/L。

第Ⅱ含水组是承压含水层，厚度大于90 m，岩性以含砾中粗砂、中砂和细砂组成，底界埋深为170~350 m，形成年代为0.8万~2.2万年前（卫文，2007）。地下水类型从山前到渤海为 HCO_3-Na-Ca、Cl-HCO_3-Na 和 Cl-Na 型，矿化度为0.3~0.5 g/L。单位涌水量50 m³/(h·m)。该组在山前地带底界埋深小于100 m，以砾卵石为主，中部和沿海平原含水层埋深大于170 m，岩性以中细砂、细砂为主（陈宗宇，2001）。

第Ⅲ含水组是浅部承压水。厚度60 m左右，底界深度一般为120~170 m，形成年代为4600~8000 年前（卫文，2007），即仰韶温暖期。含水层由砂砾石、中砂和细砂组成，与第一含水层组相似，从中部平原到滨海平原，地下水为咸水，矿化度大于2 g/L。

第Ⅳ含水组为潜水含水层，厚度大约60 m，形成年代为1.55万~40.73万年前，平均15.8万年（卫文，2007）。从山前到滨海，含水层沉积物粒度由山前砂砾石变为滨海平原的细砂；山前为淡水区，自中部平原向沿海广泛分布咸水。

3）晚全新世，气候温凉偏干，降水量变化大，湿润期和干旱期相间变化，海河流域平均年降水量约 500 mm。河流流量小，含砂量大，水动力不足，河道为游荡型。干旱期河道萎缩，湿润期河水流量猛增，河道盛纳不住，在山前平原即漫滩泛滥，河水中的泥沙随即落淤沉积，形成一个个扇形的山前平原，并最终由南而北连成一片，许炯心（2007）关于华北平原沉积速率的研究印证了这一结论，其作出的"平均沉积速率随时间的变化图"显示：距今 5000 年以来，华北平原的沉积速率较 5000 年以前增加了 2~8 倍，这说明河水流量小、动力不足有助于山前平原形成。由于降水量少且不稳定，地下水的补给呈间断性，补给量小，以潜水参与水循环蓄泄为主，深层承压水接受补给很少，仅发生在山前含水层出露区。

5.1.2 黄河改道对海河流域水系及岸线的影响

严格来说，水系变迁和水循环是相互影响的。一方面，水系是水循环的主要陆面通道，水系格局决定了地表水循环的路径；另一方面，水循环伴生的泥沙冲刷和淤积过程又促进了水系的变迁，改变了流域的地貌环境。海河流域的形成和演进过程就是这种相互作用的真实写照。

海河水系是在全新世中、晚期的沉积作用下，逐渐独立于黄河水系的。其形成过程包括两个阶段：

1) 中全新世，随着滨海平原的淤积延伸，发源于太行山、燕山的漳河、滹沱河、大清河、永定河、潮白河等河流在强劲的水动力学作用下逐渐合流、归槽，汇于天津。当时古黄河水系也曾沿着这条归流的河槽在天津附近入海，沧州的地下水同位素和化学分析显示这些地区的承压水中有大量中全新世的黄河水补给就是一个有力证据（徐彦泽等，2009）。

2) 晚全新世，气候变凉、变干，河流动力不足，在山前改道淤积，形成山前平原，山前平原的淤积抬升将黄河水道逐步挤压，迫使其南迁（图 5-5），从而使海河水系独立。图 5-5 中北宋时期的黄河走势引自许清海等（2004）的研究。实际上，自建炎二年（公元 1128 年）以后，黄河再没有侵入现今海河流域的领地。

这一变迁造成两方面的水循环效应：一是海河流域与黄河流域的直接水力联系减弱，华北平原地下水的补给来源减少。宋代以前，黄河干流直接通过华北平原，沿河的渗漏补给形成了古黄河地下水系统（张光辉等，2009a），现代黄河水只能通过"地上河"的高位势能向北渗流进入海河流域地下水系统，这一部分量已经很小，约为 4 亿 m³/a（雷万达等，2009）；二是黄河河水退出海河流域，使得海河流域可用水资源量大幅减少，流域干旱化趋势明显，自北宋以来，海河流域的宁晋泊逐渐萎缩消失，白洋淀面积也大幅萎缩。地表水源的减少同时造成地下潜水补给不足，蒸发损失严重，地表水盐平衡失调，土壤盐碱化加重（郝春沣等，2010）。

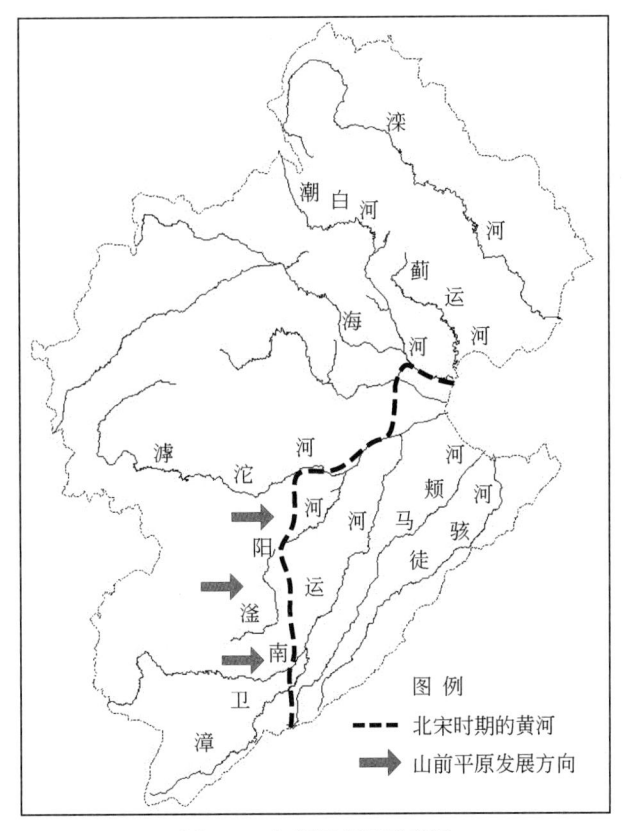

图 5-5 古黄河南迁示意图

5.2 海河流域千年尺度水循环演变规律

流域水循环过程涉及蒸发、降雨、产流、汇流等多个环节，这些环节和流域气候密切相关，因此气候是表征水循环的主要因子。一般来讲，研究者更关注水循环过程中极端事件（水旱灾害）的发生，因此极端水循环事件的发生强度和发生周期也视为表征流域水循环的又一因子。在历史旱涝事件整理和分析方面张德二（2000）、张德二和刘传志（1993）、魏凤英和张先恭（2010）、严中伟（1994）等做了大量的研究，为本书的撰写奠定了大量的数据基础。随着生产力的提高，人类活动越来越显著地影响着流域的自然水循环过程。人类活动的增强不仅增加了水资源的需求量，影响流域水资源数量，同时也直接或间接地影响流域下垫面特征，进而改变了水循环过程中的产汇流过程。概括来讲，流域水循环的表征因子主要有以下五个方面：一是流域气候变化，表征气候的最重要因子是温度；二是水旱灾害，水循环过程的极端事件集中体现在水旱灾害的发生周期和发生强度上；三是人类活动强度，流域水循环规律受到人类活动的影响不可忽视；四是流域下垫面中山林植被变化；五是河湖水系的变化。总结看来，以上五点相互作用共同构成了流域千年尺度下水循环变迁规律的主要表征因子。

5.2.1 流域历史气候变化

水循环特征与气象条件密切相关,气候要素即气温、湿度、降雨的改变,必然对流域的水循环演变产生影响。气候包括气温和干湿状况两大基本要素,研究历史气候也必须从这两方面着手。根据竺可桢(1972)的《中国五千年来气候变迁的初步研究》,可系统地总结出中国气候变迁的基本规律,表现在5000年来温度变化上,明显呈现出寒冷期和温暖期交替出现的现象。

5.2.1.1 西周至东晋降温期(公元前800年至公元220年)

西周至两汉期间,黄河以南的黄河和海河流域温度进入降温期。在气温呈下降趋势过程中,其间也有气候波动,如东汉时短暂的回暖。

降温过程也表现在亚热带北界向南的迁移。例如,《考工记》记载橘移淮北为枳,西汉初橘树种植的北界已由淮河以北移至淮河以南,其后再南移长江流域。

5.2.1.2 魏晋至唐五代寒冷期(公元200~1000年)

气象学家竺可桢根据后魏人贾思勰《齐民要术》记载,提出在魏晋至唐五代时,春季杏花、桑花等开花时间至少要比现代推迟10~15天。

公元400年前后,寒冷的极端事件频率较高。《魏书·天象志》记:神瑞(414~416年)前后北魏平城(今山西大同东)"比岁霜旱,五谷不登",云代等郡冻死人极多;太延元年(435年)七月,"大殒霜,杀草木";真君八年(447年)五月"北镇寒雪,人畜冻死";太和时期(493年)"魏主以平城地寒,六月雨雪,风沙常起",而将都城迁往洛阳。现代大同地区六月为一年中温度最高的地区,平均气温20℃,而极端寒冷事件表明当时经常有六月飞雪的情况。尽管所记载的极端寒冷事件发生在山西太原一带,但是,据此可推断,华北平原北部的气温当时应在波及范围内。

5.2.1.3 北宋至元代温暖期(公元1000~1300年)

五代末至北宋,海河流域开始转暖,北宋时暖冬现象频繁出现,从建隆元年(960年)到大观三年(1109年)的150年间,暖冬年份总数达50年,占到总年份数的1/3。

此外,自然带北移的事实反映在许多地方的物候上。元代观赏植物梅花在河南安阳、山东济南、北京和河北南部都有种植的记载。可见公元9~12世纪海河流域处在温暖期。北宋时的温暖期也表现为黄河决溢频繁,华北平原诸河丰水年份较多,这时期塘泊水利兴起。

5.2.1.4 明代至清初寒冷期(公元1301~1660年)

约14世纪全球气候进入离现代最近的"小冰期",寒冷期主要在17世纪。这一时期黄河—海河流域的突出表现是霜冻害加剧,下游冰冻时间提早,干旱年份较多。明景泰四年（1453年）"东十一月至明年孟春山东、河南、直隶、淮徐大雪数尺"，大范围降雪持续了近3个月（《明史·五行志》）。京津和河北地方志中还对清顺治十一年（1654年）、嘉庆二十四年（1819年）、道光十一年（1831年）京津及河北大部分地区冬天大雪封门，月余人不能出户，冻死者无数，大量的树木被冻死冻裂的极端寒冷事件有详细记载。与明清间极寒特殊事件频发相对应的是明清海河流域降雨趋于减少，发生了近500年持续最长，灾区范围涉及海河、黄河、淮河、长江中游的最严重崇祯大旱。以1660年为界，气温开始回升，降雨量有所增加（图5-6）。

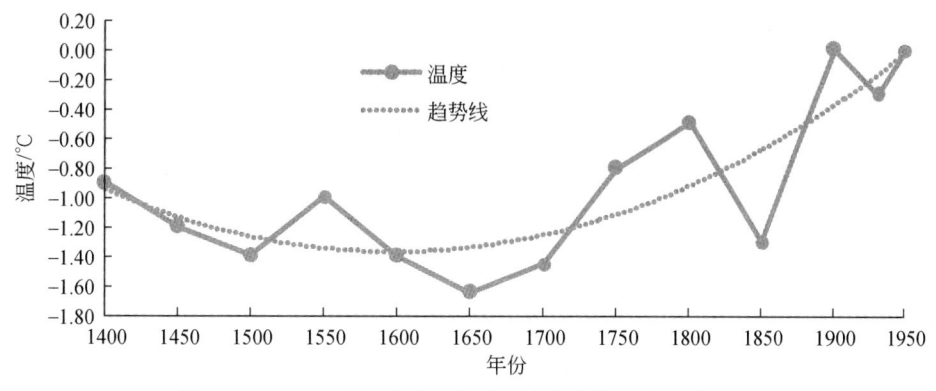

图5-6 15～20世纪华北气候冷暖变化曲线（距平为0℃）

5.2.2 海河流域典型水旱灾害

水旱灾害是我国主要的自然灾害，也是影响我国国民经济发展的一个重要制约因素。随着海河流域人口的增加和国民社会经济的发展，探讨海河流域历史的水旱灾害的发生强度和发生频率，对于进一步了解海河流域水循环演变特点，研究抗旱、防洪对策，具有重大意义。

海河流域旱涝灾害频繁，波及面积大，历史有十年九旱一洪水之称（水利部海河水利委员会，2009；河北省旱涝预报课题组，1985）。早在3000多年前，海河流域就发生过世纪洪水和多年持续干旱，如有关大洪水的传说，以及甲古文中商汤7年大旱历史的记载。2000多年前，大禹治水就涉及海河部分水系。据近代400多年的历史资料统计，海河流域发生过数十次的特大水灾和特大干旱。在海河流域，由于受气候季风的影响，华北平原的降水集中在夏秋，干旱则发生在冬春。持续丰水年和持续干旱而出现的极端水旱灾害的记载在历史文献中记载很多，但记述过于简略，遗漏也比较多。由于海河流域河流流程较短，平原低洼的地貌又使积水难以及时排泄而形成较大范围的渍涝和盐碱等严重的次生灾害。

5.2.2.1 流域性特大水灾

夏帝尧时（约公元前3000年）华北平原发生了持续大水灾，洪水泛滥，民无居所。

传说尧用鲧治水"九年而水不息",此后大禹"疏九江,决四渎","抑洪水十三年"(《史记·夏本纪》)。

先秦时期,尤指龙山文化晚期、商代中期和春秋时期为水灾相对高发时期,多发生在农历的5月、6月、7月,当时水灾主要分布在河流沿岸和平原低洼地带。

约公元前300年以后,黄淮海流域重大水灾或持续水灾见诸记载,秦二世元年(公元前209年)淮河流域及以北地区发生特大水灾,灾害成为陈胜、吴广农民起义的导火线。次年(公元前208年)"天大雨,三月不见星";秦二世三年(公元前207年)七月大雨,此3年连续发生特大水灾。

汉代,黄河在今河南濮阳以下频繁决口,冀州洪水灾害频繁,汉武帝以来,国家动用了大量的人力物力用于黄河堵口。春秋至北魏,华北平原主要水利问题是排水,古代治水经典的工程措施沟洫制就产生于春秋战国时期。8世纪以来为涝灾多发期。

通过对流域平原区各县灾情统计,得到明清1470~1909年海河流域各洪涝灾害年受灾范围占流域总面积的百分比,然后根据百分数的大小而确定灾害类型,历史时期的重大场次的水灾见表5-2,连续两年或者两年以上的大水灾见表5-3。

表5-2 典型毁灭型洪涝年份

时间	涝灾范围/%	时间	涝灾范围/%
明隆庆三年(1569年)	78	清雍正八年(1730年)	56
清顺治五年(1648年)	56	清乾隆四年(1739年)	56
清顺治十年(1653年)	67	清道光二年(1822年)	56

表5-3 连续两年或者两年以上的大水灾

时间	备注	时间	备注
明嘉靖时期(1552~1553年)	1552年为特大水年,后一年为毁灭性大水灾	清顺治时期(1647~1648年)	两年毁灭性大水和一年特大涝灾
明万历年间(1603~1604年)	连续两年出现特大洪水和涝灾	清顺治时期(1652~1654年)	连续两年出现特大洪水和涝灾
明崇祯年间(1631~1632年)	连续两年出现特大涝灾	清道光年间(1821~1823年)	连续两年出现特大洪水和一次毁灭性大涝灾

近500年水灾场次统计还显示,平均每1.5年发生水灾1次,这些特大或大涝灾淹没面积在3000万~5000万亩(1亩=0.067hm^2),被淹县份100个以上,流域滨海平原水深1~2m,个别地方深达2~3m。例如,1917年大水,华北平原被淹过半。馆陶平地水深约1m,冀县有48村被洪水吞没,文安城垸全部坍塌;天津全城被淹,海光寺水深1.78m,

许多地方水深超过 1m。

新中国成立后，各地对旱涝灾害的记录资料越来越多，内容越来越丰富，如添加了受灾亩数等灾情情况。新中国成立后各年受灾面积及水旱灾情等级见表 5-4。根据表 5-4 分析，大体上可将海河流域 1949~1990 年划分为 12 年丰水期（1953~1964 年）、15 年平水期（1965~1979 年）和 29 年枯水期（1980~2008 年）。

表 5-4　海河流域 1949~2008 年水旱灾受灾面积及相应灾害等级

年份	受灾面积/万 hm²	灾害等级	年份	受灾面积/万 hm²	灾害等级	年份	受灾面积/万 hm²	灾害等级
1949	105	3	1969	83	4	1989	24.7	5
1950	137.8	3	1970	47.7	6	1990	126.3	3
1951	109	3	1971	87	4	1991	37.5	5
1952	32.8	6	1972	27.7	7	1992	51.7	5
1953	277.5	2	1973	129.6	3	1993	61.1	3
1954	292.8	2	1974	108.8	3	1994	145.8	4
1955	126.9	3	1975	35.3	5	1995	213.4	3
1956	437.4	1	1976	99.7	3	1996	167.9	3
1957	36.8	5	1977	325.4	2	1997	189.8	2
1958	81.6	3	1978	69.1	3	1998	278.7	7
1959	32.8	2	1979	68.5	4	1999	389.31	6
1960	96.9	3	1980	8	5	2000	451.2	5
1961	220.5	2	1981	25.7	5	2001	391.3	6
1962	249.9	2	1982	49.2	5	2002	273.5	5
1963	514.4	1	1983	21.8	6	2003	112.6	3
1964	437.7	1	1984	52.2	5	2004	95.2	4
1965	7.7	7	1985	76.8	5	2005	39.2	5
1966	76.6	5	1986	29.8	7	2006	86.9	4
1967	57.1	3	1987	43.1	5	2007	53.4	5
1968	32.7	5	1988	178.3	3	2008	147.3	4

5.2.2.2 流域性特大旱灾

远古时期典型的旱灾发生在公元前 800 多年。《吕氏春秋》："殷汤克夏而大旱"。这就是历史记载达 7 年之久的商汤大旱，传说大川枯竭，巨石烤裂。春秋时，以周惠王十三年（公元前 664 年）为界，此前水灾次数较多，其后出现了以旱灾为主的时期。

道光二十七年，华北地区部分暴发特大旱灾，全流域暴发大旱灾害。清光绪二年始，连续发生四年流域大干旱，尤其是光绪四年，流域除北京、张家口两地区外，其余地区均遭受旱灾。各地大旱，麦秋全无，赤地千里，流亡载道，人相食，饿死盈途，饿死者属街道，号泣之声昼夜不绝。1940 年，发生连续三年大旱灾害，德州地区大旱，是年始终滴雨不下，赤地数万里，寸草不见，颗粒不收，民有饥色，野有饿殍。蓟县，六七月旱 50 余日，歉收；宁河，蝗灾泛滥，终年旱。春天未播种，伏天没下雨，冬暖。1920 年，晋、冀、鲁、豫、陕五省同时发生旱灾，灾区连成一片。河北省受灾最为严重，达 85 县，灾民 800 多万。1920 年旱灾一直延续到 1921 年夏，不少地区一年或一年以上无透雨或无雨。北京地区"京畿一带自春至夏，麦收欠薄，查的漷县、房山、固安、大兴、宛平、通州、昌平等十余县忍饥侍食者不下十余万丁口"。本年降水稀少，除漳河上游长治地区降水量在 500mm 以上外，燕山迎风坡及平原东部略大于 300mm，其他各地均不足 300mm，张家口献县附近地区年降水量不足 200mm，较多年平均小四到六成。这一年流域山区年产径流量 75.9 亿 m³，为有记录以来的最枯值。

经统计，近 500 年典型大旱的场次，以及受灾范围占流域总面积的比例见表 5-5，全流域性的，且持续时间连续两年以上的大旱和特大旱灾见表 5-6。

表 5-5 海河流域特大旱灾

时间	涝灾范围/%	时间	涝灾范围/%
明嘉靖三十九年（1560 年）	61	清乾隆五十年（1785 年）	61
明万历四十三年（1615 年）	72	清光绪三年（1877 年）	61
明崇祯十三年（1640 年）	94		

表 5-6 连续两年或者两年以上的特大旱灾

时间	备注	时间	备注
明嘉靖时期（1523~1524 年）	连续两年出现特大旱年	清康熙年间（1670~1671 年）	连续两年特大旱
明万历期间（1585~1589 年）	一年大旱，连续三年特大旱，其后一年大旱	清乾隆期间（1784~1792 年）	连续大旱和毁灭性大旱，饥民数十万逃至盛京（今辽宁）、吉林和蒙古
明万历期间（1615~1617 年）	连续两年毁灭性大旱和特大旱，其后接大旱	清光绪年间（1876~1877 年）	连续出现特大旱和毁灭性大旱
明崇祯年间（1637~1643 年）	连续 7 年持续干旱，其间一年特大旱和三年毁灭性大旱	清光绪年间（1899~1900 年）	连续两年出现特大旱

资料显示,近 500 年海河流域出现持续 7 年干旱,这是灾区涵盖海河、黄河、淮河及长江中下游的极端旱灾。首先发生在黄河流域的关中平原和海河流域华北平原中东部,然后蔓延整个北方地区,最后终止于长江湖南。干旱的核心地区为黄河和海河流域相连的华北平原。

1640 年明崇祯大旱,黄河和海河流域持续少雨,当年降雨量不足 300mm,5~9 月不足 200mm。华北地区 1640 年、1641 年连续两年的降雨量均远低于现代大旱的 1959~1960 年。1637~1643 年降水距平值也显示出 1637 年开始急剧下落的趋势,1640 年达到历史最低,1643 年趋于好转(表 5-7)。

表 5-7　1637~1643 年华北地区年降水和 5~9 月降水量估算

年份	年降水 降水量/mm	年降水 距平/%	5~9 月降水 降水量/mm	5~9 月降水 距平/%
1637	358	−33	281	−37
1638	401	−25	321	−28
1639	368	−31	290	−35
1640	283	−47	210	−53
1641	294	−45	220	−51
1642	466	−13	382	−15
1643	479	−11	393	−12

1874~1879 年,黄淮海流域连续三年干旱,灾区出现四五季无收情况。这次大旱始于 1874 年,结束于 1879 年,严重干旱段发生在 1876~1878 年。山西、河南、河北、山东四省因旱灾致死 1300 万人,20 世纪以前有记载的死亡人数最多的旱灾。

1918~1928 年,海河和黄河流域发生了长达十年的持续干旱,干旱造成了流域内山东、河南、山西、河北、陕西等省发生了特大旱灾,据统计,约 1200 万灾民背井离乡,死亡 50 万人。

1959 年海河流域和黄河中下游普遍少雨。1960 年受旱范围包括河北、河南、山东西部、陕西关中。海河中东部河流、山东汶水和潍河等 8 条主要河流断流,黄河从山东范县至济南断流 40 多天。1961 年继续干旱,干旱核心邯郸、德州、济南、菏泽和江淮平原旱情加剧。1959~1961 年华北大旱应为海河和黄河流域范围内的百年一遇的大旱。20 世纪海河流域还没有发生过 1637~1643 年、1874~1879 年这样持续多年、跨流域的极大旱灾。

5.2.3　流域人口的演变及变化趋势

人类活动强度是影响和表征流域水循环特点的重要因子。千年尺度下,由于生产力还处于较低水平,人类活动强度可以简单地借用区域人口密度来衡量。因此,流域人口的变迁对于研究区域水循环演变和变化具有重要的意义。

5.2.3.1 春秋战国至汉代——人口密度占全国首位

海河流域广阔的大平原是我国开发最早的地区之一。平原地形开阔,土壤肥沃,土层疏松,有利于原始的工具耕耘。太行山东麓山前平原地带很早就获得开发,以后向冲积平原的腹地发展。

公元前5000~前3000年仰韶文化时期,海河流域今京广铁路以东、徒骇河以北还空无人烟,但在平原西部和南部出现定居部落,河南新郑唐户和河北武安磁山部落甚至达到800~1000人,这已经是当时生产力水平下的聚居所能容纳人口的上限了。

夏朝曾相继建都于阳城(今河南登封)、帝丘(河南濮阳)、原(河南济源)等。商起源于漳水流域,初期活动范围以今邯郸、磁县为中心,后定都河南安阳,疆域范围包括今河北、河南、山西、山东广大区域,但河北中部和南部今涿州、保定、曲阳、石家庄、平山藁城、邢台、邯郸等是商的中心区域。商中后期周边地区向这一区域大举移民,出现了华北平原人口增加的第一次高潮。

兴起于陕西的西周,灭商后在商故地建立封国,将周族人从故地迁至封地,也无疑是再次的大举移民。逐渐善于农耕的周人同时也将农业技术带到了北方。西周以后黄河和海河流域平原区域政治经济中心逐渐形成。

春秋战国至秦汉,河北中部和南部人口密度继续增加,人口已经基本以华夏族为主了。魏、晋、燕和中山国在春秋诸侯和战国七雄消长中较长时期都是实力强大的大国。汉代黄河两岸成为农业经济发达区域。人口密集、城镇增多,各诸侯国开始兴建黄河堤防。汉代,在国家主持下黄河两岸已经形成系统的堤防工程。堤防保护下,黄河两岸农业发达,人口不断增加,华北平原成为当时仅次于关中的人口密集地区。

5.2.3.2 西晋时期——战争导致人口密度的最低点

西晋末大动乱和魏晋南北朝各政权长期战争,华北平原人口由于大量南迁,人数急剧下降,公元4世纪初的人口数只及公元2年的16%。北魏政权439年统一北方后,北方经济逐渐恢复,人口逐渐增加。

唐末至五代十国战争,北宋金兵南下至元代蒙古军队占领中原,河北汉族人口南迁和北方少数民族进入,人口动荡持续300年左右,至元二十七年(1290年)河北平原人口密度降至有人口统计以来历史上的最低点,每平方公里为15人,人口总数330多万人。

5.2.3.3 隋唐时期人口再次增加

隋唐统一中央政权,使北方地区经济得以恢复和发展。隋唐均以华北平原为向西北和东北扩张的基地,为屯兵屯粮于河北,不仅开凿永济渠,连通黄河和海河流域的水路交通,还兴建了大量的水利工程,鼓励移民定居华北从事农业生产。唐天宝年间(742~756年),全国10道中超过1000万人口的道有河北道、河南道和江南道,当时全国总人口为

5098万人。河北道1000万人，河北道人口密度居全国第一，华北平原唐代人口所达到的密度直到18世纪才再度重现并迅速超过。

5.2.3.4 明洪武及清嘉庆两次人口增长高峰期

元朝中后期对京畿地区实行经济鼓励政策，并大量自西域、蒙古向大都（今北京）周围移民，仅20年间人口增加近一倍，人口血统也发生改变，至今华北平原难有纯粹的华夏血统。元末农民战争，华北平原再次成为主要战场，人口大减。

向华北移民的高潮再度出现在明洪武年间（1368～1398年）。30年间来自南方和邻近的山东、山西及塞外的移民在政府的组织下，陆续向海河流域及黄河流域以北迁移，1381年河北人口为200万人，110年以后即1491年增至284万人。

清初实行"永不加赋""摊丁入亩"的经济政策，刺激了人口增加，乾隆以后华北平原人口增长速度加快，清初1661年为407万人，1724年河北人口达到1097万，1786年达到2100万，至1911年人口为2500万人，1661～1911年平均人口增长率4.28‰，净增人口数2300万（图5-7）。

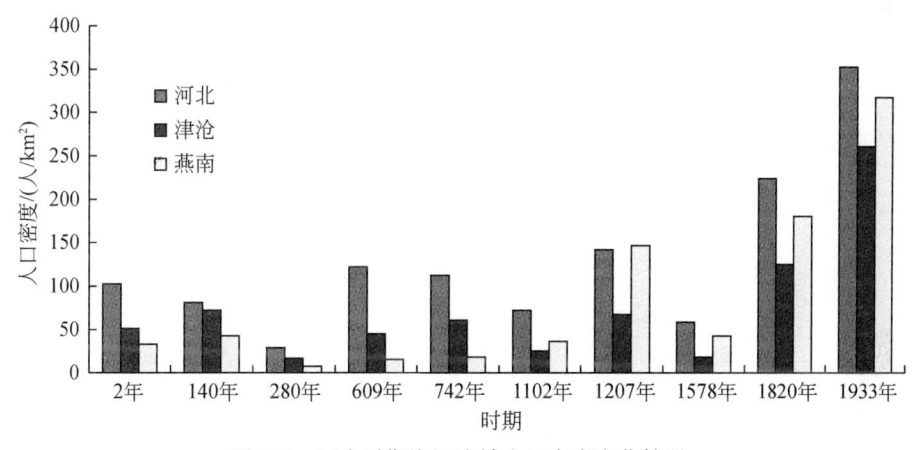

图5-7 历史时期海河流域人口密度变化情况

5.2.4 流域山林植被的演变

5.2.4.1 人类活动对植被演变影响程度分析

战国以来平原地区农业快速发展，汉代华北平原地区已经成为单纯的农业区，失去了天然林植被，但在16世纪以前，依靠山区森林植被的调节，仍然保持着较好的环境条件。明清营建都城和生活用柴的需要，使燕山和太行山的林地遭到持续数百年的破坏，海河流域的原生林地几乎消失殆尽，3000年间海河流域森林覆盖率由60%降至0.9%（表5-8）。

表 5-8　历史时期海河流域森林覆盖率

项目	约 3000 年前	公元前 220 年	1700 年	1937 年
森林覆盖率/%	60	30	25	0.9

春秋战国至今，引起海河流域森林植被的减少或消失，自然因素（如气候变化引起的水资源的改变）的影响小于人类活动因素，森林植被破坏速度与人口增加速度直接相关。人类破坏森林的方式有两种：①垦殖毁林。随着区域人口的增殖，耕地增加必然使林地减少。林地退缩由平原而丘陵而山区。汉代华北平原农业经济发展直接导致了平原腹地天然林的消失。②人类对木材的需求，主要是生活用薪柴、棺木和建筑。生活对林木的消耗是经常的，据估计，被毁林地的 90% 可以在多年后自我更新，约 10% 将永久消失。历史时期因垦殖和薪柴消失林地超过其他用材的消耗。

根据人口统计资料，历史时期每年人口死亡率平均为 2.8‰，普通棺木用材 0.3 m³。由此，根据华北地区历代人口高峰时的人口量，计算燃料和棺木两项在各人口高峰期的木材消耗量如表 5-9 所示。

表 5-9　近 2000 年海河流域因生活用材消失林地

各时期人口高峰年		高峰人口数/万人	因薪柴、棺木消失林地		
			木柴消耗量/(万 m³/a)	年毁林/万亩	消失林地/(万亩/a)
西汉元始二年	公元 2 年	767.2	773.6	160.3	16.03
东汉永和五年	公元 140 年	720.5	726.6	151.3	15.13
唐天宝元年	公元 742 年	856.9	864.1	180.5	18.15
北宋崇宁元年	公元 1102 年	562.5	566.8	117.9	11.79
明万历二十年	公元 1592 年	481.3	485.3	100.8	10.08
清嘉庆二十五年	公元 1820 年	2028.8	2045.8	425.5	42.35
中华民国	公元 1933 年	3449.3	3478.8	725.1	72.51

需要指出的是，北方冬天取暖主要是木炭，每公斤木炭用柴 3kg，总体来看北方薪炭消耗的木材大于南方。资料显示，华北平原历史上不包括大量营建工程、战争毁林，只是薪炭消耗，每年消失林地一般在 15 万亩左右，清代嘉庆人口剧增，年消失林地超过 40 万亩，20 世纪 30 年代急增至 70 万亩，太行和燕山消失的林地始于这一时期，与人口的增加是同步的。

5.2.4.2　战国至唐宋时期平原植被破坏和恢复

根据对北京平原地区泥炭沼的孢粉分析，3000 多年以前华北平原的天然植被为森林、草原和沼泽植被。

春秋战国时期华北暖温带阔叶林至春秋战国时期遭受历史上第一次大规模的破坏。由于人口增加，城邑发展，生活所需的薪炭，建筑所需的木材，冶炼、制陶所需的燃料，农耕所需土地都要砍伐森林和垦殖草原。这一时期，原始阔叶林逐渐退出平原腹地，在村落和道路两旁出现了枣、梨、桃、杏等人工再生林，以及榆、柳、杨等次生植被，但是山区和山麓地带仍有森林和原始草场。

东汉末年到南北朝长期战乱，北方汉民族大量南迁和北方民族进入，导致人口锐减和耕地荒芜，平原大部分变成次生草地和灌木丛林，一些农田则成为北方少数民族的牧场。唐代人口回升，但是人口密度远低于关中和南方。宋辽以黄河为界，黄河以北依然人口稀少，这一状况直到明永乐时定都北京才发生了极大的改变。海河流域生态环境从三国到北宋得到700多年的长期修复，为明清北京及京畿地区的建设和发展提供了较好的生态环境。

5.2.4.3 明清海河流域燕山和太行山植被的破坏

燕山和太行山山地森林资源从金营建中都，元营建大都，以及明营建北京，遭到400多年大规模的破坏。明永乐九年（1411年）定都北京之后，除大兴土木用材外，生活所需的薪炭主要由太行山和燕山山林供给，这种持续性的破坏随着人口增加而日益严重。

明代也有禁止砍伐林木、保护山林的呼声，开始来自防备蒙古族南侵。明王朝视西山和燕山为边防要地，除了大举修筑长城外，也将茂密的森林作为天然的屏障。对森林施行保护政策。明前期对太行山林地的保护还是比较有效的。但是永乐时迁都北京，大兴土木所需要的大量木材，使燕山和太行山林地遭受历史上空前的浩劫。

清代，山区森林植被继续后退，到清康熙时，海河流域平原周边只有在冀北山区、太行山区还有温带落叶林分布。雍正时，倡导直隶各县宜林荒山种植桑柞饲蚕，枣榛佐食，柏桐资用，杂木供薪。18~19世纪海河流域除耕地外，主要植被以次生草地和灌木丛为主。辛亥革命以后到1949年，西山、燕山的天然林和坝上残林几乎消失殆尽，像承德围场这样的封建禁地森林也未能幸免。

目前，京津唐地区的森林覆盖率不足15%，人均占有林地面积低于全国水平，水土流失面积达17 000km^2，占总面积的1/3左右。北京西部的低山丘陵区有900多万亩荒山裸地，12.6万亩低矮灌丛林地，水土流失严重的西山和燕山成为北方泥石流的多发地区。1950年永定河支流清水河发生的大规模泥石流，堆方量达到4万m^3。20世纪60~70年代开始在海河流域的水源地植树造林，但是长期森林砍伐造成的水土流失和环境退化情况尚未有效扼制，如1969年、1972年，北京怀柔、延庆山区有几十条山沟几乎同时爆发泥石流。可以说，数百年植被的持续破坏，导致了海河流域至今依然严重的地质灾害。

5.2.5　流域河湖水系的演变

海河流域以众多的河流分散于华北平原，最后在天津归于海河再东流入海。众多河流汇集，是海河水系的特点。我国七大江河中，没有哪一条河流像海河一样，数千年人类活动给其河流水系迁徙分合带来如此深刻的影响。从空间看，水系的变化越向下游变动越大；从时间上看，海河南系卫河、漳河、滹沱河下游河道自汉代以来迁徙频繁；北系河道永定河、蓟运河等在明代中期即13世纪以后，由清水河流变为浑水河流，下游河道和湖泊洼淀到近代变化更大。

5.2.5.1　黄河对海河水系的影响

历史时期有记载的黄河改道北流，流经华北平原入海大约有7次，其中两次在天津附近入海。黄河北流对天津和河北东南部地区自然环境影响较大，海河南系的河流和湖泊形成及消失也与之有关。

见于文字记载的黄河最早在天津附近入海距今3000多年。战国以前，黄河下游在华北平原多支泛流。公元前4世纪以来即战国中期，各诸侯国开始筑堤，至西汉中期约公元1世纪前黄河堤防基本形成后，下游才有了固定河道。黄河河道比较稳定之后，河北平原城镇和村落逐渐衍生。

黄河第二次在天津入海发生在北宋后期。庆历八年（1048年）六月，黄河在商胡（今河南濮阳）决口，合御河（今南运河）经青县在今天津入海。12年后，又在大名府魏县决口，分出一支走汉代笃马河故道入海，称"二股河"。黄河第二次北流持续了80年，因为堤防未立，河道淤积，河行地上。南宋建炎二年（1128年），宋王朝为了阻止金兵南下，人为决河，黄河从河南滑县改道，经泗水入淮。

黄河两次北流，对海河流域的环境效应主要表现在：①对天津及河北东南部滨海平原的塑造。由于黄河泥沙的淤积，海岸线东退。②全新世以来在太行山形成的山前扇缘洼地，由于黄河故道阻塞，春秋至汉代在今邢台—宁晋形成大陆泽和宁晋泊，后来北宋末年黄河决口，洪水湮没了巨鹿城，大陆泽也由于黄河泥沙而消失。③黄河第二次北流，在天津附近入海前冲入海河，受黄河的冲刷，海河由原河道的宽10~30m、深3~5m，变为宽40~100m、深6.6~12m。

5.2.5.2　海河水系形成的历史进程

水系众多是海河的特点。早期海河各水下游并不同流入海，即不属于同一水系，海河各水从不同水系变为同一水系的演变进程大致分为三个阶段。

1）南系属黄河水系，北系分流入海期。该时期，海河南北两系迁徙大致以滱水（又称易水，今拒马河）为界，黄河北流没有逾越过滱水。海河南系有大清河、子牙河、南运河三大河流。白洋淀以北的海河北系今有永定河和北运河两大水系。永定河形成于全新世早期，距今有 5000 多年。清康熙三十一年（1692 年）永定河系统堤防形成，河道受堤防约束，此后河道稳定，尾闾经天津以西三角洲淀入海河。北运河水系的前身是沽水、鲍丘水，后称潮河、白河，今称潮白河，在今北京通州以下段称北运河。据《水经注·鲍丘水》记载，距今 200 年前东汉的潮河和白河都是独立入海。

2）分流入海期。西汉末约公元前 20 年前后，黄河在魏郡东郡范围内频繁决口，海河各水系分流入海的形势开始形成。西汉末年王莽始建国三年，黄河分别侵入济水和汴渠，主流至今山东利津入海。黄河在华北平原留下的故河道为海河南系的形成创造了条件。

3）海河水系形成期。海河水系形成以南系干流卫河、南运河的形成为标志。而卫河和南运河的形成与黄河下游河道变迁和三国以来运河开凿有直接的关系。

5.2.5.3 海河六大支流河道的变迁

（1）永定河

永定河发源于山西五台山，上游称桑干河。在永定河流域内，以流经今北京城北的小清河古河道历史最早，经 ^{14}C 测定这一故河道有 7000 多年的历史，古河床宽达 2000 多米。清河镇在古河道中紧邻今小清河。今小清河源出平地，流量在 $1m^3/s$ 以下，可以看出这一古河道由主流渐变为支流，然后断流，最后在故道内次生小清河的演变过程。小清河故道表明，古永定河经今北京城北向东，与温榆河汇合，折而东南与白河汇入笥沟，经泉州（今天津西北约 20km）入海。隋大业三年（607 年）开永济渠，"北通涿郡"，桑干河的下段可能已经在蓟城南转而南下，被用作永济渠北端。10 世纪末，辽金时，桑干河下游改道，已经远离蓟城。辽金至明，桑干河又被称作浑河、无定河。清乾隆三十七年（1698 年）石景山以下浑河大堤完工，改河名"永定"，此时永定河以三角淀为尾闾入海河。20 世纪初尾闾三角淀基本淤平，1938 年、1942 年两次在三角淀上缘决口，改道于三角洲淀北大堤以外，成为现在的永定河下游河道。

（2）潮白河—北运河

白河，汉代至三国时称沽水，原与永定河、温榆河为同一水系。潮河古河道经狐奴山，下游汇鲍丘水与蓟运河为一水系。至迟在公元 5 世纪前沽水改道东移，入今顺义境内古洼淀与鲍丘水合流，从此沽水与鲍丘水变为同一水系。此后两水合流点不断上移，至潞县北，再北上至牛栏山。明嘉靖三十四年（1555 年）人为改道，在密云西南 18 里河漕村两河合流。两河合流称潞河，在天津独流入海。金代开北京至通州漕运河道"金口河"，元郭守敬改造成闸河，名通惠河，元代京杭运河北段通州至天津段利用潮白河下游潞河河道，是为北运河。

（3）大清河

大清河分为北、中、南三支。北支拒马河，中支易水，南支唐河（滱水）、徐河和漕河等小河，北魏以前称泒河（水）。历史时期大清河有三次大的演变。在黄河北流期大清河各支流属黄河水系，黄河南徙后曾经各自独立入海，这是大清河的第一阶段"分流期"。

五代至北宋时，北方契丹（辽）与北宋之间以一条带状的湖泊群和洼地沼泽相隔（包括今白洋淀到文安洼），西起今保定东至海岸黑龙港，屈曲蜿蜒近 500km，这一片湿地当时被称为"塘泺"，北与拒马河下游白沟河相连。北宋又将许多河流人为改道引水入"塘泺"，几乎海河南系诸水全被引入。而北系永定河，此时下游已自然改道汇入"塘泺"，这时的大清河属于第二阶段"界河期"。

宋朝南迁临安后，海河南系原来人为改道的河流脱离界河，最后唐河、沙河、滋河汇流形成大清河上游——潴龙河，至此大河主流形成。海河北系永定河与界河的合流点不断上移，原拒马河的支流逐渐与永定河合流，但是永定河下游固安、霸县间频繁改道，使得拒马河及其支流与大清河的分和属关系也不稳定，直到 18 世纪初，永定河大堤形成后，拒马河诸水才与大清河完全分离。

（4）滹沱河、滏阳河与子牙河

滹沱河汉代又称徒骇河，东汉在黄河南徙之后滹沱才独流入海，但唐宋黄河北流时也常走滹沱河道下游。宋代滹沱河被导入塘泊，此后滹沱由真定、深州、乾宁军（今河北青县）与御河合流。其时滹沱河在深县频繁改道，或多道行水，由于泥沙淤积作用而呈现南徙的趋势。终于在明代与滏阳河合流，下游走子牙河入海，此为南道。

滏阳河原是漳河的支流，自汉代至元代，滏阳河与漳河的合流处变化很大，滏阳河与之或分或合的状态直到清康熙后期才结束。清康熙四十五年（1706 年）引漳水至馆陶入御河（卫河）济运，漳水至此全归于卫。

子牙河是漳河分出的支流，在河北献县分出，下入三角淀。清康熙四十五年漳水改道后，子牙河与之分离。乾隆二十八年（1763 年）治理滹沱河以子牙河道为其正河，使滹沱子牙同归于子牙河。

（5）漳河

漳河是黄河下游最大的支流，黄河南徙后漳河循黄河入海河道独立入海，宋代黄河北行河道曾夺漳河，元代以来演变为南运的支流。历史上漳河河道变迁也很频繁，但向西受古大陆泽—宁晋泊—滏阳的限制，向东受御河限制，所有其变迁的范围并没有脱离这一区间。曹魏建安十八年（213 年）曹操开利漕渠，于肥乡北引漳水至馆陶南入白沟济运，这是漳河南支之始。此后多在漳河引水济运。由于河道泥沙淤积，元代以来漳河决溢频繁，受地形西高东低的影响，漳河常有数支分流入御河。明永乐九年（1411 年），为了增加南运河水源，经过修筑临清分水坝，使漳河一支在山东馆陶入运河，一支经河北河间自天津入海，即北道，清乾隆以后北道逐渐干涸，漳河全河在馆陶归于御河（馆陶以下称南运河）。漳河河道变迁大致可分两个阶段：第一阶段受黄河改道和泛滥的影响；第二阶段受运河建设和运河通航的影响，即海河南系干流御河的影响。

（6）白沟—永济渠—御（卫）河—南北运河

卫河又名御河，原是漳河、黄河北行的旧河道。曹魏建安九年（204 年）曹操筑堰，引淇水东北流以通漕运，称白沟。白沟上源原为淇水支流荡水的分支，东北流入黄河故道，经内黄入清河。至此，白沟—清河此后成为华北平原南北向的主要水道。建安十八年

（213年）开利漕渠引漳水济白沟；白沟上游利用的是清水和黄河故道，至沧州沿平房渠、拒马河下游，再经今天津，走泉州渠可至今天津宝坻。

隋唐永济渠，以及宋、元、明的御河均利用了白沟水道。隋时永济渠可北至涿州与永定河水系相通。隋大业四年（608年）白沟被重新整治即永济渠。永济渠自信安向西北经永清县至蓟州涿郡，与桑干河通。唐代，永济渠仍为河北与中原相通的主要运道。但是此时永济渠已经不以沁水为水源，仍以清水、淇水为源。

宋代永济渠称御河。御河在下游乾宁军（河北青县）分成两支，东支经大城县，北合潮河东流七十里同入海；西支宋沿边塘泊汇合，走永济渠旧路通桑干河。宋代御河四季可通航。但是，黄河北支泛滥，洪水侵入御河，并与之合流，枯水时泥沙淤塞，航运困难，致使修堤、疏浚、改河道经常不断，工程巨大。元开会通河，在山东临清与御河相接，北至今天津直沽，与潞水通。此后临清以下御河又称南运河。元至明永乐前御河仍然通航，永乐九年（1411年）御河在临清以上不再行漕，但是成为向南运河供水的主要水源河流。

5.2.5.4 主要河流河性、河型演变

海河水系在华北平原的河流主要特点可以概括为两点：多沙、悬河。这两个特点的形成是在辽金以来，与流域自然环境变化有密切关系的。自然环境的改变在很大程度上是由于人类活动的影响。

1）永定河、漳河和滹沱河多沙和悬河河型的历史演变。在海河水系的主要河流中，呈多沙河流和悬河河性的河流有：永定河、漳河、滹沱河。永定河含沙量仅次于黄河，个别地段甚至超过黄河。永定河洪水时含沙量占浑水的30%，最多时可达70%。永定河变成高含沙河流至多1000年，日益加重是在明清时期，元明清以来其上游桑干河流域植被破坏是造成永定河含沙量高的直接原因。漳河、滹沱河成为多沙河流的时间可以从它们水资源的利用方式来探究。战国时西门豹在邺镇（今河北临漳县西南）修漳水十二渠，证实当时的漳水并非清水河流，十二渠指十二个引水口，这是为了避免口门淤积而采取的工程措施。东汉末曹操以邺城为其根据地，在十二渠的基础上重建灌区，是为天井渠。天井渠有向邺城供水、通漕和灌溉的多重效益，通过涵洞和暗渠输水入城。北齐时（483~501年）邺城还引漳水冲击水磨和水碾。由此，可以认为公元500年以前，尽管漳水多沙但不是高含沙水流。

北宋时河北放淤，漳河和滹沱河流域是当时淤灌最多的地区。河流放淤灌溉，放淤的河流起码也是半地中河或已经是悬河，利用地面坡降自流入大田，只需要修筑一些简单的水利设施。而当时滹沱河的情况并不比漳河好，因为熙宁六年时，准备开滹沱新河使下游入塘泊，已经引起泥沙淤塞新河和填淤塘泊的担忧。

2）大清河多沙和半地中河的形成。清代的历史记载表明，当时大清河的确是一条低含沙量的河流。但是大清河上游支流中，大多数小河流属于季节性河流，流经华北平原土质疏松地带，应该是多沙河流。而北支拒马河在北宋为界河，通于塘泊，其尾闾至今仍有带状的洼地存在，说明是低含沙量的河流。拒马河在明代为永定所逼，归于大清

河，其后永定河下游夺大清河，大清河尾闾逐渐不清。清代，为了保护北运河，大清河开始筑堤，乾隆以后逐渐成为半地中河。20 世纪以来，大清河经过不断治理，基本没有发展成悬河。

5.2.5.5 湖泊洼淀的历史演变

（1）先秦至西汉时代的湖泊洼淀

根据史料记载和钻井资料分析，先秦西汉时代海河流域湖泊、洼淀很多（表 5-10）。

表 5-10 先秦西汉文献记载海河流域湖泊、洼淀分布表

名称	今地	出处
大陆泽	河南修武、获嘉间	《左传》定公元年
荥泽	河南浚县西	《左传》闵公二年
澶渊	河南濮阳西	《左传》襄公二十年
黄泽	河南内黄西	《汉书·地理志》、《汉书·沟洫志》
鸡泽	河北永年东	《左传》襄公三年
大陆泽	河北任县东	《左传》定公元年、《禹贡》、《尔雅·释地》、《汉书·地理志》
泜泽	河北宁晋东南	《山海经·北山经·北次三经》
皋泽	河北宁晋东南	《山海经·北山经·北次三经》
海泽	河北曲周北	《山海经·北山经·北次三经》
鸣泽	河北徐水北	《汉书·武帝纪》
大泽	河北石家庄北	《山海经·北山经·北次三经》

（2）东汉至北魏时期湖泊洼淀

汉代以后，由于黄河相对稳定、泛滥次数减少，黄河挟带的泥沙大量沉积于固定的河堤之内，有利于湖泊洼淀的稳定发育。根据《水经注》记载，6 世纪前海河流域湖泊沼泽名目繁多，有湖、泽、淀、渚、渊、薮、坑和陂、堰、池、潭等 12 种类型。共有大小湖泊、洼淀 59 个，其中天然湖泊、沼泽占 60%左右，通常面积较大；人工陂塘占 40%左右，大多面积很小（表 5-11）。由于《水经注》的滹沱水篇和泒水篇的散佚，真实的湖泊洼淀数还要多一些。

表 5-11　《水经注》记载 3 世纪前后海河流域湖泊洼淀分布

地区	名称	今地	名称	今地
河北平原北部	谦泽	三河西	夏泽	香河北
	西湖	北京西南	督亢泽	固安、新城间
	护淀	固安南	西淀	永清西
	鸣泽渚	涿县西北	长潭	涞水北
	金台陂	易县东南	故大陂	易县东南
	范阳陂	徐水北	梁门陂	徐水北
	曹河泽	徐水西	大埿淀	容城南
	小埿淀	容城南	蒲水渊	完县北
	阳城淀	望都东	清梁陂	博野北
	蒲泽	正定东	天井泽	安国南
河北平原中南部	狐狸淀	任丘东北	大蒲淀	河间西南
	乌子堰	石家庄	淀	青县北
	淀	青县西	广糜渊	束鹿西南
	泜湖泒	宁晋东南	大鹿泽（大陆泽）	巨鹿隆尧、任县间
	澄湖	鸡泽东	渚	邯郸南
	鸡泽	永年东	广博池	衡水西南
	清渊	邱县东	从陂	景县阜城间
	泽渚	枣强北	武强渊	武邑西北
	泽薮	武邑、阜城间	张平泽	武邑西北
	郎君渊	武邑北	落里坑	高唐东
	白鹿渊	乐陵西南	沙邱堰	冠县西南
	堂池	莘县南	秺野薄	济阳北
	柯泽	阳谷东北		
豫东北	吴泽（大陆泽）	修武、获嘉间	安阳陂	辉县西北
	湖陂	武陟东南	百门陂	辉县北
	白祀陂	淇县东北	卓水陂	辉县北
	黄泽	汤阴东	白马湖（朱管陂）	武陟西北
	鸬鹚陂	安阳东	同山陂	淇县东北
	台陂	安阳东北	澶渊	濮阳西
沿海	北阳孤淀	滦南东	雍奴薮	天津宝坻间

（3）唐宋时期的湖泊洼淀

唐代中叶以后，由于黄河中游农业发展，大量开辟耕地，水土流失不断加剧，宋代以后黄河下游多次决口、改道，下游的湖泊、洼淀也受到极大的影响。在河北平原北部的永定河冲积扇上，唐代开始逐渐被永定河水系的泥沙所淤没。今通州东侧的夏谦泽，唐代志书均已不见记载，应该是在唐代已经消亡。唐初督亢泽面积很大，但经过 190 年后，督亢泽已大大萎缩，到元代以前已全部淤没。在宝坻、天津之间，武清以东的雍奴薮由于地势低洼，盐碱较重，不宜垦殖，因此其范围自北魏以后变化不大。在河北平原南部，先秦汉唐时代以大陆泽为代表的湖沼群，在唐宋时期也发生重大变迁。战国中期以后，大陆泽汇集今巨鹿、隆尧、平乡、任县、永年及邯郸等数县市境内的太行山东麓地表径流，尚能基本维持先秦时代的大湖形态。但至唐代后期，大陆泽的主体部分已显著缩小。唐代深州陆泽县（今深县）和鹿县（今辛集市）以南另有一个大陆泽唐代以后消失。北宋大观二年（1108 年）黄河北决，淹没了巨鹿城，波及隆平县（今隆尧县），大陆泽也因而被黄河来沙所淤浅，湖底抬高，湖水顺着葫芦河（今滏阳河）向下游泄入今宁晋东南，《水经注》所载的泜湖地区，潴汇成为宁晋泊。在河北平原中部今白洋淀、文安洼一带的构造凹陷地带，唐宋以前分布着很多湖泊、沼泽。

北宋初年，为了防御辽的骑兵南下，人为地将漳沱河、胡卢河（今滏阳河前身）、永济渠等河水引入这一低洼地带，筑塘蓄水，形成一条西起今保定市，东至于海的淀泊带，"深不可以舟行，浅不可以徒步"，史称"塘泺"。这是历史上人为改造利用洼淀规模最大的一次，也是白洋—文安洼洼淀群人为扩展的时期。但自庆历八年（1048 年）以后，黄河三次北决，流经平原中部夺御河入海，前后 60 余年。此外，导入塘泺的"漳水、滹沱、涿水、桑干之类，悉是浊流"（《梦溪笔谈》），自然也带来大量泥沙。所以自徽宗以后，塘泺"淤淀干涸，不复开浚，官司利于稻田，往往泄去积水，自是堤防坏矣"（《宋史·河渠志》）。从而，塘泺解体，又恢复了无数个洼淀的状态，其中不少洼淀被开辟为稻田。

（4）明清的湖泊洼淀

明清以后，由于自然淤积和人为的围垦，海河流域湖泊洼淀进一步向萎缩、消失的方向发展。黄庄洼—七里海洼淀群位于永定河—潮白河冲积扇与滦河洪积扇之间，是全新世中期高海平面退去以后遗留下来的滨海泻湖沼泽洼地。在宝坻、天津之间的雍奴薮，明代已改称大三角淀。清代，在武清以南还有一处三角淀。20 世纪 60 年代，为减少北运河县下游洪涝，在通县东开挖了潮白新河，向东南入黄庄洼，称为黄庄水库；疏浚了青龙湾减河，入七里海，称为七里海青年民兵水库；开挖了筐儿港新引河和大黄铺洼水渠，使大黄铺洼和塌河淀均可常年积水。

在潮白新河与青龙湾减河之间，则是浅平的里自沽洼；该洼地已经耕作，只在中心最低洼部分有季节性积水。现在，由于永定新河和北京排污渠的开挖，潮白新河又向东南延伸，穿过七里海至宁车沽入永定新河，东南入海，因而塌河淀已不复存在，七里海也逐渐解体。大陆泽—宁晋泊洼淀群，从明初开始，宁晋泊为南徙的滹沱河所汇注，湖面水域不断扩大，而上游的原大陆泽则继续缩小范围。明代中期，在洪水季节，宁晋泊与大陆泽尚可连成一片，合称大陆泽。枯水季节，则分为南北两部分，北部的宁晋泊称为北泊，南部的大陆泽称为南泊，但其主体已在北泊。清代，大陆泽的面积由南、北向中间逐渐缩小，被局限在任县、隆尧、宁晋、巨鹿之间。南面的大陆泽南北长 15km，东西宽 7km，面积约 80km²；北面的宁晋泊长宽各 15km，面积超过 200km²。清雍正年间，导南泊之水注于北泊，南泊再次缩小。以后正定、广平、顺德三府广开稻田，截河水灌溉，南泊大陆泽的来水大减，渐趋淤平。

白洋淀—文安洼淀群到明代中叶是北宋时代的界河，因永定河南徙带来大量泥沙而淤平，附近的地表径流遂汇集于界河南侧的低洼地带。所以，在宋朝末年以来已经淤废的塘泺淀泊地带，又形成许多新的大型淀泊。在明代和清代前期，河北平原上的零星湖沼大多消失，潴水的湖泊唯存东西二淀和上文所说的南北二泊。当时正定、广平、顺德三府之水，过南北二泊之后，又由滏阳河、子牙河归入东淀；顺天、保定、河间三府之水皆汇于西淀，又由玉带河、会同河归入东淀，因而东淀在康熙三十七年以前森然巨浸，周二三百里。但自康熙三十七年巡抚于成龙将永定河水引入东淀之后，大量泥沙也随之输入，东淀湖群相继"尽变桑田"。明清时期，随着降水的年际分配与年内分配不均，东西二淀湖区时而"弥漫数百里之间，无处无水"，时而河滩裸露，垦殖日众，湖田弥望。但由于泥沙的充填，东西二淀总的趋势是日渐淤浅。最近几十年，东淀湖群已淤为文安洼。西淀的白洋淀由于泥沙淤积，湖区面积缩小了十分之七。20 世纪以来，白洋淀仍继续淤高。目前，白洋淀虽然被誉为河北平原的一颗明珠，但正面临着湮废的严重威胁。

5.3　百年尺度水循环演化规律

流域水循环演化主要表现为水循环基本要素及其相互转化关系的演化，海河流域近百年特别是最近 50 年来，随着人类活动的加剧，社会水循环成为水循环系统中重要组成部分，海河流域二元水循环演化除了人类活动的影响，还体现在对下垫面的改造引起的降水径流关系的改变和需水增长引起的社会水循环要素改变两个方面。同时，百年尺度上海河流域的气候变迁也驱动了海河流域降水、气温等主要气象因子的变化，改变了海河水循环的气象输入，驱动了海河流域水循环的演化。本节从百年尺度的气候变化和人类活动这两个海河流域水循环演化的主要驱动因子的演化出发，对海河流域二元水循环的主要要素及相互转化关系的演化进行分析。

5.3.1　气候变化背景

海河流域气候在气候周期性波动和全球气候变暖的共同作用下，在近百年来发生了显著的变化，改变了海河流域的气候背景，驱动了海河流域水循环的演化。本节以气温、降水和蒸发能力三个气象因子为例，对百年尺度海河流域的气候变化背景进行分析，重点对降水的演变规律进行剖析。

5.3.1.1　气温

海河流域气温变化受到气候波动和全球变暖的共同作用，近 50 年中，海河流域年平均气温整体上呈显著上升趋势，在 1980 年后升温的趋势更为明显，升温速率也显著加快。

以北京站为例，1956~2005年的50年间气温的平均升温速率为0.35℃/10a，1980~2005年这25年的气温增速达到了0.58℃/10a，见图5-8。

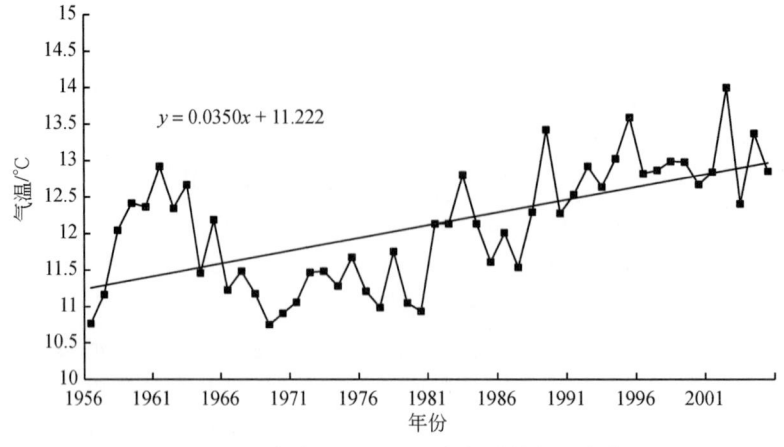

图5-8　北京站1956~2005年年平均气温变化

5.3.1.2　降水

在过去近百年，海河流域的年降水量和降水年内分布特征均发生了显著变化。选择海河流域的北京、天津和保定三个代表站，对海河流域降水的年际和年内分布的演化进行分析。

（1）年际变化

近百年来，海河流域年降水流量整体上呈现缓慢上升的趋势，以保定站1914~2008年的降水资料为例，年降水量平均增速为5.6mm/10a，相当于每10年1.1%，见图5-9。

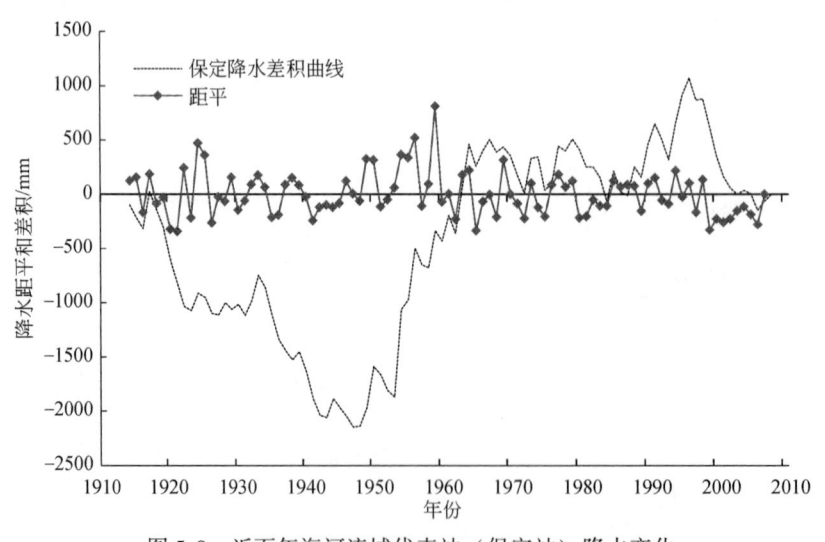

图5-9　近百年海河流域代表站（保定站）降水变化

同时，海河流域年降水量具有显著的年代际变化特征。以保定站为例，百年来降水在1947年存在一个显著的突变，将降水划分为两个阶段：①1947年前的偏枯期，年平均降水量为445mm；②1947年后的偏丰期，年平均降水量为545mm。其中1947年以前又可以进一步划分为"枯—平—枯"三个子阶段，1947年后也可以进一步划分为"丰—平—枯"三个子阶段，形成了海河流域一个近80年的丰枯周期（表5-12）。

表5-12　海河流域降水阶段划分（以保定站为例）

序号	阶段划分	子阶段划分	时段	平均降水量/mm
1	偏枯期	枯水期	1914~1922年	393
		平水期	1923~1933年	535
		枯水期	1934~1947年	409
4	偏丰期	丰水期	1948~1964年	662
		平水期	1965~1996年	528
		枯水期	1997~2006年	387

从2007年开始，海河流域降水逐渐转丰，2007年和2008年保定站的降水均超过了570mm，预示海河流域可能结束近10年的连续枯水期。

（2）年内分布

海河流域的降水量同时存在着显著的季节变化特征，整体上夏季主汛期的降水呈现显著的下降趋势，而春季降水在近期则有所增加。

以北京、天津和保定三站为例，1961~2005年3~5月的降水量整体上呈显著的增加趋势，北京站降水增速为7.1mm/10a。其变化又可以1976年为界分为两个阶段：1976年前3~5月降水量呈明显下降趋势，1976年后呈明显上升趋势。主汛期（7~9月）的降水量整体上呈明显地减少趋势，北京站7~9月降水量的增速为-32.7mm/10a（图5-10）。

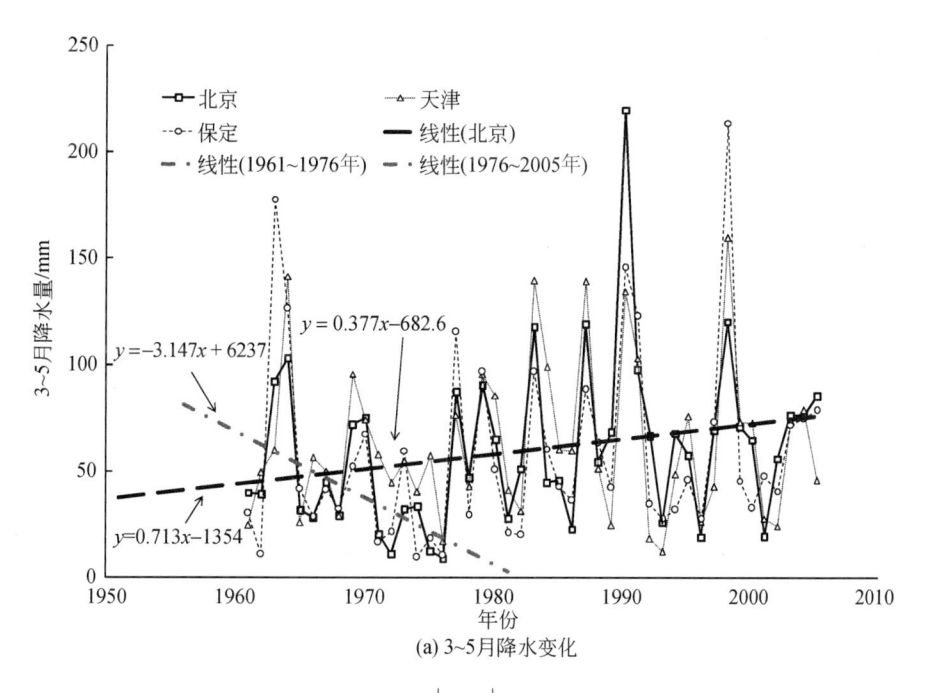

(a) 3~5月降水变化

(a) 3~5月降水变化

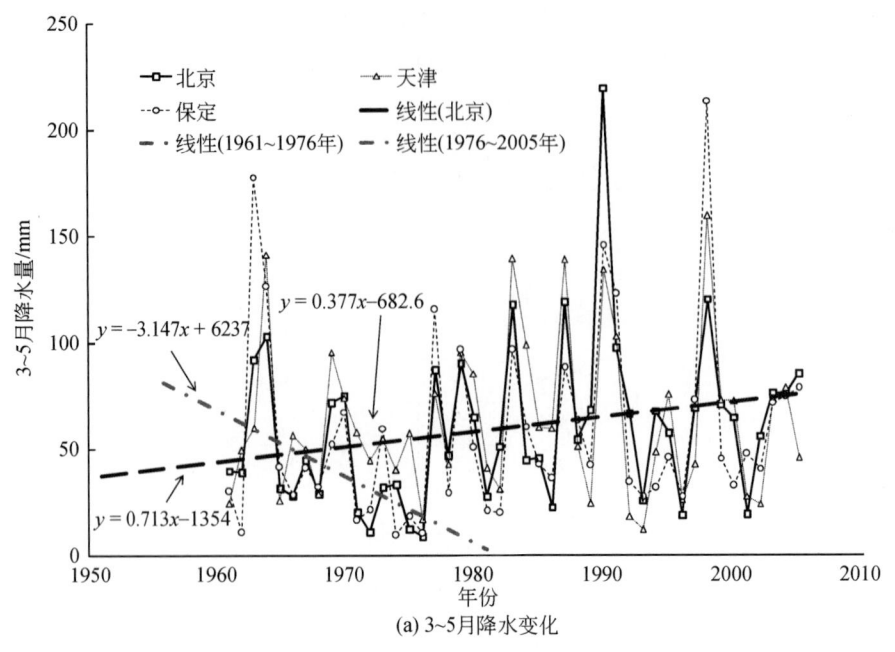

图 5-10　海河流域降水年内分布特征演化

5.3.1.3　蒸发能力

海河流域的蒸发能力在 1990 年前后有一个明显的转折,在 1990 年之前蒸发能力显著下降,1990 年之后则呈显著的上升趋势。

以北京站为例,1961~2000 年的多年平均蒸发能力为 1212mm/a,1961~1990 年,蒸发能力平均下降速率为 42.8mm/10a,1990 年后则呈现显著的增加趋势,见图 5-11。

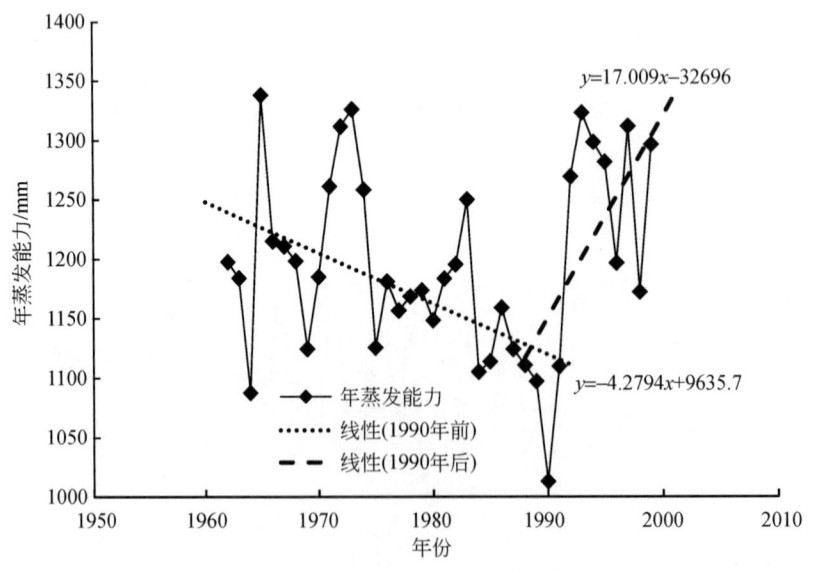

图 5-11　北京站 1961~2000 年蒸发能力变化

5.3.2 下垫面演化

近百年来，随着海河流域气候演变和人类活动的加剧，海河流域下垫面特征发生了显著变化，对海河流域降雨产流规律有显著影响，本节以河流水系、湖泊沼泽和森林植被覆盖为重点对海河流域近百年的下垫面演化进行分析。

5.3.2.1 河流水系

海河流域为典型的扇形流域，具有水系分散、河系复杂、支流众多、过渡带短、源短流急的特点，集水面积超过 500km² 的河流 113 条，总长度达 1.61 万 km。海河流域天然水系主要由滦河、海河、徒骇马颊河三大水系组成，其中滦河水系包括滦河和冀东沿海诸河，面积 5.45 万 km²；海河水系由蓟运河、潮白河、北运河、永定河（以上河系为海河北系）、大清河、子牙河、漳卫南运河、黑龙港水系和海河干流（以上河系为海河南系）组成，面积 23.25 万 km²；徒骇马颊河水系位于漳卫南运河以南、黄河以北，处于海河流域的最南部，由徒骇河、马颊河、德惠新河及滨海小河等平原河道组成，流域面积为 3.30 万 km²。

近百年来，海河流域水系变化主要体现海河下游大量人工减河的出现。在天然条件下，海河水系的各河汇集到天津从海河入海，这给海河流域特别是天津的防洪带来了很大的困难，在经历了海河流域在 20 世纪 50 年代和 60 年代的多次洪水后，为了提高海河特别是天津的防洪能力，在 20 世纪 60 年代中期至 1980 年，在海河流域先后开辟和扩建了潮白新河、永定新河、独流减河、子牙新河、漳卫新河等平原简河，使各河系单独入海，在天津附近形成了新的人工河系。

5.3.2.2 湖泊湿地

海河流域历史上是湖泊湿地广泛分布地区，在 20 世纪 50 年代，由于处于一个历史上少有的丰水期，海河平原上湖泊湿地分布十分广泛，总面积约为 1 万 km²，拥有大陆泽—宁晋泊、白洋淀—文安洼和黄庄洼—七里海三大湖泊湿地群。

20 世纪 60 年代初至 70 年代末是海河流域天然湿地逐步消亡的时期。随着 60 年代中期降水的逐步减少、大量水库的兴建和水资源的大规模开发利用，海河出山口径流量减少，洪峰大幅度削减，对湖泊湿地的水分补给大量减少，造成了湖泊湿地的大面积萎缩。根据《海河流域水资源综合规划》，白洋淀等 12 个主要湿地水面面积由 20 世纪 50 年代的 2694km² 下降至 2000 年的 538km²（不含水田、鱼池），减少了近 80%。

20 世纪 80 年代后，随着对湖泊湿地生态服务功能的重视，开始对天然湿地湖泊进行人工补水，进入 21 世纪后依托天然湿地兴建了大量的人工水面，海河流域的湿地湖泊有所恢复，但总面积仍不到 20 世纪 50 年代的 40%。

白洋淀是海河平原上最大的湖泊，是在太行山前的永定河和滹沱河冲积扇交汇处的扇缘洼地上汇水形成，白洋淀近 50 年来水面面积的演变过程基本反映了海河平原湖泊湿地演变：从 20 世纪 50 年代开始湿地面积持续萎缩，到 80 年代面积已经萎缩 80%，之后由于采取人工补水等措施，水面面积逐步恢复。近 50 年来白洋淀水面面积的变化见图 5-12。

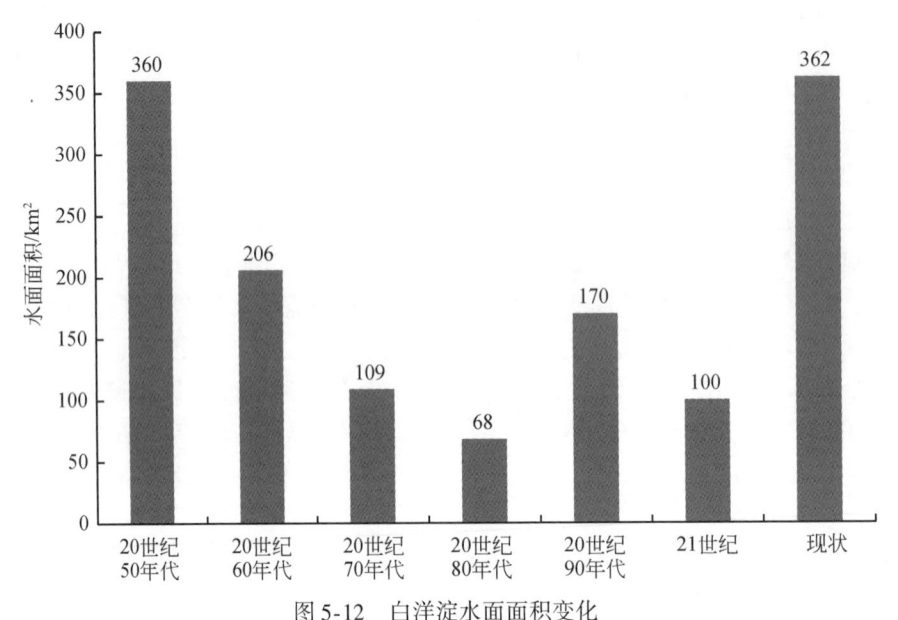

图 5-12 白洋淀水面面积变化

5.3.2.3 森林植被

海河流域山区在历史上是森林植被广泛分布的地区，太行山、燕山均以林木资源丰富享有盛名，但是历史上长期过量、掠夺性地采伐，使海河流域山区森林面积大量减少。相关历史文献记录表明，在隋唐时期，太行山森林覆盖率在 50% 左右，至元明时期已由 30% 降至 15% 以下，在清代则进一步的由 15% 降至 5% 左右，直到民国时期太行山区的森林覆盖率已经不到 5%。

受到长期战争的破坏，解放初期海河流域山区森林植被几乎消失，造成海河流域山区大面积的水土流失。在 20 世纪 50 年代，随着水土保持工作的深入，山区生态逐渐恢复，到 1957 年全流域的森林覆盖率达到了 4%。

1958 年"大跃进"期间，盲目砍伐树木、铲草皮、陡坡开荒、过度放牧等，给植被造成了严重的破坏，海河流域的森林植被被严重破坏，一直到 1963 年后随着国民经济条件的好转，人为破坏减少，森林植被才得到一定的恢复，森林覆盖率达到 6% 左右。

20 世纪 70 年代，在"文化大革命"期间，在"向荒山要粮"口号下，大量的劈坡造田，山区植被遭到严重破坏，虽然同期兴建了大量的基本农田，海河流域森林植被仍呈现衰减趋势。

进入 20 世纪 80 年代后，随着海河地区能源结构的调整，薪柴用量大幅度减少，同时水土保持工作的开展，对与山区植被保护加强，使海河流域山区森林植被有了一定的改善，在永定河上游、潮白河密云水库上游、滦河潘家口水库上游、太行山区等海河流域的主要山区均被列为国家水土流失治理区。进入90年代后，随着国家水土保持重点治理的全面开展，山区植被得到了很大恢复，到90年代末海河流域的森林覆盖率已经达到10.4%。

5.3.2.4 水利工程

受制于海河流域的水资源条件，为了满足快速增长的用水需求和防洪除涝的要求，海河流域在近50年间兴建了大量的水库、机井等水利工程，在满足海河流域供水需求的同时，也导致了一系列问题。

海河流域水利工程的大量兴建始于20世纪50年代，这一时期北京、天津等中心城市急剧扩展，为了不断满足用水的需求，海河流域水资源开发、利用程度、水利建设的投资和工程规模也超过了历史上的任何时期。1949~2000年的50年间，海河流域在各主要河流的上游陆续兴建了大中小型水库1900多座，其中大型水库31座，控制山区面积85%，总库容294亿m^3，控制海河流域径流量的95%。

水利工程在保障北京、天津等中心城市生活供水、全流域工农业供水和防洪安全方面发挥了重要作用。但是随着城市化进程加快，人口的快速增加和经济的高速发展，对水的需求量也急剧上升，同时水环境的污染日益加重。20世纪70年代以来，流域水环境蜕变速度加快（谭徐明和陈茂山，2001）。海河流域越来越多地遭遇水库无水可蓄、河流断流的情况。水环境的退化使水利工程效益普遍降低，使河湖水系调蓄功能下降，从而严重影响全流域的供水和防洪安全。在海河流域需水需求旺盛、水资源紧缺的条件下，造成了天然河道的干涸，形成了"有河皆干"的局面。

为了满足海河流域经济发展的需求，海河流域从1972年以后开始大规模开采地下水，截至目前年海河流域内共有井深小于120m的浅层地下水水井122万眼。井深大于120m的深层水井14万眼。按近年来实际供水量分析，浅层地下水年供水能力225.1亿m^3，深层水供水能力59.8亿m^3，超过地下水的开采量167亿m^3，造成了地下水超采，也形成了严重的地下水漏斗群。

5.3.3 气候和下垫面演变驱动下的天然径流演化

近百年来，随着海河流域降水、气温等气候因子的变化和流域下垫面条件的变化，海河流域的天然径流也发生了显著的变化，本小节以海河流域代表性水文站为例，分析海河气候变化和下垫面驱动下的海河流域天然径流演化过程，并对下垫面变化对降雨产流关系的影响进行定量分析。

5.3.3.1 百年尺度天然径流演化规律

选择滦河滦县站和子牙河南庄站为代表站，分析海河流域的滦河水系和海河南系近百年来天然径流演化过程。

滦县站1929年以来的天然径流演化过程见图5-13，从图中可以看出，滦县站径流近百年来整体上呈现衰减趋势，大致可以划分为三个阶段：①1947年前的平水期，多年平均径流量为45.7亿m^3；②1948~1979年的偏丰期，多年平均径流达到了50.0亿m^3；③1980年以来的持续枯水期，多年平均径流34.0亿m^3。

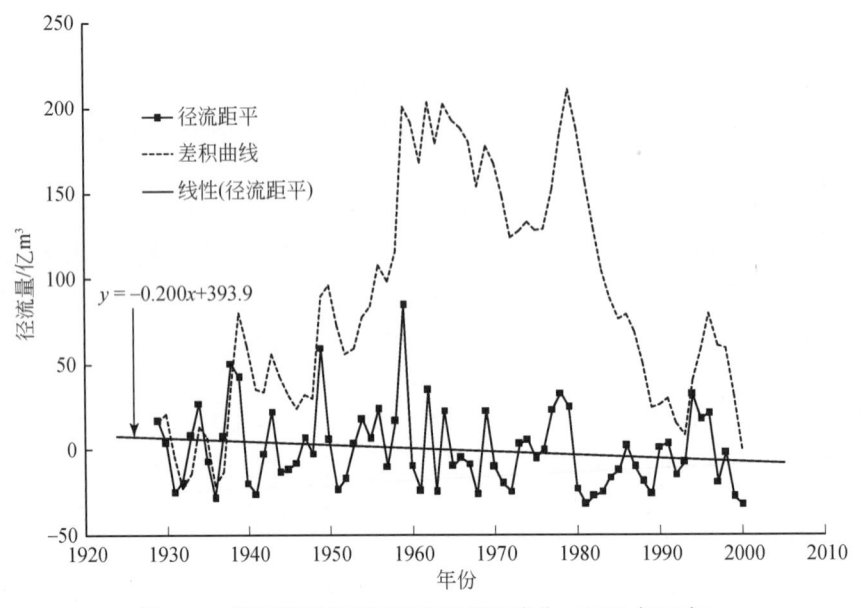

图5-13 滦河滦县站近百年天然径流演化（1929年至今）

对比同期降水量的演变过程，天然径流与降水的演化具有较好的同步性，在1947年前后两者均出现了一个明显的突变点，降水和天然径流在1947后均进入一个相对偏丰的时期。同时对比不同时期的降水量和天然径流量可以发现，海河流域下垫面对与天然径流也有显著的影响。以1998年为例，海河流域降雨量接近多年平均降雨量，但与1957~1985年系列多年平均水资源量相比，地表水资源量只有193亿m^3，减少27%，主要反映了下垫面变化的影响。

南庄站1956年以来的天然径流演化过程见图5-14，对比滦县站同期的径流演化过程，可以发现两站的径流演化趋势基本相同，但是南庄站径流衰减更为剧烈。在1956年至今的近50年中，南庄站径流量平均衰减速率为0.12亿m^3/a，相当于每年衰减同期平均年径流的1.5%，同期滦河径流的平均衰减速率为0.45亿m^3/a，相当于每年衰减同期平均年径流的1.1%。

5.3.3.2 海河流域下垫面变化对降雨产流关系的影响

近50年来，海河流域降雨下垫面发生了显著性变化，本节以海河流域水资源评价成果为基础，分析下垫面变化对海河流域降雨径流关系的影响。

海河流域降雨产流机制为超渗产流，即随着降雨量的增加，产流系数会随之增加，使用二次多项式模拟天然径流和降雨之间的关系比直线模拟更符合海河产流机制。对比

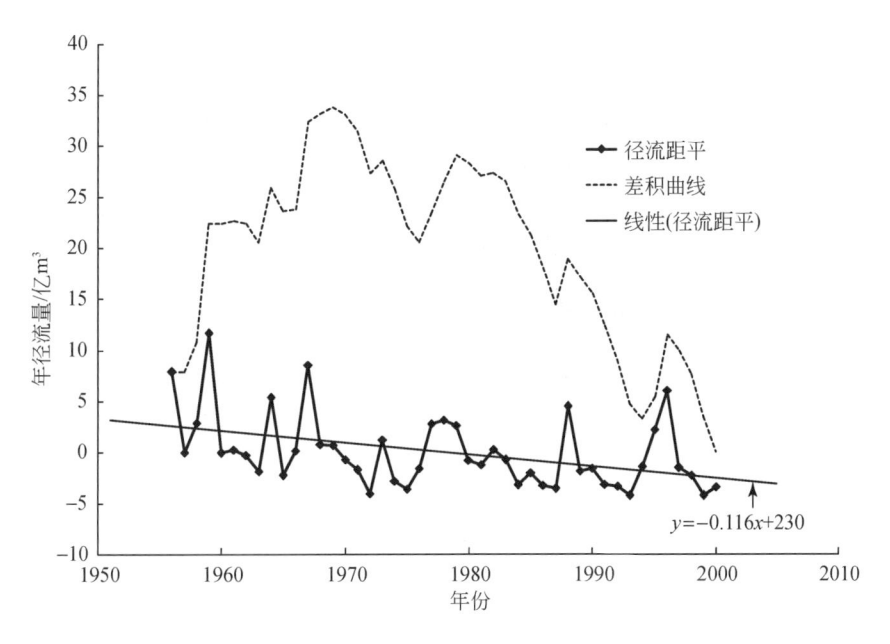

图 5-14　子牙河南庄站近 50 年天然径流演化（1956 年至今）

海河流域 1956~1979 年下垫面和 1980~2005 年下垫面的降雨径流关系（图 5-15）可以发现，在 1980~2005 年下垫面条件下，降雨径流关系曲线明显下移，表明在相同的降雨条件下，1980~2005 年下垫面条件下产生的天然径流显著少于 1956~1979 年的下垫面。对海河流域四个二级区不同下垫面条件下的降雨径流关系进行对比，也得到了类似的结论（图 5-16~图 5-19）。海河流域和各二级区在不同下垫面下拟合得到的降雨径流关系见表 5-13。

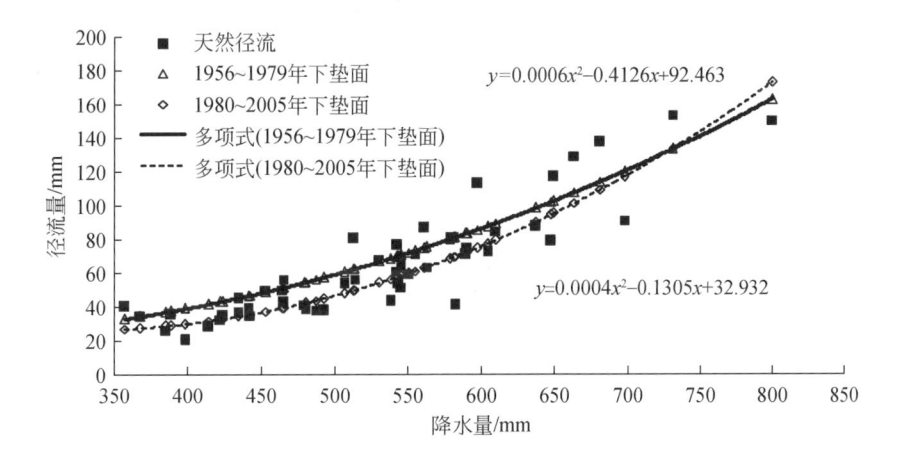

图 5-15　海河流域不同下垫面对降雨径流关系的影响

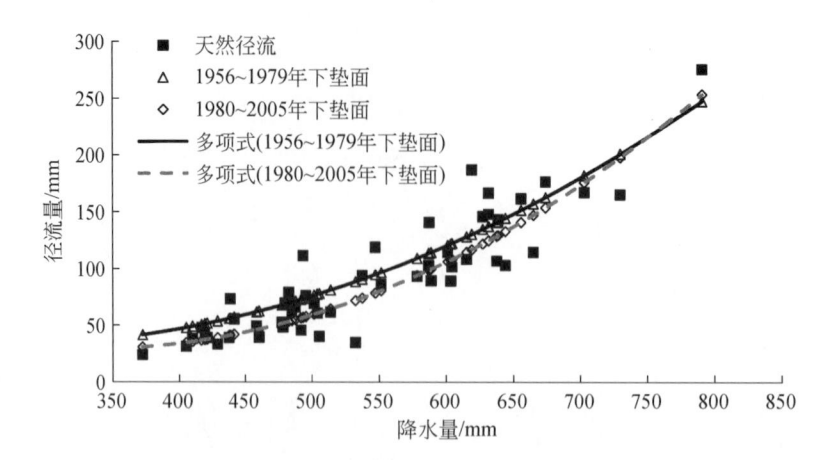

图 5-16　滦河及冀东沿海降水-径流关系曲线

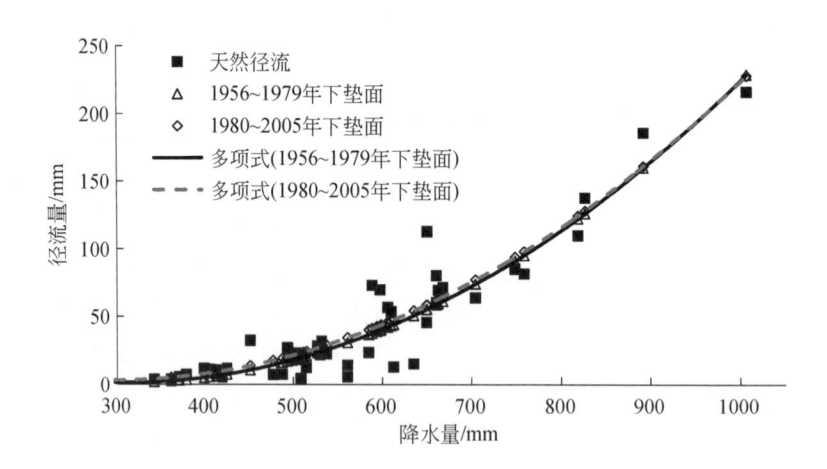

图 5-17　徒骇马颊河降水-径流关系曲线

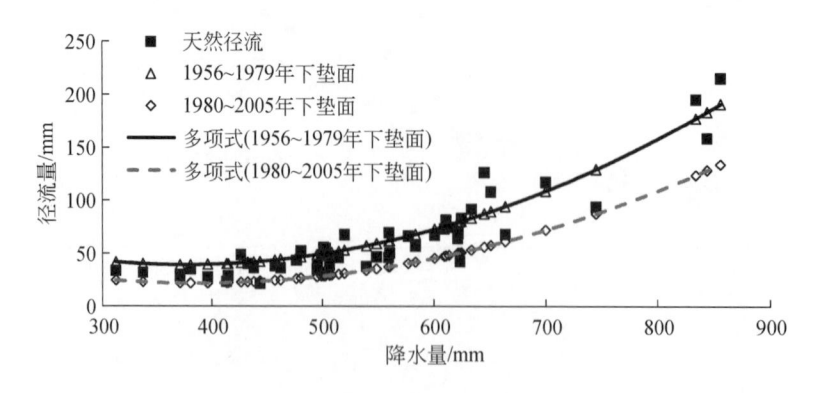

图 5-18　海河南系降水-径流关系曲线

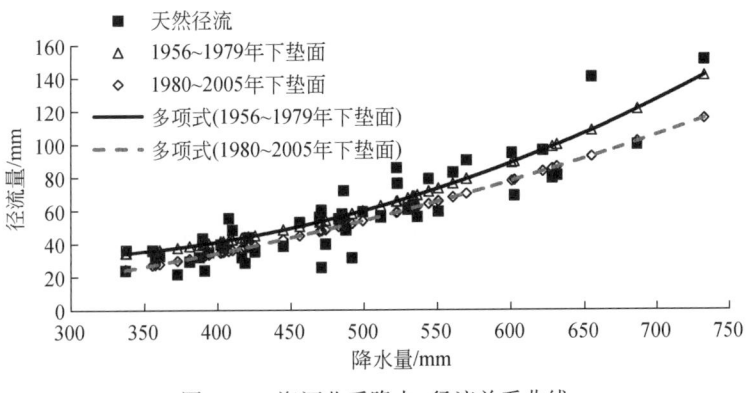

图 5-19 海河北系降水-径流关系曲线

表 5-13 海河流域和各二级区在不同下垫面下降雨-径流关系拟合系数

流域分区	1956~1979 年下垫面				1980~2005 年下垫面			
	常数项	一次项	二次项	R^2	常数项	一次项	二次项	R^2
海河流域片	32.93	−0.131	0.00037	0.85	92.46	−0.413	0.00064	0.86
滦河及冀东沿海	86.63	−0.411	0.00078	0.84	147.64	−0.713	0.00107	0.76
海河北系	63.04	−0.250	0.00049	0.85	−2.99	0.011	0.00021	0.65
海河南系	131.62	−0.492	0.00066	0.92	164.39	−0.692	0.00088	0.68
徒骇马颊河	46.68	−0.292	0.00047	0.87	42.20	−0.265	0.00045	0.91

类似地可以得到海河流域 1956~1979 年下垫面和 1980~2005 年下垫面的降雨与入海水量的关系（图 5-20），可以发现在 1980~2005 年下垫面条件下，相同降雨产生的入海水量显著下降。海河流域四个二级区不同下垫面条件下的降雨-入海水量关系进行对比，也得到了类似的结论。海河流域和各二级区在不同下垫面下拟合得到的降雨-入海水量关系见表 5-14。

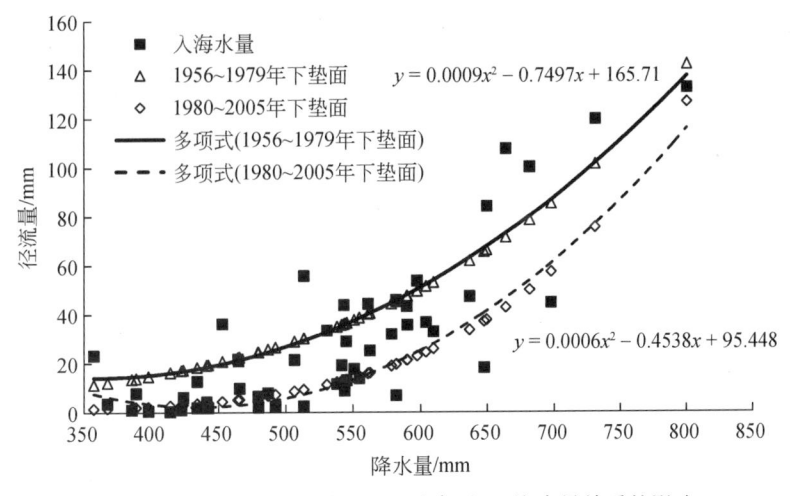

$$y = 0.0009x^2 - 0.7497x + 165.71$$

$$y = 0.0006x^2 - 0.4538x + 95.448$$

图 5-20 海河流域不同下垫面对降雨-入海水量关系的影响

表 5-14　海河流域不同下垫面下降水-入海水量关系

流域分区	1956~1979 年下垫面				1980~2005 年下垫面			
	常数项	一次项	二次项	R^2	常数项	一次项	二次项	R^2
海河流域片	-2.45	0.294	0.00365	0.96	-2.13	0.020	0.00419	0.90
滦河及冀东沿海	-9.57	0.798	0.00056	0.97	-5.21	0.045	0.00388	0.95
海河北系	-12.71	0.691	0.00018	0.86	9.26	-0.649	0.01299	0.87
海河南系	-18.95	0.562	0.00196	0.94	8.34	-0.361	0.00465	0.90
徒骇马颊河	-4.17	0.846	-0.00035	0.98	-9.94	1.062	-0.00211	0.87

根据拟合的不同下垫面条件下的降雨-径流关系和降雨-入海水量关系，可以反演得到不同下垫面条件下天然径流量和入海水量，见表 5-15。在 1956~2005 年历史降水条件下，1980~2005 年下垫面产生的多年平均的天然径流量仅为 196.3 亿 m³，入海水量仅有 61.7 亿 m³，相比 1956~1979 年下垫面分别衰减了 27.4% 和 49.3%。

表 5-15　下垫面变化对海河流域天然径流和入海水量影响

流域分区	降水量/mm	1956~1979 年下垫面		1980~2005 年下垫面		下垫面变化影响（减少量）			
		径流/亿 m³	入海/亿 m³	径流/亿 m³	入海/亿 m³	径流/亿 m³	入海/亿 m³	径流/%	入海/%
滦河和冀东沿海	541.7	99.4	76.4	85.7	35.8	13.8	40.6	40.9	53.1
海河北系	483.1	60.6	30.0	52.3	16.6	8.3	13.3	22.0	44.5
海河南系	544.4	67.7	30.5	61.4	12.7	6.3	17.9	26.4	58.5
徒骇马颊河	561.7	40.5	28.9	43.6	28.5	-3.1	0.4	1.1	1.5
海河流域片*	529.7	219.1	121.7	196.3	61.7	22.8	60.1	27.4	49.3
海河流域片#	529.7	223.8	123.5	191.9	56.9	31.9	66.6	29.8	54.0

* 四个二级区累加值；# 直接根据海河流域公式计算值

5.3.4　循环演化背景下的洪旱碱灾害演化规律

5.3.4.1　流域洪旱灾害演变

海河流域历史上是洪涝灾害多发的地区，由于海河流域大量水利工程的修建，流域调蓄能力增强，洪水灾害呈现显著的减少趋势。1949~2005 年曾发生特大洪灾三次（1956 年、1963 年、1964 年）、大洪灾六次（1953 年、1954 年、1961 年、1962 年、1977 年、1996 年），这些大洪灾基本都发生在 1980 年以前，1980 年以后仅有 1996 年一次大的洪灾。

华北干旱具有显著的年代际变化特征。就年平均而言，1951~1964 年华北地区为较湿润期，1965 年以后是一段较旱时期，1977 年以后，进入持续性干旱期（魏凤英，2004）。

同时，海河流域的干旱灾害却呈现明显的增加趋势。1949~1990年海河流域曾发生特大干旱三次（1965年、1972年、1986年），其中有一次发生在1980年后，大旱灾五次（1980年、1981年、1983年、1987年、1989年），均发生在20世纪80年代，进入21世纪后，海河流域干旱灾害更为频发，1997~2003年连续五年发生的干旱，在2008年华北地区再次发生了严重干旱。

5.3.4.2 海河流域盐碱灾害演变

海河流域盐碱地主要分布在沙壤、轻壤土质，地下水流滞缓，地下水温较高的中部冲积平原的浅层咸水区、冀鲁滨海地区和桑干河、沱河上游的山间盆地。

新中国成立前，海河流域有盐碱地226.67万 hm^2。至20世纪50年代末，在"以蓄为主"的方针指导下，流域内各省市大搞平原水库，引水灌溉，忽视排水，致使盐碱化迅速发展，造成大面积土地盐碱化。河北省1949~1957年的8年间，盐碱地面积一直稳定在87万 hm^2 左右，到1961年增加到118万 hm^2。其中，引黄河水灌溉的东风渠灌区，盲目发展种稻，打乱了原有的排水出路，导致邯郸、邢台地区大面积次生盐碱化，最后被迫平渠还田。

自1962年，海河流域的盐碱地由1949年的226.67万 hm^2 上升到333.33万 hm^2 左右，增长了47%，而且主要集中在冀、鲁二省。经过20多年的治理，到1990年，全流域盐碱地面积缩小到210.33万 hm^2，略低于新中国成立之初，已经治理了157.2万 hm^2，只有53.33万 hm^2 左右尚待治理。

5.4 本章小结

本章依据古气候、古地理、历史记载、植物孢粉和同位素等资料的研究发现：在万年尺度上，能量转换是海河流域水循环通量演变的内在动力，从总体趋势看，气温主导降水变化且正相关；仰韶温暖、湿润期的充分补给形成了第四纪承压地下水，海河流域现在超采的地下水基本是一万年以来的存货；水循环主导了海河流域水系及海陆格局的演变，中全新世频发的大洪水和宽阔稳定的河道将黄土高原和太行山的泥沙强有力地推进到渤海，形成了天津、黄骅、沧州等滨海平原；距今3000年以来，温凉偏寒期的小洪水在太行山前地带泛滥，改道形成了邯郸、邢台、石家庄、保定等山前平原。近1000年来，海河流域气候以寒冷干燥为主，明清间极寒特殊事件频发，降雨贫乏，湿地萎缩，地下水补给不足，水位下降，到1660年气温降到历史最低值，之后开始回升，现在气温大体位于平均值附近，比宋元时期要低很多，仍属于相对少雨期。近100年来，气候变化和人类活动导致的下垫面变化是水循环演变的主要原因。上述研究结论系统揭示了万年以来海河流域气温、降水及水系的演变成因与规律，对科学认识该地区目前的水循环和水资源现状具有重要意义。不同时间尺度水循环的具体演化规律总结如下。

(1) 万年尺度水循环演化规律

在前人研究成果的基础上，结合潮白河流域、沧州市地区的同位素及化学试验分析，得到如下主要结论，在万年尺度上，海河流域水循环的主要影响因素为温度和水系变迁：

1）温度和水循环系统之间能量交换与水分转移通量值成正相关。在气候温暖期，降雨量充沛，河流流量大，地下水补给充分，水循环系统之间能量交换与水分转移通量值大；相反，在气候寒冷期水循环系统之间能量交换与水分转移通量值小。

2）黄河的向南改道使海河水系得到独立，在黄河河道的南北迁移过程中，洪水对平原的冲积，一方面形成了多条河道，为流域水系改变创造条件；另一方面，洪水的泥沙在入海口不断沉积，形成滨海平原并不断扩大。

3）采用同位素方法对典型流域水资源的补给分析表明，有末次冰期期间或之前补给的古水、工业化前的全新世水、核爆前的全新世的无氚水和现代水。对沧州地区的地下水补给分析表明，埋深 5~15m 水样代表全新世当地降水补给，埋深 10~50m 的水样主要为全新世黄河河水补给，埋深 300~450m 的水样为晚更新世冰期古水，地下水滞留时间约在距今 2.5 万年前。

(2) 千年尺度水循环演化规律

基于多源数据同化资料，从流域气候变化、流域水旱灾害、流域人类活动及流域下垫面条件演变四个方面探索了海河流域水资源循环演变特征。

1）千年来流域气温变化呈现冷暖交替的现象，从 1660 年至今，气温开始回升，目前流域处在升温期，明确流域气候特点对于了解预测水循环趋势意义重大。

2）利用流域内 540 年的水旱灾害等级数据对流域的水旱灾发生规律的统计分析结果表明：在 1469~2008 年的 540 年间发生水旱灾年数和发生频率大致相同，但新中国成立后水旱灾害发生的频率大大加快，约为新中国成立前的 2.5 倍。在 17~18 世纪，海河流域经历了旱型—涝型的转变过程，进入 21 世纪，有再向旱型转变的趋势。

3）人口密度是人类活动强度的重要反映指标，华北平原的北部和西北部是汉民族与少数民族居住区的分界地带，是历代移民成边的地区。两汉时华北平原是当时人口密度仅次于关中平原，以魏晋时期为界，此前华北平原基本保持全国人口过半数的优势。唐代以后人口下降，至北宋金元时降至第二次人口最低点，明清人口开始回升，至清末人口密度超过每平方公里 100 人的水平。清末北京人口为 340 万人，天津为 190 万人，海河流域已经成为人口密集的地区，而今海河流域人口已达 1.32 亿人。

4）海河流域的下垫面条件在几千年中变化剧烈，流域植被覆盖率由最初的浓密落叶阔叶林植被演变成当今森林覆盖率不足 15%，人均占有林地面积低于全国水平，水土流失面积达 17 000km^2，占总面积的 1/3 左右。

5）从历史上看，海河流域的湖泊洼淀基本上呈萎缩、消亡的发展趋势，特别是近一两百年沿着这种趋势演变得越来越快。海河流域下垫面条件的恶化势必带来很大的水资源问题，这将是今后水资源工作的一大重点。

(3) 百年尺度水循环演化规律

近百年来，在海河流域气候演变和人类活动的共同作用下，海河流域水循环呈现以下演化规律：

1）近百年来，海河流域年降水量整体上有缓慢上升趋势，但检验并不显著，降水的季节分布从1979年后呈现主汛期（7~9月）持续减少，春季（3~5月）降雨持续增多的趋势。降水演变在百年尺度上有一个约80年的丰枯周期，有明显的5年和22年周期，根据气候模式预测结果和降水周期演变规律分析，海河流域未来降水将结束自1997年以来的连续枯水期，进入一个平水期或者丰水期，使海河流域进入一个暖湿的演化阶段。

2）近百年来，海河流域天然径流和入海水量整体上呈衰减趋势，1980年以后这种衰减趋势更为明显。由于天然径流和入海水量的衰减主要是由于下垫面条件变化引起的，即使未来海河流域降水有一定幅度的增加，天然径流和入海水量也很难再恢复到历史平均水平。

3）近50年来，海河流域洪水灾害显著减少，干旱灾害显著增多，在未来气候变化情境下，由于气温升高导致的气候系统稳定性下降可能使海河流域出现更多的暴雨和连续干旱，但是由于海河流域水利工程调蓄能力很大，未来发生全流域洪灾的可能性较小，在气候整体趋于暖湿的条件下，长期干旱出现的概率也会有所下降，但是局部地区的山洪和极端干旱出现的概率可能会有所增加。

4）近50年来，海河流域的森林植被有所恢复，在未来气候趋于暖湿的条件下，天然植被可望进一步改善，同时由于生态环境保护意识的增强，人工林草地面积也会有较大增长，未来海河流域的森林植被情况将进一步改善。

第6章 海河流域水资源演变规律

流域水循环演化主要表现为水循环基本要素及其相互转化关系的演化，海河流域最近50年来，随着人类活动的加剧，社会水循环成为水循环系统中重要组成部分，海河流域二元水循环演化中除了人类活动的影响成为一个重要的驱动因子，还体现在对下垫面的改造引起的降水径流关系的改变和需水增长引起的社会水循环要素改变两个方面。同时，近50年来海河流域的气候变迁也驱动了海河流域降水、气温等主要气象因子的变化，改变了海河水循环的气象输入，驱动了海河流域水循环的演化。本章从50年尺度的气候变化和人类活动这两个海河流域水循环演化的主要驱动因子的演化出发，对海河流域二元水循环的主要要素及相互转化关系的演化进行分析。

6.1 海河流域水循环要素演变

近百年来，海河流域的气象水文要素均发生了巨大的变化，降水、气温、径流、蒸发能力均发生了一定程度的变化。本节主要通过对海河流域具有代表性站点及整个海河流域的降水、气温、径流、蒸发能力的年际和季节变化情况进行分析，揭示海河流域近百年来各主要气象水文要素的演变情况。

6.1.1 降水

近百年来，海河流域年降水流量整体上呈现缓慢上升的趋势，以保定站1914~2008年的降水资料为例，年降水量平均增速为5.6mm/10a，相当于1.1%/10a，见图6-1。同时，海河流域年降水量具有显著的年代际变化特征。以保定站为例，百年来降水在1947年存在一个显著的突变，将降水划分为两个阶段：①1947年前的偏枯期，年平均降水量为445mm；②1947年后的偏丰期，年平均降水量为545mm。其中1947年以前又可以进一步划分为"枯—平—枯"三个子阶段，1947年后也可以进一步划分为"丰—平—枯"三个子阶段，形成了海河流域近一个80年的丰枯周期（表6-1）。

表6-1 保定站降水阶段划分

阶段划分	子阶段划分	时段	平均降水量/mm
偏枯期	枯水期	1914~1922年	393
	平水期	1923~1933年	535
	枯水期	1934~1947年	409
偏丰期	丰水期	1948~1964年	662
	平水期	1965~1996年	528
	枯水期	1997~2006年	387

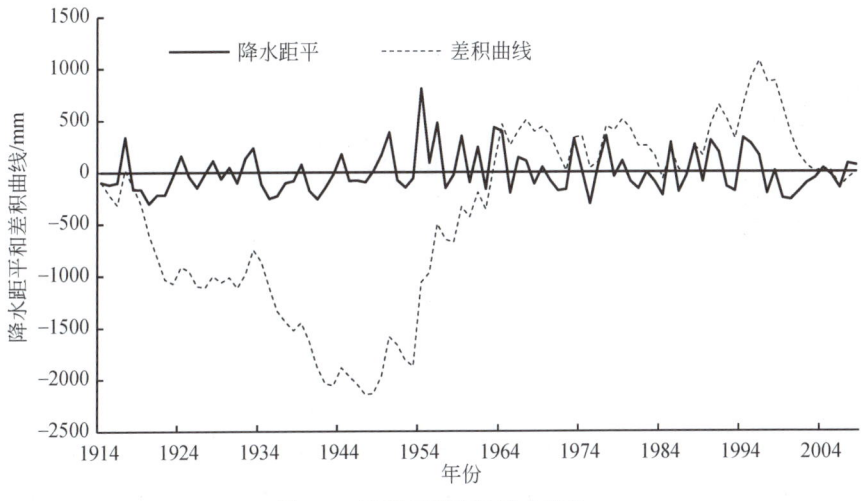

图 6-1 近百年保定站降水变化

近 50 年来（1961～2010 年），海河流域多年平均降水量为 520.5mm，其中，春、夏、秋、冬四季多年平均降水量分别为 71.1mm、347.8mm、89.9mm 和 11.6mm。降水量多集中于夏季，约占全年降水量的 66.8%。从空间分布来看，海河流域平原地区降水量高于山区降水量，年降水量较为丰沛的地区主要集中在滦河下游地区、北四河下游平原地区和徒骇马颊河地区（图 6-2）。由于夏季降水量占年降水量的比例较大，因而夏季降水量的空间分布特征与年降水量的空间分布特征较为一致，而其他季节的降水空间分布则与之存在一定的差异性，春、秋、冬三季，降水量相对较大的地区主要位于漳卫河流域（图 6-3）。

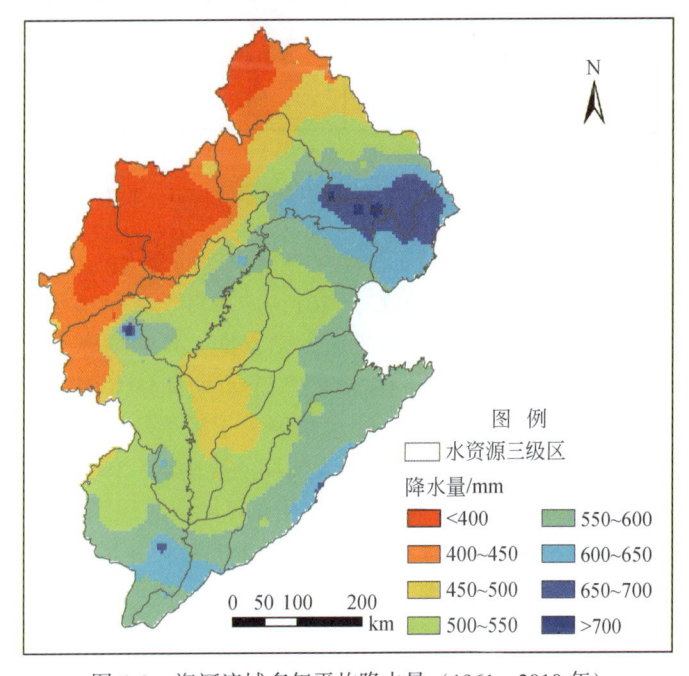

图 6-2 海河流域多年平均降水量（1961～2010 年）

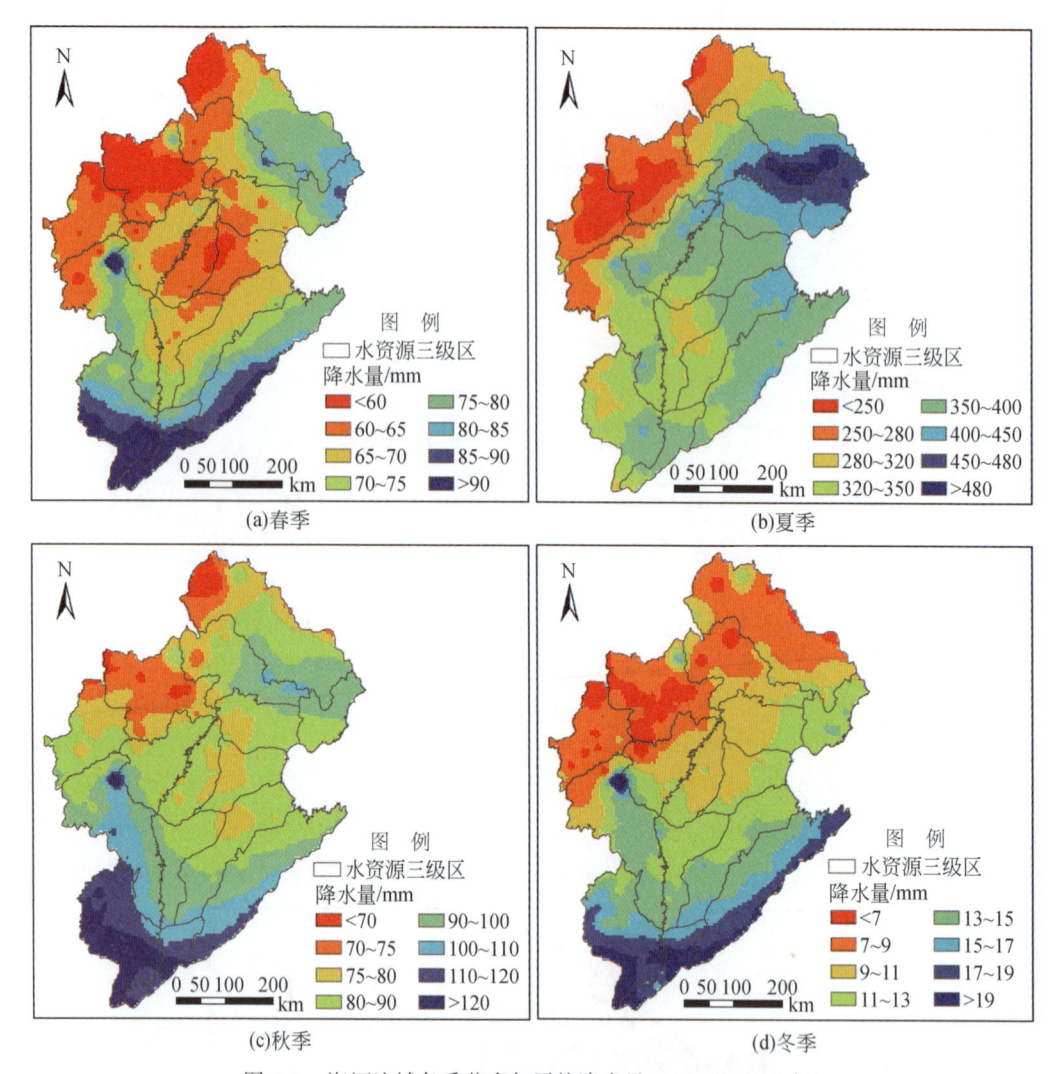

图 6-3 海河流域各季节多年平均降水量（1961～2010 年）

  1961～2010 年，海河流域的降水特征发生了一定程度的变化，主要体现在年均降水量的年际变化和季节性变化上。由图 6-4 可知，1961～1975 年为海河流域的丰水期，年平均降水量为 546.6mm，1976～2010 年为海河流域的枯水期，年平均降水量为 509.2mm，相对于 1961～1975 年而言减少了 37.4mm（6.8%）。丰水期和枯水期阶段又有着各自的特征，在丰水期前半段（1970 年以前）的年降水量要大于后半段的降水量。而在枯水期存在的特征则更为明显，大体呈现出一个以十年为周期的震荡期，1980～1989 年降水量相对较少，而 1990～1999 年降水量较多，而 1999～2010 年海河流域降水量又变得相对较少。在空间上，海河流域大部分地区的年降水量表现出减少的趋势，其中滦河下游平原地区降水量减幅较大，1961～2010 年，年降水量减幅在 30mm/10a 以上，此外，北四河下游平原地区和大清淀东平原地区年降水量的减幅也较大（图 6-5）。

  海河流域的降水量同时存在着显著的季节变化特征，春季降水量却呈现出增加的态

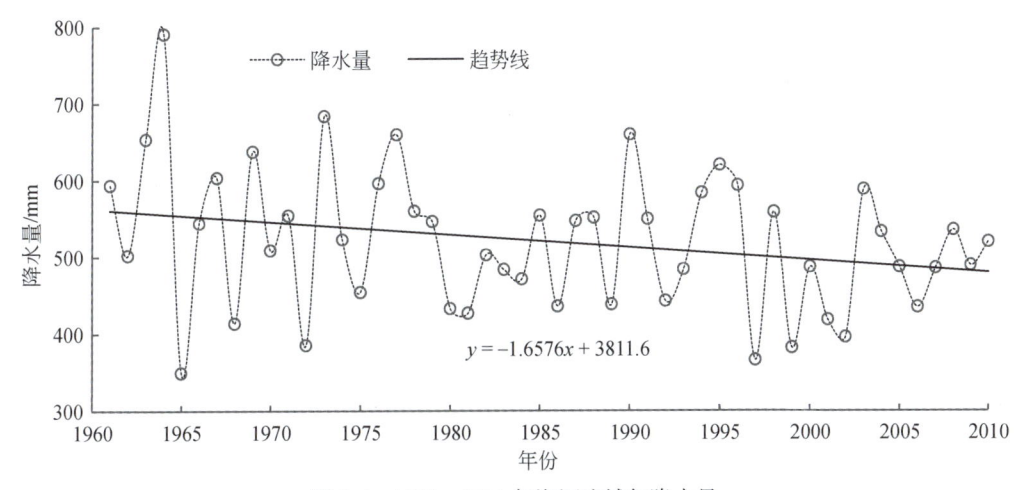

图 6-4　1961~2010 年海河流域年降水量

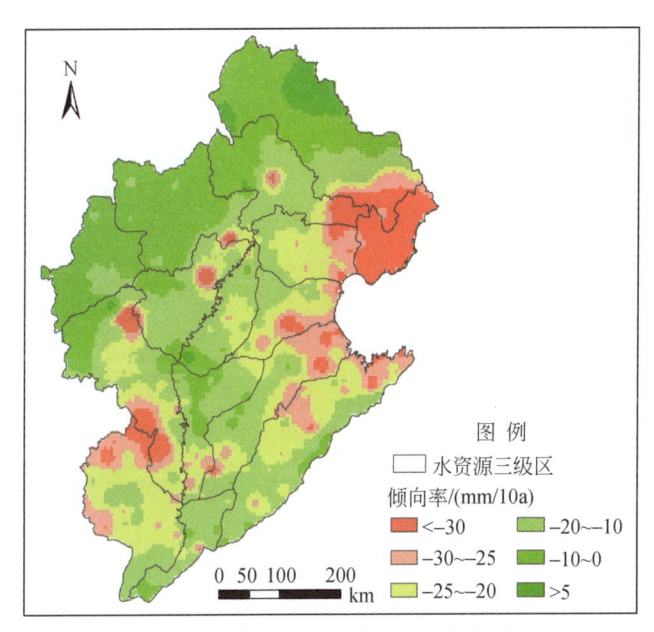

图 6-5　海河流域年变化空间分布图

势，1961~2010 年春季降水量增加幅度约为 2.9mm/10a。其中，在滦河山区和北三河山区增幅相对较大，大部分地区降水量的增幅能达到 5mm/10a 以上；夏季降水量呈现出一定的减少态势，1961~2010 年夏季降水量减少幅度约为 19.4mm/10a，其中，滦河下游地区及海河北系平原地区夏季降水量减少幅度较大，其减幅在 20mm/10a 以上；秋季降水量整体上变化不大，但存在较为明显的南北差异性，南部地区秋季降水量普遍呈现出减少的趋势，但在北部地区，降水量却表现出增加的趋势；冬季降水量整体上变化较小，空间上的差异性也不大（图 6-6、图 6-7）。

(a) 春季降水量

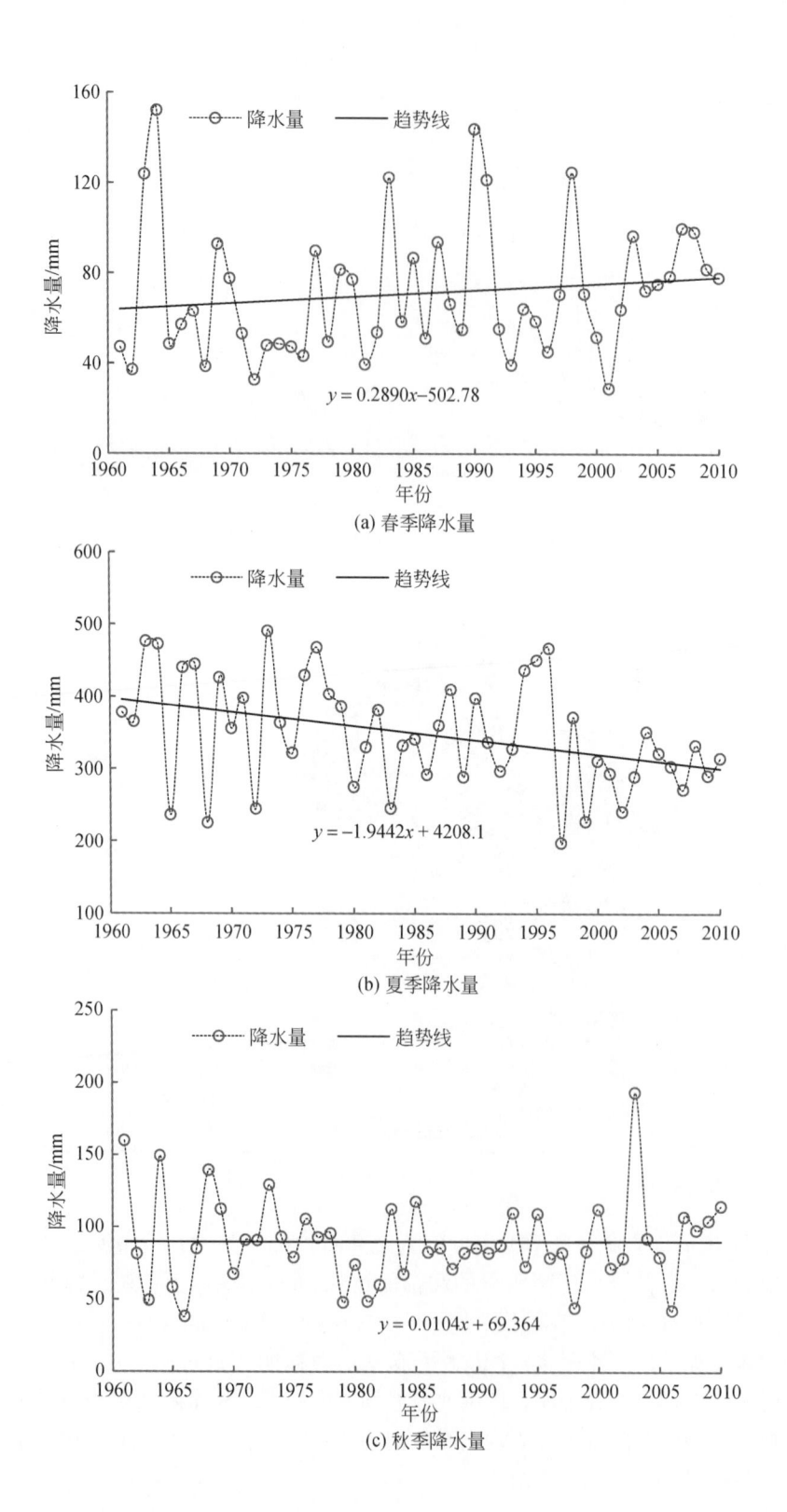

$y = 0.2890x - 502.78$

(b) 夏季降水量

$y = -1.9442x + 4208.1$

(c) 秋季降水量

$y = 0.0104x + 69.364$

第 6 章 | 海河流域水资源演变规律

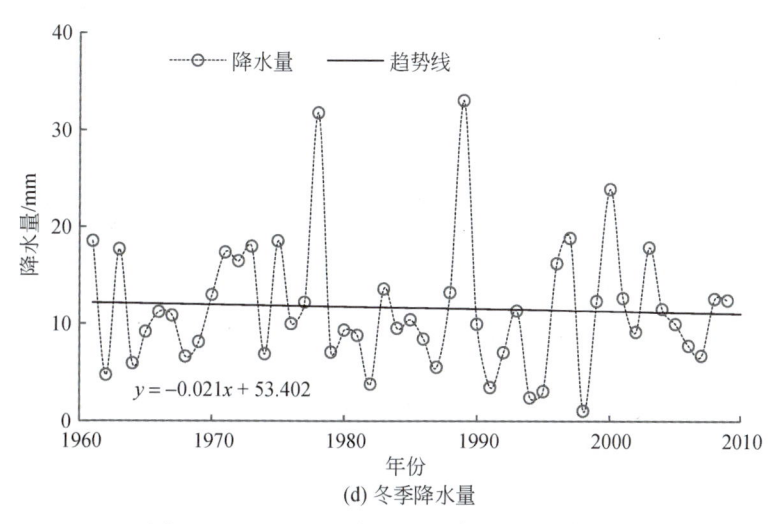

$$y = -0.021x + 53.402$$

(d) 冬季降水量

图 6-6　1961~2010 年海河流域不同季节降水量

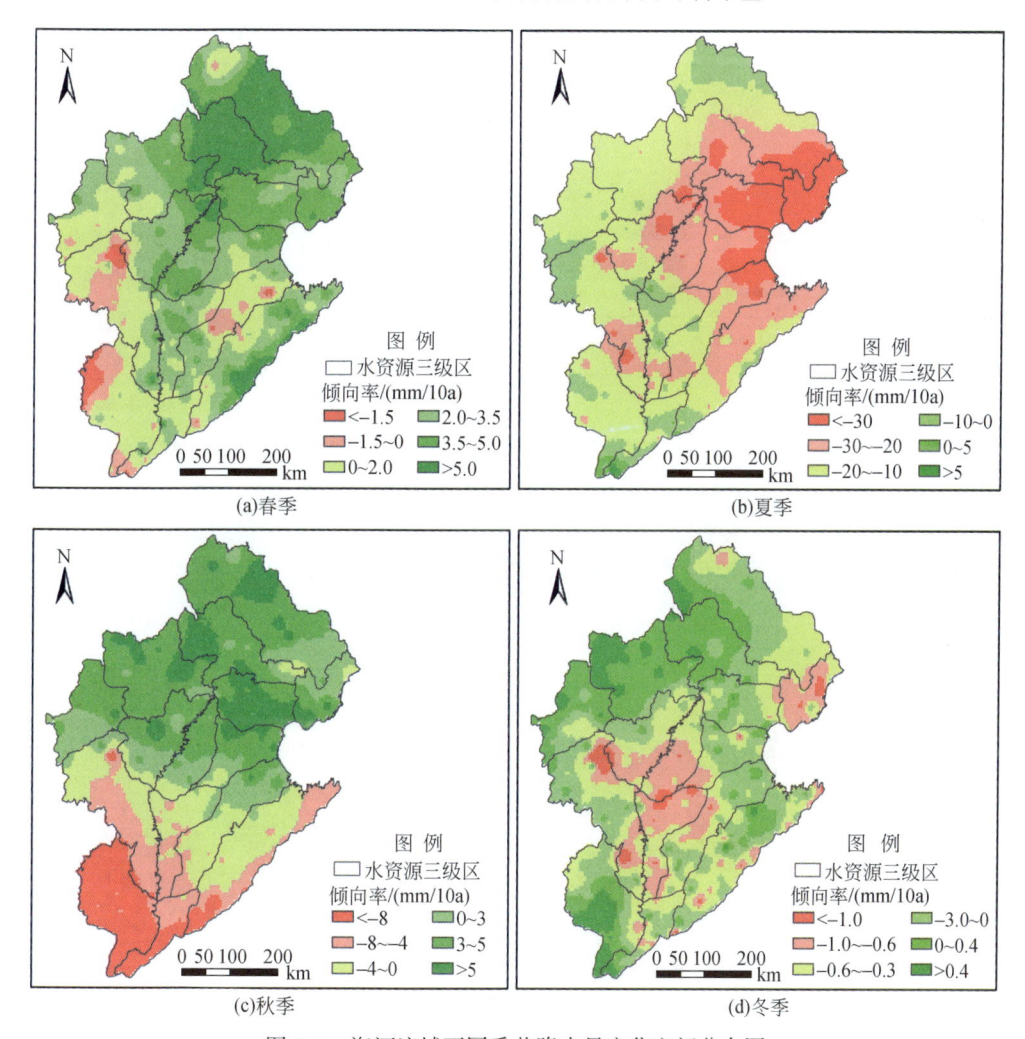

(a) 春季　　(b) 夏季　　(c) 秋季　　(d) 冬季

图 6-7　海河流域不同季节降水量变化空间分布图

| 133 |

6.1.2 温度

1961~2010年，海河流域多年平均气温为9.4℃。其中，春、夏、秋、冬四季多年平均气温分别为10.5℃、22.6℃、9.8℃和-5.3℃。年均气温从西北向东南逐渐递增，海河流域平原地区年均气温普遍在11℃以上，而山区年均气温一般在3~9℃（图6-8）。各季节平均气温的空间分布特征与年均气温基本一致，均表现出山丘区偏低，而平原区偏高的特征（图6-9）。

1961~2010年海河流域的气温也发生了显著地变化，年平均气温呈现显著的增加趋势（图6-10）。其中1961~1993年温度相对较低，年平均气温为9.1℃。而1994~2010年海河流域的温度呈现明显上升的趋势，年平均气温显著增高，该时段内年均气温为10.0℃，相对于1961~1993年而言增加了约1℃。在空间上，海河流域年均气温均呈现出增加的态势，但温升幅度存在空间上的差异性，北部地区（如海河北系和滦河流域）温升幅度较南部地区高，尤其是海河北系，1961~2010年，温升幅度普遍在0.3℃/10a以上(图6-11）。

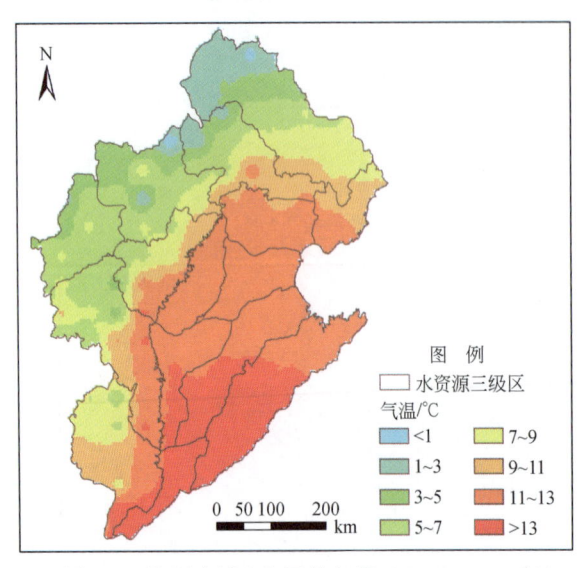

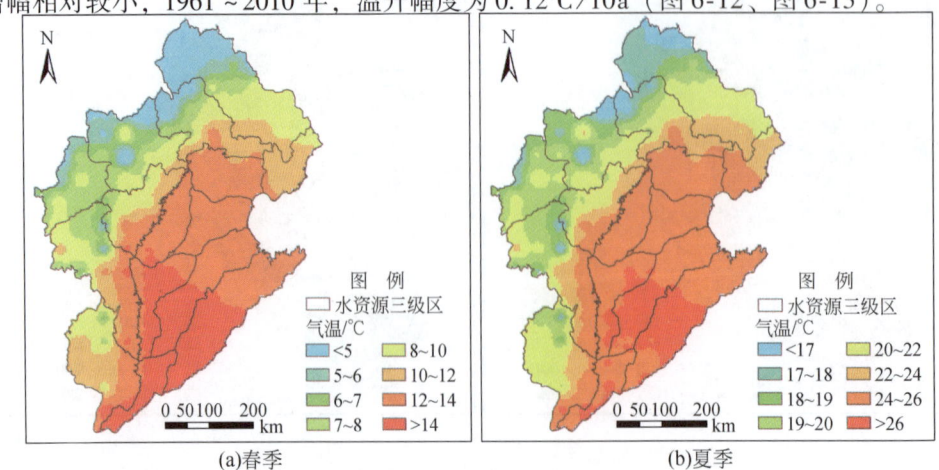

图6-8 海河流域多年平均气温（1961~2010年）

不同季节气温的变化以冬季最为明显，1961~2010年，温升幅度高达0.55℃/10a，其中，永定河上游地区和滦河上游地区增温较为显著。春、秋两季温升幅度整体上一致，但空间分布上存在明显的差异，其中，春季温升高值区出现在滦河上游、北四河下游平原和大清河淀东平原，秋季温升高值区出现在滦河上游和北三河山区；夏季气温增幅相对较小，1961~2010年，温升幅度为0.12℃/10a（图6-12、图6-13）。

(a)春季　　(b)夏季

(c)秋季 (d)冬季

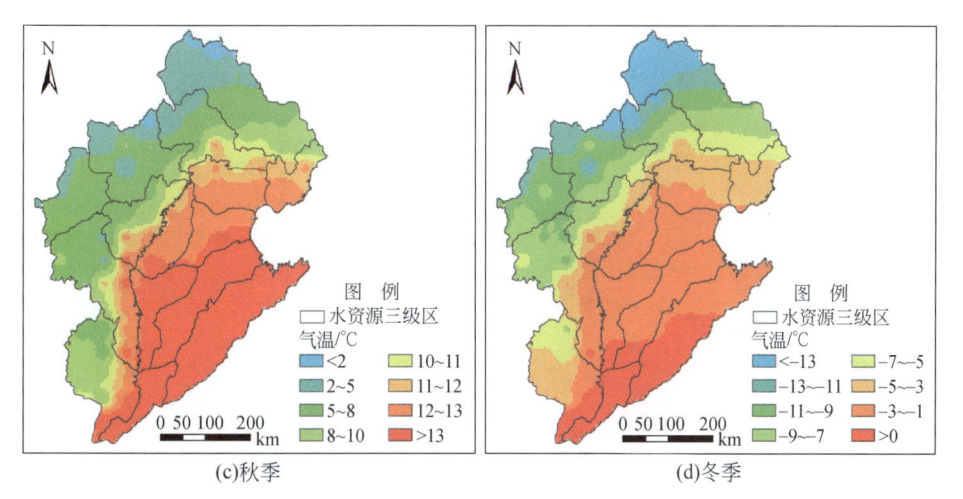

图 6-9　海河流域不同季节多年平均气温（1961~2010 年）

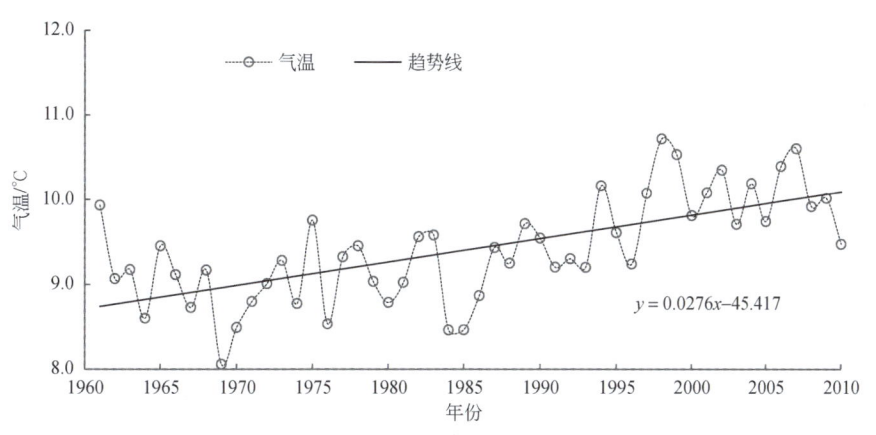

$y = 0.0276x - 45.417$

图 6-10　1961~2010 年海河流域年均气温

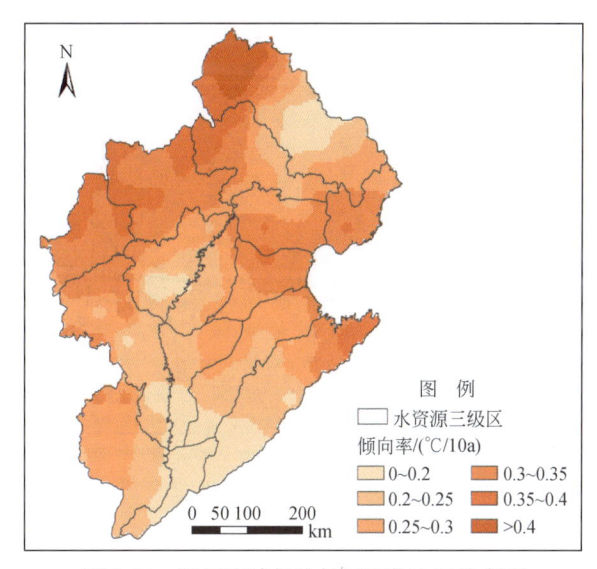

图 6-11　海河流域年均气温变化空间分布图

(a) 春季气温

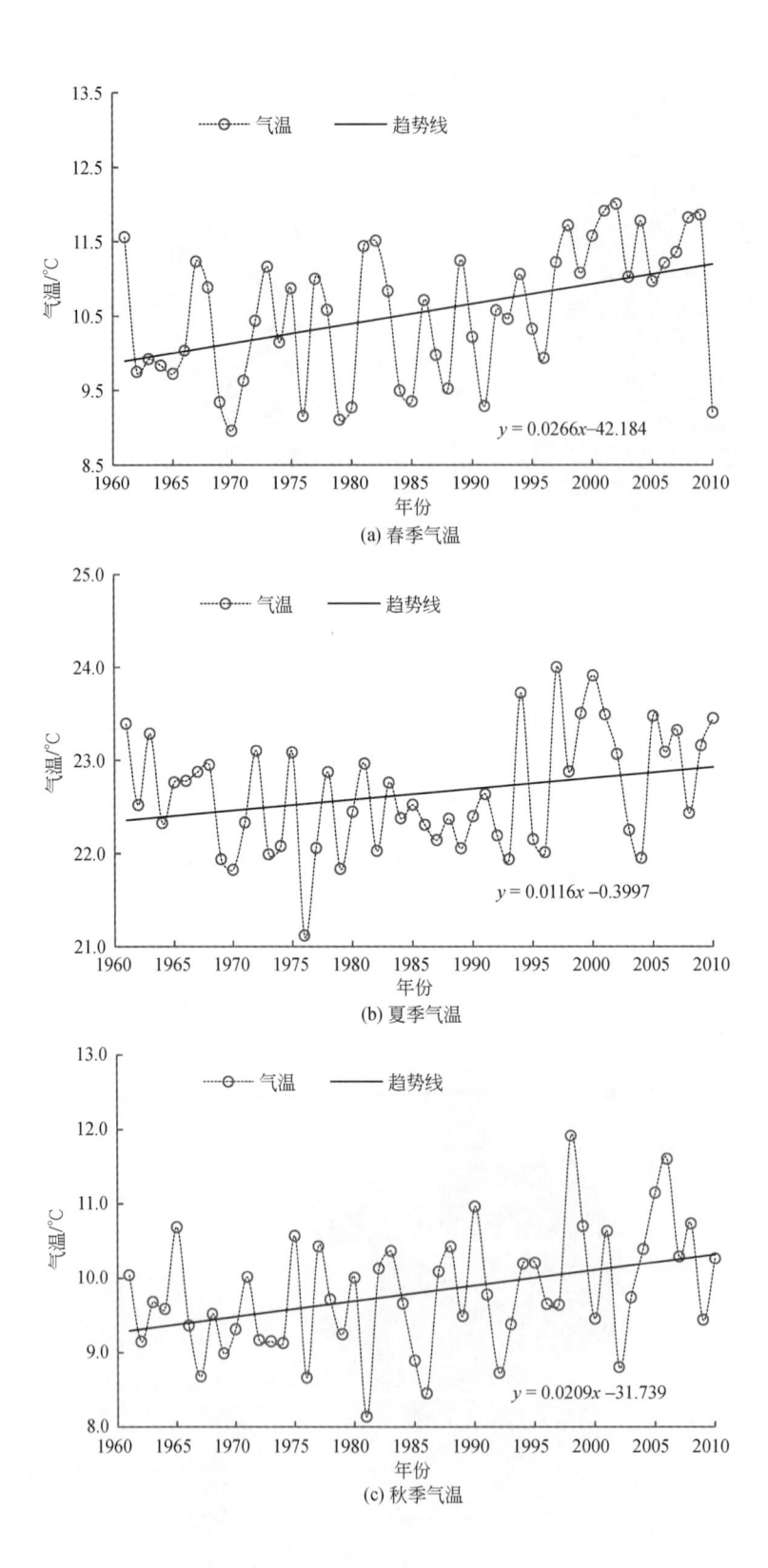

(b) 夏季气温

(c) 秋季气温

第 6 章 | 海河流域水资源演变规律

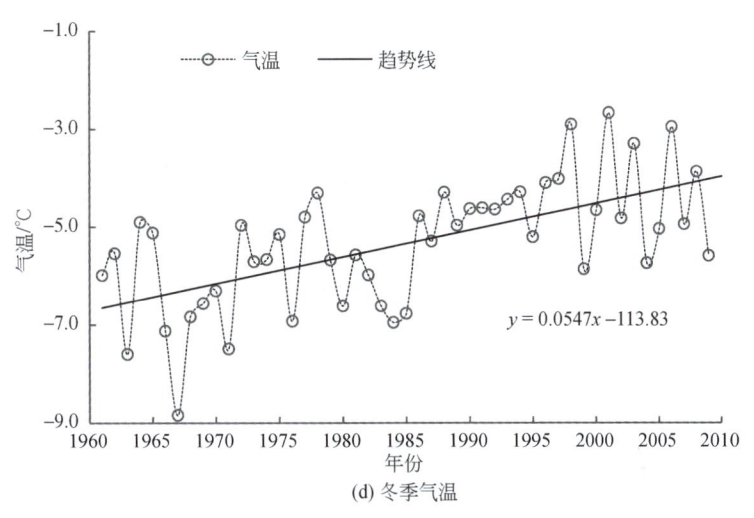

$y = 0.0547x - 113.83$

(d) 冬季气温

图 6-12　1961～2010 年海河流域各季节气温

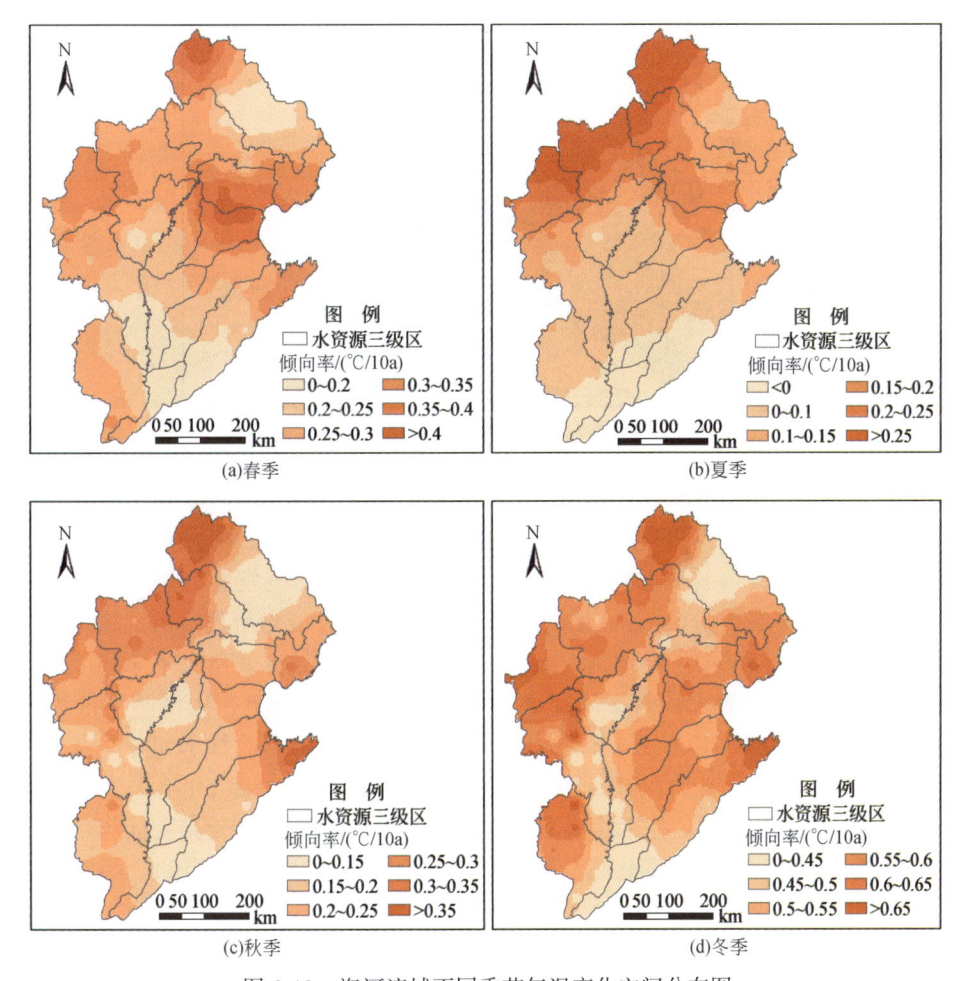

(a) 春季

(b) 夏季

(c) 秋季

(d) 冬季

图 6-13　海河流域不同季节气温变化空间分布图

6.1.3 蒸发能力

　　1961～2010年，海河流域多年平均蒸发能力为1063.5mm。其中，春、夏、秋、冬四季多年平均蒸发能力分别为350.0mm、420.0mm、201.5mm和92.0mm。春季和夏季蒸发能力占全年比重较大，分别为32.9%和39.5%。从空间分布来看，海河流域平原地区蒸发能力大于山区，但空间上的差异性并不大（图6-14）。四季蒸发能力的空间分布特征与年蒸发能力的空间分布特征较为一致，均表现为平原区蒸发能力大，山丘蒸发能力相对较小的特点（图6-15）。

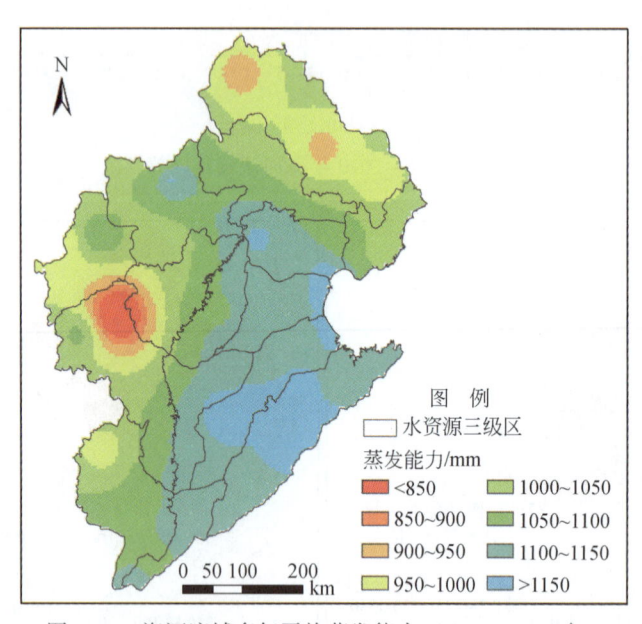

图6-14　海河流域多年平均蒸发能力（1961～2010年）

　　在气候变化背景下，近50年来海河流域的蒸发能力也发生了显著的变化。海河流域1961～2010年蒸发能力年际变化情况见图6-16，从图中可以看出在大多数年份海河流域年蒸发能力稳定在1000～1200mm，1961～2010年，流域整体蒸发能力呈现出一定程度的减少趋势，其下降速率约为6.2mm/10a。从空间上看，蒸发能力呈现出山区增加、平原区减少的特点。其中，滦河中下游地区、大清河淀东平原、黑龙港及运东平原和漳卫河平原蒸发能力下降幅度相对较大，其下降速率普遍在10mm/10a以上，山区蒸发能力虽然减少，但幅度并不大（图6-17）。蒸发能力的季节性变化不显著，秋季和冬季蒸发能力相对稳定，春季和夏季蒸发能力存在一些波动，但夏季变幅较大，近50年来平均下降速率约为5.0mm/10a（图6-18）。空间上春夏两季蒸发能力的变化趋势分布特征与年尺度上较为一致，而秋冬两季蒸发能力变化趋势的空间差异性相对较小（图6-19）。虽然海河流域整体蒸发能力呈现出下降的趋势，但在1990年前后有一个较为明显的转折，1961～1990年，蒸发能力呈现出下降的趋势，平均下降速率为22.0mm/10a，1990年后则表现出增加的趋势，其平均增加速率为11.1mm/10a。

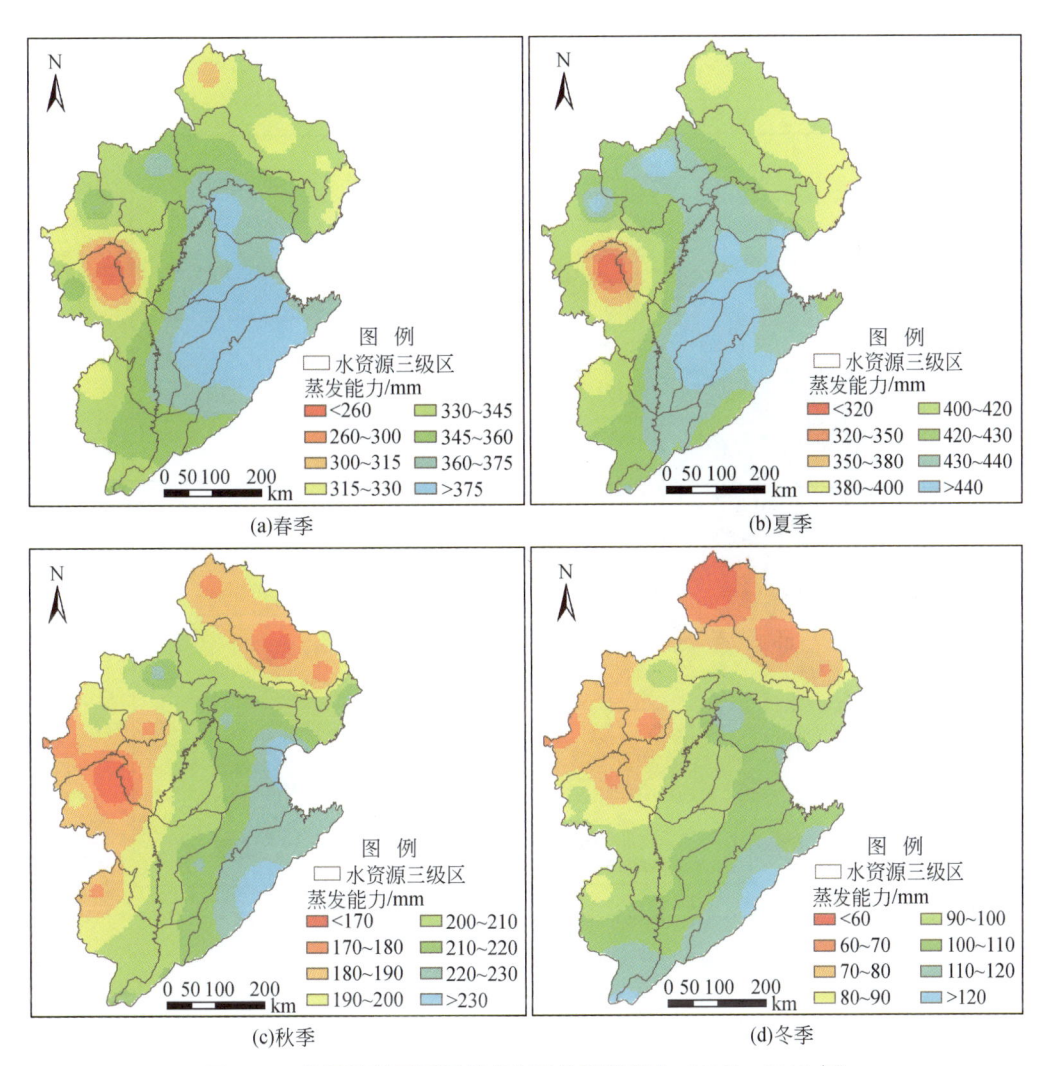

图 6-15　海河流域不同季节多年平均蒸发能力（1961~2010 年）

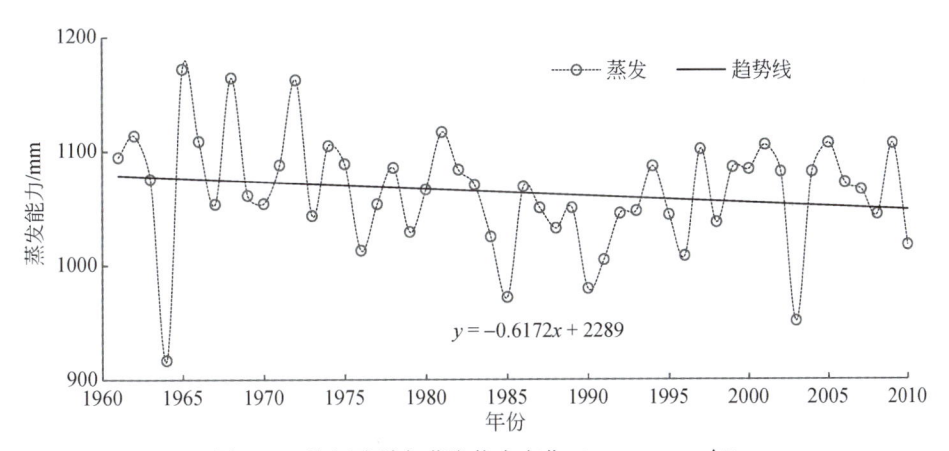

图 6-16　海河流域年蒸发能力变化（1961~2010 年）

$y = -0.6172x + 2289$

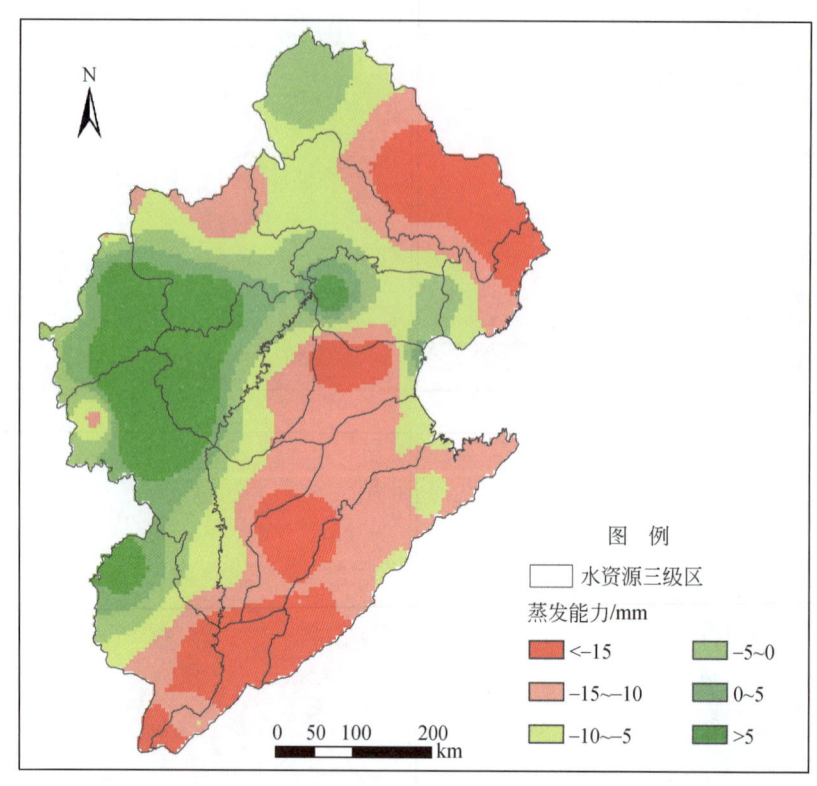

图 6-17　海河流域年蒸发能力变化空间分布图

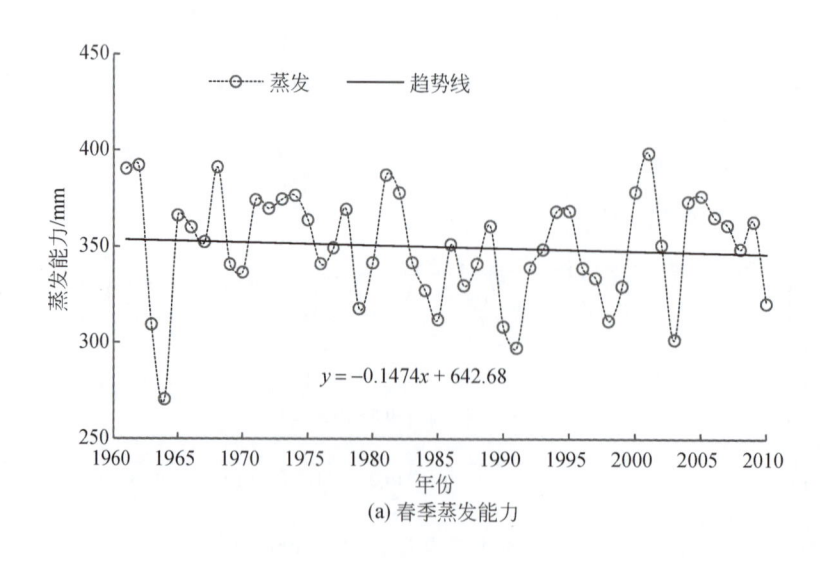

$$y = -0.1474x + 642.68$$

(a) 春季蒸发能力

(b) 夏季蒸发能力

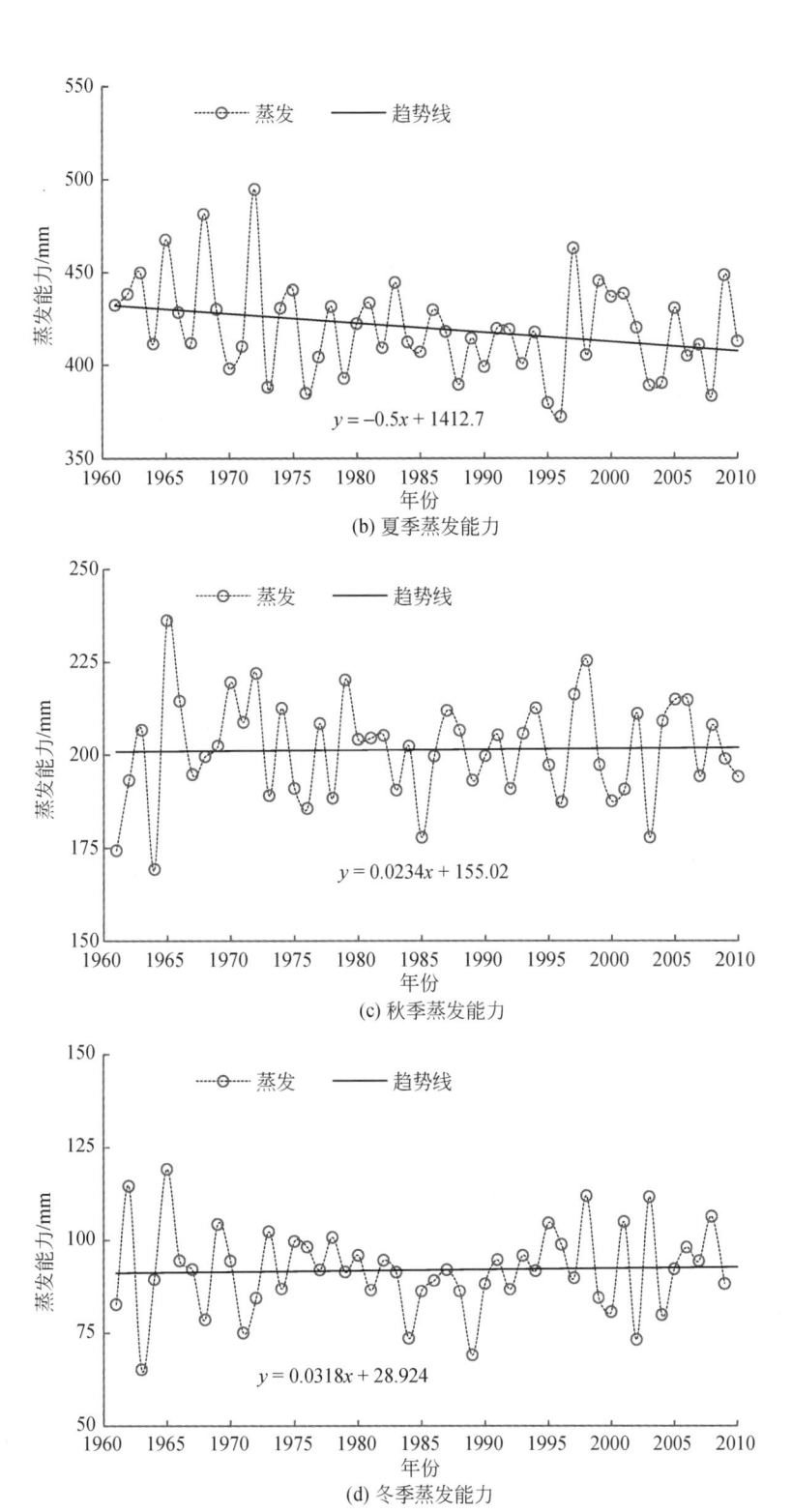

$y = -0.5x + 1412.7$

(c) 秋季蒸发能力

$y = 0.0234x + 155.02$

(d) 冬季蒸发能力

$y = 0.0318x + 28.924$

图 6-18 海河流域不同季节蒸发能力变化（1961~2010 年）

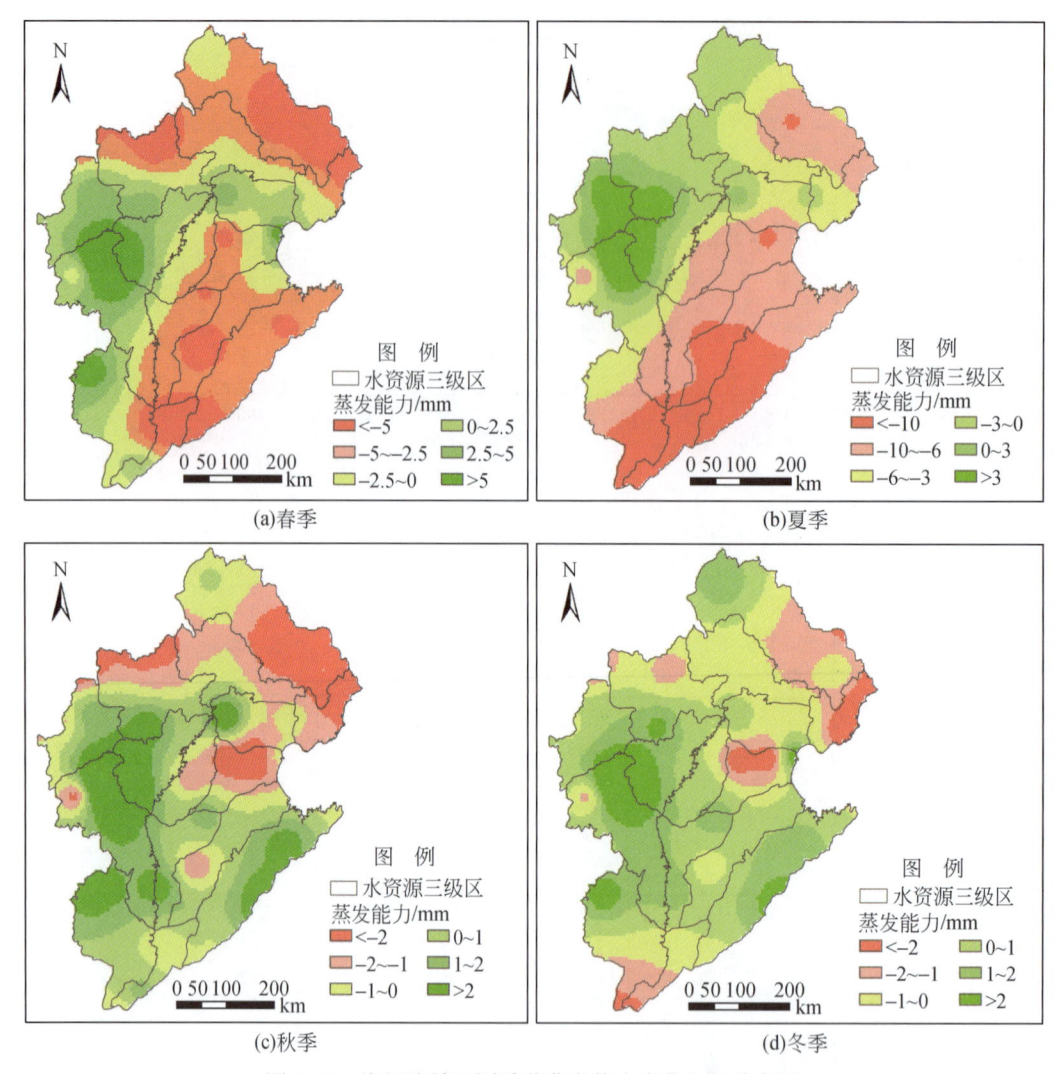

图 6-19 海河流域不同季节蒸发能力变化空间分布图

6.2 海河流域水资源演变规律

6.2.1 地表水资源演变规律

近 50 年来，随着海河流域降水、气温等气候因子的变化和流域下垫面条件的变化，海河流域的天然径流也发生了显著的变化，本节选取观台站、黄壁庄水库站、西大洋水库站、册田水库站、官厅水库站、承德站、潘家口水库站和滦县站为代表站（图 6-20），分析海河流域 1956~2000 年天然径流演化过程。

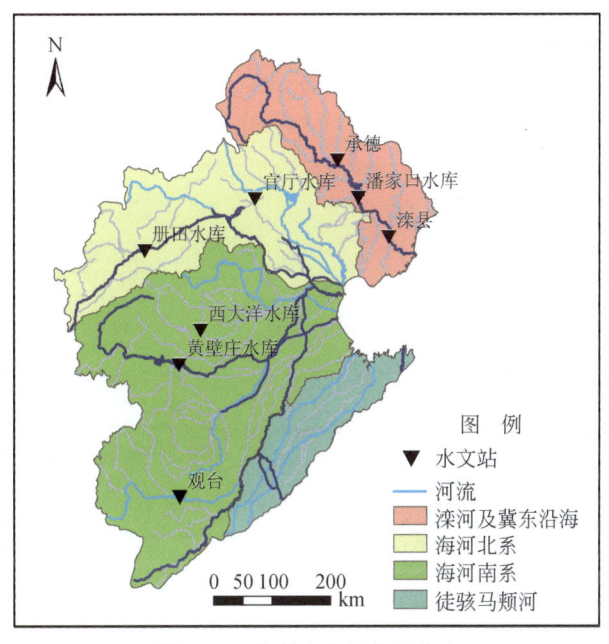

图 6-20 典型水文站空间分布

（1）观台站（漳河）

1956~2000 年观台站径流量整体上呈现衰减趋势，径流量平均衰减速率为 3.76 亿 m³/10a。1956~1962 年为平水期，多年平均径流量为 18.7 亿 m³；1963~1977 年为偏丰期，多年平均径流量达到了 21.3 亿 m³；1978~2000 年为枯水期，平均径流量 10.3 亿 m³（图 6-21）。

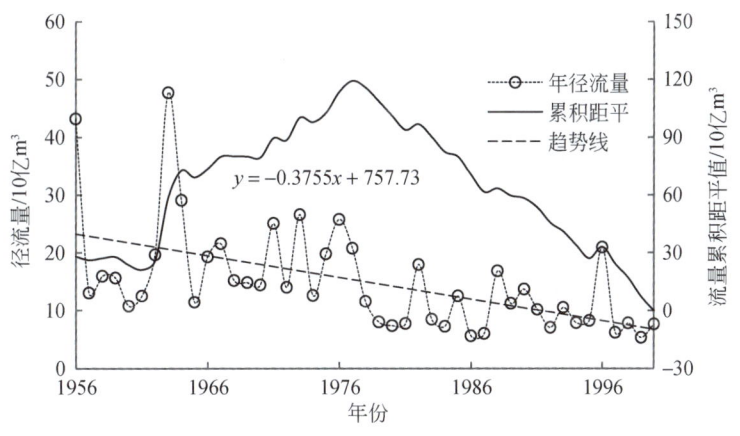

图 6-21 观台站天然径流演化（1956~2000 年）

（2）黄壁庄水库（子牙河）

1956~2000 年黄壁庄水库站径流量整体上呈现衰减趋势，径流量平均衰减速率为

4.18 亿 m³/10a。1956~1962 年为平水期，多年平均径流量为 30.3 亿 m³；1963~1968 年，径流量有所增加，多年平均径流量达到了 33.0 亿 m³；但 1968 年以后，出现较长时段的枯水期，平均径流量为 18.1 亿 m³，相对于 1968 年以前的平均水平而言，减少了 42.6%（图 6-22）。

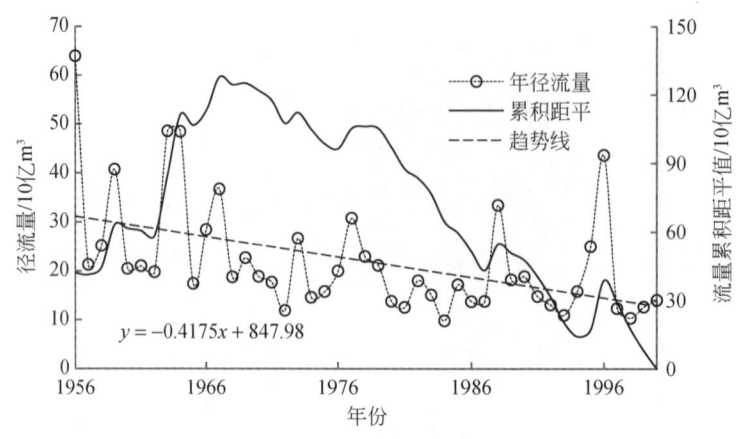

图 6-22　黄壁庄水库站天然径流演化（1956~2000 年）

（3）西大洋水库站（唐河）

1956~2000 年西大洋水库站径流量整体上呈现衰减趋势，径流量平均衰减速率为 1.35 亿 m³/10a。1956~1965 年为偏丰期，多年平均径流量达到 9.3 亿 m³；1966~1980 年为平水期，多年平均径流量达到了 5.8 亿 m³；1981~2000 年为枯水期，平均径流量仅为 4.1 亿 m³（图 6-23）。

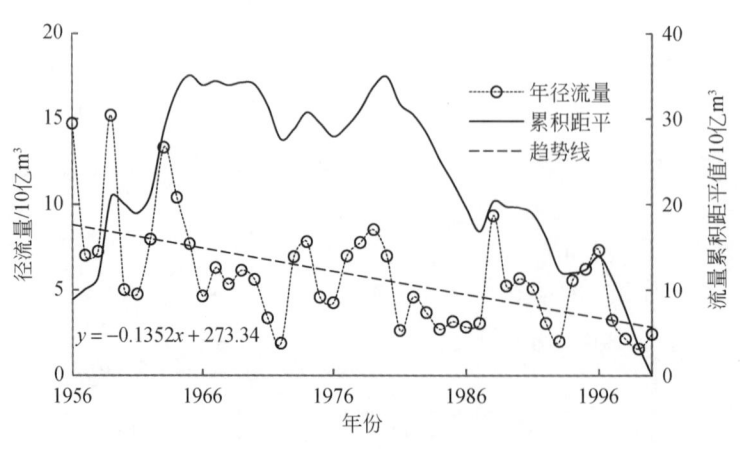

图 6-23　西大洋水库站天然径流演化（1956~2000 年）

（4）册田水库站（永定河）

1956~2000 年册田水库站径流量整体上呈现衰减趋势，径流量平均衰减速率为 1.04 亿 m³/10a。1956~1971 年为偏丰期，多年平均径流量达到 8.1 亿 m³；1972~1982 年为平水期，多年平均径流量达到了 6.2 亿 m³；1983~2000 年为枯水期，平均径流量仅为 4.8 亿 m³（图 6-24）。

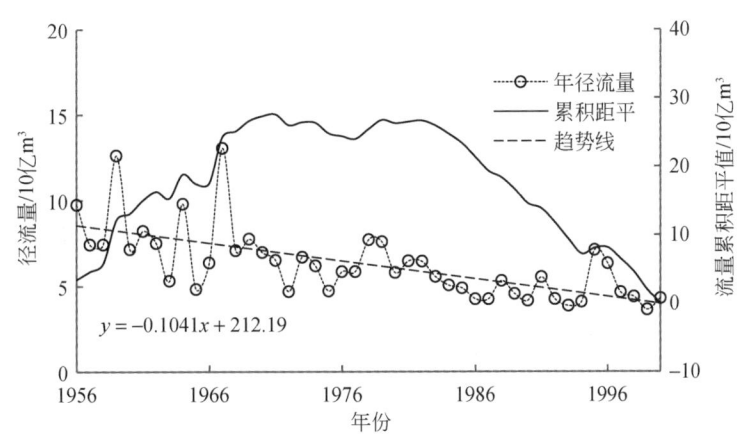

图 6-24 册田水库站天然径流演化（1956~2000 年）

（5）官厅水库站（永定河）

1956~2000 年官厅水库站径流量整体上呈现衰减趋势，径流量平均衰减速率为 3.28 亿 m³/10a。1956~1971 年为偏丰期，多年平均径流量达到 20.5 亿 m³；1972~1983 年为平水期，多年平均径流量达到了 16.4 亿 m³；1984~2000 年为枯水期，平均径流量仅为 10.9 亿 m³（图 6-25）。

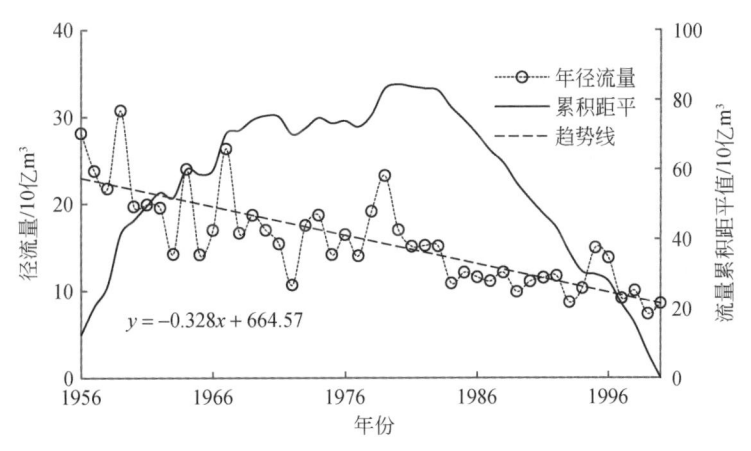

图 6-25 官厅水库站天然径流演化（1956~2000 年）

（6）承德站（武烈河）

1956~2000 年承德站径流量整体上呈现衰减趋势，但幅度相对较小，径流量平均衰减速率为 0.28 亿 m³/10a。1956~1959 年相对丰水，多年平均径流量为 5.7 亿 m³；但自 1960 年开始，出现较长时间的枯水期（1960~1989 年），在该时段内，多年平均径流量仅为 1.9 亿 m³；1990~2000 年，年径流量有所回升，多年平均径流量为 2.7 亿 m³（图 6-26）。

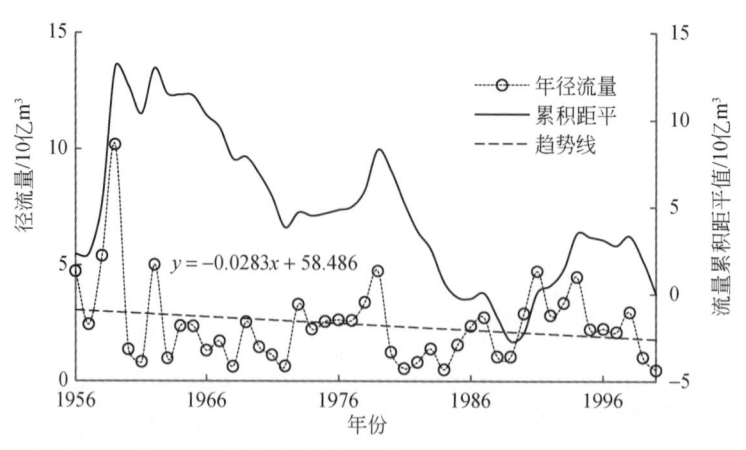

图 6-26　承德站天然径流演化（1956~2000 年）

（7）潘家口水库站（滦河）

1956~2000 年承德站径流量整体上呈现衰减趋势，径流量平均衰减速率为 1.75 亿 m³/10a。径流变化特征与承德站较为一致，均呈现出丰水—枯水—平水的阶段性特征。其中，在 1956~1959 年（偏丰期）多年平均径流量为 46.1 亿 m³，在 1960~1988 年（枯水期）多年平均径流量减少为 20.6 亿 m³，在 1989~2000 年（平水期）多年平均径流量回升到 26.4 亿 m³（图 6-27）。

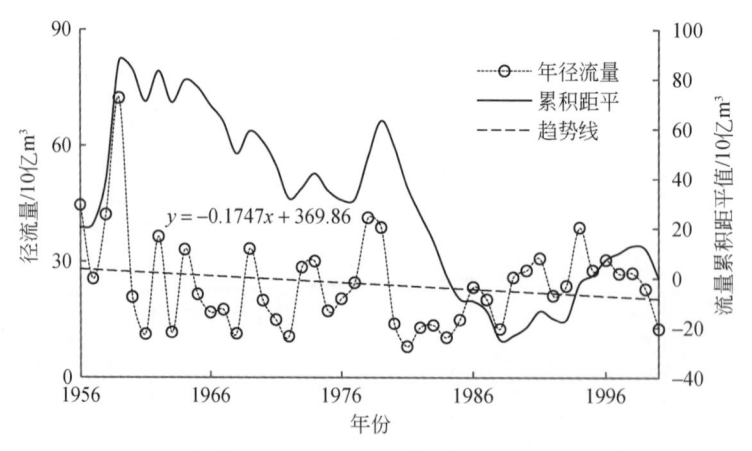

图 6-27　潘家口水库站天然径流演化（1956~2000 年）

（8）滦县站（滦河）

1956~2000 年滦县站径流量整体上呈现衰减趋势，且减少幅度相对较大，径流量平均衰减速率为 4.47 亿 m³/10a。径流变化特征与承德站和潘家口站一致，亦表现出丰水—枯水—平水的阶段性特征，其中，在 1956~1959 年（偏丰期）多年平均径流量为 73.0 亿 m³，在 1960~1993 年（枯水期）多年平均径流量减少为 38.3 亿 m³，在 1989~2000 年（平水期）多年平均径流量回升到 42.8 亿 m³（6-28）。

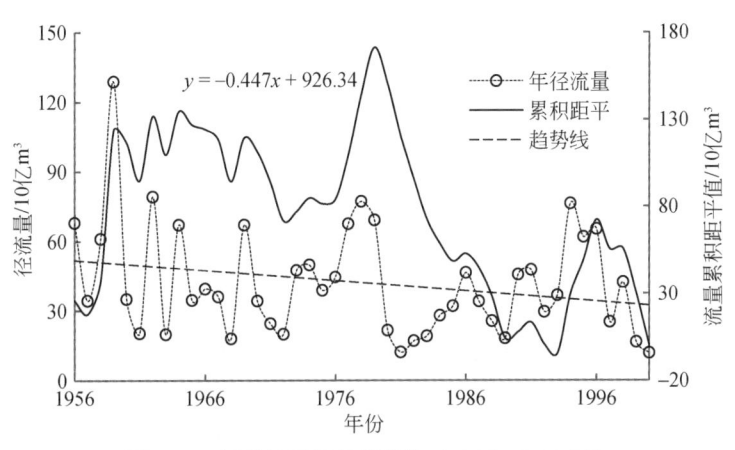

图 6-28　滦县站天然径流演化（1956~2000 年）

所选取的 8 个水文站点天然径流量在 1956~2000 年均表现出一定的衰减趋势，但衰减的程度不同。其中，观台站、黄壁庄水库站、官厅水库站和滦县站径流衰减速率相对较大，均达到 3.0 亿 m^3/10a 以上。海河北系和海河南系的典型水文站点天然径流量在 20 世纪 70~80 年代初期开始急剧衰减，进入较长时段的枯水期，观台、黄壁庄水库、西大洋水库、册田水库和官厅水库站枯水期多年平均径流相对于前一阶段而言分别减少了 49.6%、42.6%、43.5%、34.1% 和 41.7%。滦河流域的典型水文站点在 20 世纪 60 年代以前，水量相对丰沛，自 20 世纪 60 年代开始，到 20 世纪 80 年代末期或 90 年代初期，均处于相对枯水的阶段，相对于前一阶段（丰水期）而言，承德、潘家口和滦县多年平均径流量分别减少了 66.5%、55.4% 和 47.5%，在此之后，天然径流量有所回升。若以 1980 年为界，1956~1980 年和 1981~2000 年多年平均天然径流量的变化如表 6-2 所示。

表 6-2　1980 年前后天然径流深变化

统计量	观台	黄壁庄水库	西大洋水库	册田水库	官厅水库	承德	潘家口水库	滦县
1980 年以前/mm	20.4	26.8	7.1	7.4	19.1	2.7	25.7	47.1
1980 年以后/mm	9.8	17.0	4.2	5.0	11.8	2.0	21.2	33.9
变幅/%	−51.9	−36.6	−41.0	−32.2	−38.0	−23.4	−17.3	−27.9

6.2.2　海河流域地下水演变规律

地下水资源可利用量是指在技术可行、经济合理，并不引发不良生态地质环境问题的条件下允许从地下水系统中抽取的一定均衡期内平均的年最大开采量。地下水资源可利用量的多少，主要取决于地下水的补给和储存条件。在大规模农田灌溉条件下，地下水资源可利用量不仅与天然地下水资源有关，而且还与引水渠系、田间灌溉渗漏和井灌回归有关。

(1) 1980 年前海河流域地下水资源可利用量

第一次地下水资源评价（1956~1980 年）结果，全区地下水可开采总量为 200.2 亿 m³/a。山地岩溶水和裂隙水的可开采量为 28.1 亿 m³/a；平原区地下水资源可利用量为 156.9 亿 m³/a，其中海河北系山地与盆地的地下水可利用量为 18.9 亿 m³/a，平原区为 28.1 亿 m³/a；海河南系山地与盆地的地下水可利用量为 20.8 亿 m³/a，平原区为 76.8 亿 m³/a；滦河及冀东沿海地区山地的地下水可利用量为 3.6 亿 m³/a，平原区为 9.9 亿 m³/a；徒骇马颊河流域平原区为 27.7 亿 m³/a。在行政分区上，北京平原的地下水可利用量为 18.7 亿 m³/a，天津地区为 4.1 亿 m³/a，河北平原为 81.3 亿 m³/a，鲁北平原为 24.9 亿 m³/a，豫北平原为 27.8 亿 m³/a；山间盆地地下水资源可利用量，分别为永定河流域 11.0 亿 m³/a，滹沱河流域 3.3 亿 m³/a，漳卫河流域 0.9 亿 m³/a。

全区可利用的总水资源量为 292.8 亿 m³/a，地表水可利用量为 165.3 亿 m³/a，其中海河北系可利用的总水资源量为 72.4 亿 m³/a，地表水可利用量为 38.3 亿 m³/a；海河南系可利用的总水资源量为 152.2 亿 m³/a，地表水可利用量为 87.5 亿 m³/a；滦河及冀东沿海地区可利用的总水资源量为 46.2 亿 m³/a，地表水可利用量为 35.5 亿 m³/a；徒骇马颊河地区可利用的总水资源量为 22.4 亿 m³/a，地表水可利用量为 4.0 亿 m³/a。

(2) 1980 年以来海河流域地下水资源可利用量

海河流域（计算面积 283 294km²）的地下水（矿化度 2g/L）可开采量为 184.1 亿 m³/a，其中海河平原（计算面积 94 473km²）135.4 亿 m³/a，占 73.6%；山间盆地（计算面积 18 361km²）16.6 亿 m³/a，占 9.0%；山丘区（计算面积 170 460km²）为 32.1 亿 m³/a，占 17.4%。

从二级分区来看，滦河冀东沿海区的地下水资源可利用量为 14.6 亿 m³/a，占海河流域总可开采量的 7.9%，其中平原及山间盆地为 9.2 亿 m³/a，占该区总可开采量的 63.1%。海河北系区的地下水资源可利用量 46.3 亿 m³/a，占海河平原总可开采量的 25.2%，其中，平原及山间盆地为 40.5 亿 m³/a，占该区总可开采量的 87.5%。海河南系区的地下水资源可利用量 96.9 亿 m³/a，占海河平原总可开采量的 52.7%，其中，平原及山间盆地为 76.0 亿 m³/a，占该区总可开采量的 78.4%。土马河区的地下水资源可利用量 26.3 亿 m³/a，占海河平原总可开采量的 14.3%，其中平原及山间盆地为 26.3 亿 m³/a，占该区总可开采量的 100%。

北京的海河流域分区地下水资源可利用量 23.8 亿 m³/a，占海河流域总可开采量的 12.9%。其中，北京的海河流域平原分区地下水资源可利用量 21.5 亿 m³/a，占海河平原总可开采量的 15.9%。北京山间盆地地下水资源可利用量 0.91 亿 m³/a，占海河流域山间盆地地下水资源可利用量的 5.5%。山丘区为 1.5 亿 m³/a，占海河流域山丘区总可开采量的 4.5%。

天津的海河流域分区地下水资源可利用量 4.5 亿 m³/a，占海河流域总可开采量的 2.4%。其中，天津的海河平原分区地下水资源可利用量 4.16 亿 m³/a，占海河平原可开采总量的 3.1%。

河北的海河流域分区地下水资源可利用量 94.7 亿 m³/a，占海河流域总可开采量的

51.5%。其中，河北的海河平原分区地下水资源可利用量 74.3 亿 m^3/a，占海河平原总可开采量的 54.9%。其中，滦河及冀东沿海平原地下水资源可利用量占河北平原总可开采量的 12.4%，河北的北四河下游平原可开采量占 7.6%，淀西平原占 25.4%，淀东平原占 7.7%，子牙河平原占 27.1%，漳卫平原占 3.6%，黑龙港及运东平原 15.8% 和徒骇马颊河平原占 0.5%。河北山间盆地的地下水资源可利用量为 5.98 亿 m^3/a，占海河流域山间盆地地下水资源可利用量的 36.1%。山丘区的地下水资源可利用量为 14.4 亿 m^3/a，占海河流域山丘区总可开采量的 36.1%。

山东的海河流域分区地下水资源可利用量 24.5 亿 m^3/a，占海河流域可开采总量的 13.3%。其中，山东的海河平原（鲁北平原）分区地下水资源可利用量 24.5 亿 m^3/a，占海河平原总可开采量的 18.1%。

河南的海河流域分区地下水资源可利用量 15.4 亿 m^3/a，占海河流域可开采总量的 8.4%。其中，河南的海河平原（豫北平原）分区地下水资源可利用量 11.0 亿 m^3/a，占海河平原可开采总量的 8.1%。

山西的海河流域分区地下水资源可利用量 19.8 亿 m^3/a，占海河流域可开采总量的 10.7%。其中，山西山间盆地地下水资源可利用量 9.7 亿 m^3/a，占海河流域山间盆地地下水资源可利用量的 58.4%。山丘区为 10.1 亿 m^3/a，占海河流域山丘区可开采总量的 31.5%。

内蒙古的海河流域分区地下水资源可利用量 1.36 亿 m^3/a，占海河流域可开采总量的 0.7%。其中，内蒙古山丘区为 1.36 亿 m^3/a，占海河流域山丘区可开采总量的 4.2%。

在海河平原区，从地下水开采模数的区域分布来看，燕山、太行山前冲洪积平原和沿黄冲积平原的地下水可开采模数较大，一般为 20 万～30 万 $m^3/(km^2 \cdot a)$，其中北京和石家庄所在的山前冲洪积平原年均地下水可开采模数达到 30 万～50 万 m^3/km^2，在北京一些地区高达 50 万 $m^3/(km^2 \cdot a)$ 以上。中东部冲积湖积平原区的地下水可开采模数一般为 5 万～10 万 m^3/km^2。滨海冲积、海积平原地下水多为咸水。

从分区的地下水可开采模数来看，北京的淀西平原分区和北四河下游平原分区地下水可开采模数较大，分别为 45.5 万 $m^3/(km^2 \cdot a)$ 和 32.3 万 $m^3/(km^2 \cdot a)$，比海河平原均值［14.3 万 $m^3/(km^2 \cdot a)$］高 125.9%～218.2%。其次是河北的滦河及冀东沿海平原分区、淀西平原分区和子牙河平原分区，地下水可开采模数分别为 18.0 万 $m^3/(km^2 \cdot a)$、16.1 万 $m^3/(km^2 \cdot a)$ 和 15.3 万 $m^3/(km^2 \cdot a)$，比海河平原均值高 7.0%～25.9%。地下水可开采模数较小的分区，有天津的淀东平原分区和淀西平原分区，河北的淀西平原分区、黑龙港及运东平原分区和徒骇马颊河平原分区，河南的徒骇马颊河平原分区，它们的地下水可开采模数为 6.8 万～9.6 万 $m^3/(km^2 \cdot a)$，比海河平原均值低 32.9%～52.4%。天津的淀东平原分区地下水可开采模数最小，为 6.8 万 $m^3/(km^2 \cdot a)$。

全区可利用的总水资源量为 234.5 亿 m^3/a，地表水可利用量为 110.3 亿 m^3/a。相对 1956～1980 年评价结果，分别减少 58.3 亿 m^3/a 和 55.0 亿 m^3/a。海河北系可利用的总水资源量为 61.3 亿 m^3/a，地表水可利用量为 30.0 亿 m^3/a，分别减少 15.3% 和 21.7%；海河南系可利用的总水资源量为 114.6 亿 m^3/a，地表水可利用量为 47.5 亿

m³/a，分别减少 24.7% 和 45.7%；滦河及冀东沿海地区可利用的总水资源量为 32.5 亿 m³/a，地表水可利用量为 27.3 亿 m³/a，分别减少 29.7% 和 23.1%；徒骇马颊河地区可利用的总水资源量为 26.1 亿 m³/a，地表水可利用量为 4.0/5.5 亿 m³/a，分别增加 16.5% 和 37.5%。

根据新近研究结果，河北中东部平原区深层地下水可利用开采量为 10.85 亿 ~ 13.06 亿 m³/a，其中滦河及冀东沿海分区为 0.69 亿 m³/a，允许开采模数 2.58 万 m³/(km²·a)；海河北系平原 0.47 亿 m³/a，允许开采模数 2.87 万 m³/(km²·a)；淀东清北平原 0.27 亿 m³/a，允许开采模数 3.11 万 m³/(km²·a)；淀东清南平原 1.40 亿 m³/a，允许开采模数 2.56 万 m³/(km²·a)；溥滏区间平原 2.05 亿 m³/a，允许开采模数 3.95 万 m³/(km²·a)；滏西及漳卫平原 0.31 亿 m³/a，允许开采模数 1.35 万 m³/(km²·a)；黑龙港及运东平原 5.65 亿 m³/a，允许开采模数 2.64 万 m³/(km²·a)。河北的衡水和沧州地区深层地下水可利用开采量分别为 1.82 亿 ~ 2.05 亿 m³/a 和 2.09 亿 ~ 2.35 亿 m³/a，允许开采模数 2.33 万 m³/(km²·a) 和 1.67 万 m³/(km²·a)。天津平原区深层地下水可利用开采量为 1.85 亿 ~ 2.16 亿 m³/a，允许开采模数 2.34 万 m³/(km²·a)。鲁北平原区深层地下水可利用开采量为 2.15 亿 ~ 2.36 亿 m³/a，允许开采模数 0.75 万 m³/(km²·a)，其中德州地区深层地下水可利用开采量为 0.85 亿 ~ 0.97 亿 m³/a，允许开采模数 0.94 万 m³/(km²·a)。豫北平原区深层地下水可利用开采量为 2.78 亿 ~ 3.08 亿 m³/a，允许开采模数 1.76 万 m³/(km²·a)，其中，濮阳和新乡地区深层地下水可利用开采量分别为 0.79 亿 ~ 0.83 亿 m³/a 和 1.12 亿 ~ 1.37 亿 m³/a，允许开采模数 1.97 万 m³/(km²·a) 和 2.03 万 m³/(km²·a)。

6.3 海河流域水资源演变归因分析

近年来，以增温为主要特征的全球气候变化及日益增强的人类活动对水循环系统产生了重要的影响。随着气候变化和人类活动影响的深入，水循环系统的结构、功能和参数均发生了深刻变化，由自然一元水循环模式向"自然-社会"二元水循环模式转变（刘家宏等，2010）。与此同时，水循环与伴生的水化学、水沙和水生态过程间的多向反馈作用也明显改变，并产生了显著的资源、环境、生态效应。近年来全球许多流域天然径流量都发生了显著的变化，这主要是在气候变化和人类活动的共同作用下造成的。认知气候变化和人类活动对于天然径流量的影响机理、定量识别二者对天然径流量变化的贡献对于区域水资源规律的认知具有十分重要的意义。国内外众多学者针对气候变化和人类活动对于径流的影响开展过众多的研究并且已经取得了许多进展（Arora，2002；王国庆等，2006；Ma et al.，2008；Hao et al.，2008；江善虎等，2010；Yang and Yang，2011），现阶段研究往往利用复杂的模型进行分离评价，由于模型的复杂性和参数的变异性造成计算结果往往存在较大不确定性，模型区域适用性问题也使计算方法难以推广。本节在分析海河流域气候变化、下垫面演化和人工取用水变化的基础上，从统计方面和机理方面对海河流域水资源演变归因进行分析，前者采用降水—径流关系统计模型，后者采用基于傅抱璞公式的水均衡模型。

6.3.1 气候变化背景

近50年来海河流域的气候变迁驱动了海河流域降水、气温等主要气象因子的变化，从而影响流域天然径流的演变过程（袁飞等，2005）。本章6.1节对海河流域各水文要素的演变规律进行了分析，近50年来海河流域水文气象要素发生了较为显著的变化，其中1981~2010年多年平均降水量、气温和蒸发能力相对于1980年以前的平均水平而言变化幅度分别为-8.9%、0.7℃（7.2%）和-2.2%（表6-3）。

表6-3　1980年前后各水文要素变化

时段	降水量/mm	气温/℃	蒸发能力/mm
1980年以前	549.8	9.0	1077.4
1980年以后	500.9	9.7	1054.2
变幅	-8.9%	0.7	-2.2%

6.3.2 下垫面演化

近百年来，随着海河流域气候演变和人类活动的加剧，海河流域下垫面特征发生了显著变化（韩瑞光和冯平，2010），对海河流域降雨产流规律产生了显著影响，本节以河流水系、湖泊沼泽和森林植被覆盖为重点对海河流域近百年的下垫面演化进行分析。

(1) 河流水系

海河流域为典型的扇形流域，具有水系分散、河系复杂、支流众多、过渡带短、源短流急的特点，集水面积超过$500km^2$的河流113条，总长度达1.61万km（刘家宏等，2010）。海河流域天然水系主要由滦河、海河、徒骇马颊河三大水系组成，其中滦河水系包括滦河和冀东沿海诸河，面积5.45万km^2；海河水系由蓟运河、潮白河、北运河、永定河（以上河系为海河北系）、大清河、子牙河、漳卫南运河、黑龙港水系和海河干流（以上河系为海河南系）组成，面积23.25万km^2；徒骇马颊河水系位于漳卫南运河以南、黄河以北，处于海河流域的最南部，由徒骇河、马颊河、德惠新河及滨海小河等平原河道组成，流域面积3.30万km^2。

海河流域的天然水系分布见图6-29。近百年来，海河流域水系变化主要体现在海河下游大量人工河系的出现。在天然条件下，海河水系的各河汇集到天津从海河入海，这给海河流域特别是天津的防洪带来了很大的困难。在经历了海河流域在20世纪50年代和60年代的多次洪水后，为了提高海河特别是天津的防洪能力，在20世纪60中期至1980年，在海河流域先后开辟和扩建了潮白新河、永定新河、独流减河、子牙新河、漳卫新河等平原减河，使各河系单独入海，在天津附近形成了新的人工河系，见图6-30。

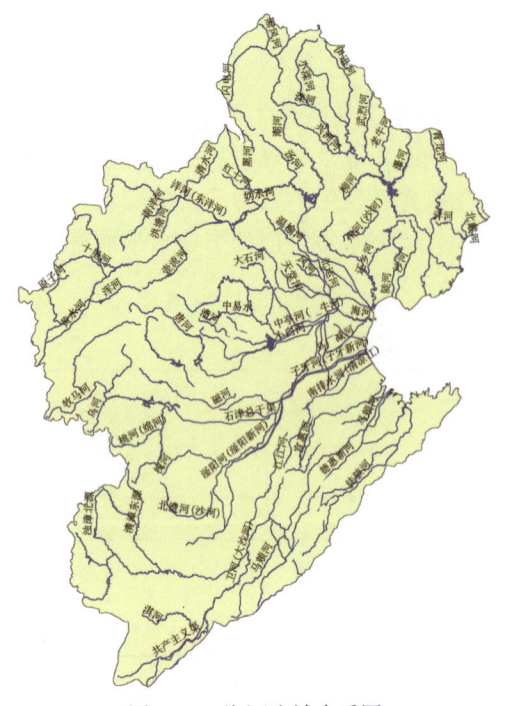

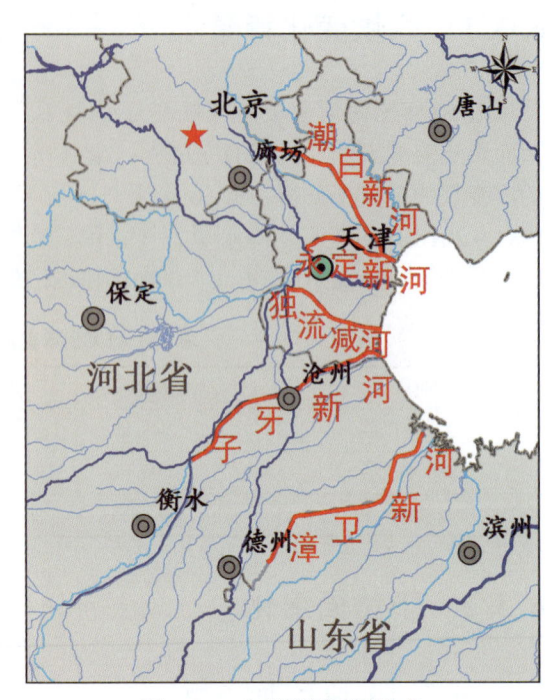

图 6-29 海河流域水系图　　　　　图 6-30 主要平原减河分布

(2) 湖泊湿地

海河流域历史上是湖泊湿地广泛分布地区，在 20 世纪 50 年代，由于处于一个历史上少有的丰水期，海河平原上湖泊湿地分布十分广泛，总面积约为 1 万 km²，拥有大陆泽—宁晋泊、白洋淀—文安洼和黄庄洼—七里海三大湖泊湿地群。

20 世纪 60 年代初至 70 年代末是海河流域天然湿地逐步消亡的时期。随着 60 年代中期降水的逐步减少、大量水库的兴建和水资源的大规模开发利用，使海河出山口径流量减少，洪峰大幅度削减，对湖泊湿地水分补给大量减少，造成了湖泊湿地的大面积萎缩。根据《海河流域水资源综合规划》，白洋淀等 12 个主要湿地水面面积由 50 年代的 2694km² 下降至 2000 年的 538km²（不含水田、鱼池），减少近了 80%。

20 世纪 80 年代后，随着对湖泊湿地生态服务功能的重视，开始对天然湿地湖泊进行人工补水，进入 21 世纪后依托天然湿地兴建了大量的人工水面，海河流域的湿地湖泊有所恢复，但总面积仍不到 20 世纪 50 年代的 40%。

白洋淀是海河平原上最大的湖泊，在太行山前的永定河和滹沱河冲积扇交汇处的扇缘洼地上汇水形成（李英华等，2004），白洋淀近 50 年来水面面积的演变过程基本反映了海河平原湖泊湿地演变：从 20 世纪 50 年代开始湿地面积持续萎缩，到 80 年代面积已经萎缩 80%，之后由于采取了人工补水等措施，水面面积逐步恢复。近 50 年来白洋淀水面面积的变化见图 6-31。

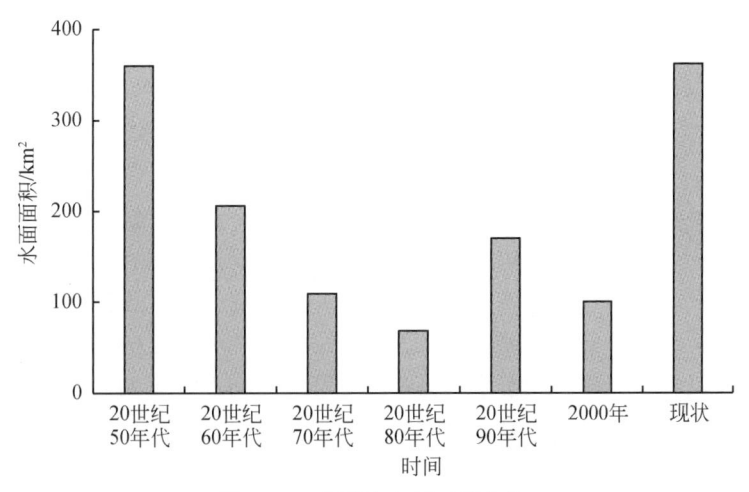

图 6-31 白洋淀水面面积变化

(3) 森林植被

海河流域山区在历史上是森林植被广泛分布的地区，太行山、燕山均以林木资源丰富享有盛名，但是历史上长期过量、掠夺性地采伐，使海河流域山区森林面积大量减少。相关历史文献记录表明，在隋唐时期，太行山森林覆盖率在 50% 左右，至元明之际已由 30% 降至 15% 以下，在清代则进一步由 15% 降至 5% 左右，直到民国时期太行山区的森林覆盖率已经不到 5%。

受到长期战争的破坏，新中国成立初期海河流域山区森林植被几乎消失，造成海河山区大面积的水土流失。在 20 世纪 50 年代，随着水土保持工作的深入，山区生态逐渐恢复，到 1957 年全流域的森林覆盖率达到了 4%。

1958 年"大跃进"期间，盲目砍伐树木、铲草皮、陡坡开荒、过度放牧等，给植被造成了严重的破坏，一直到 1963 年后随着国民经济条件的好转，人为破坏减少，森林植被才得到一定的恢复，森林覆盖率达到 6% 左右。

20 世纪 70 年代，在"文化大革命"期间，在"向荒山要粮"口号下，大量的劈坡造田，山区植被遭到严重破坏，虽然同期兴建了大量基本农田，海河流域森林植被仍呈现衰减趋势。

进入 20 世纪 80 年代后，随着海河地区能源结构的调整，薪柴用量大幅度减少，同时水土保持工作的开展，对与山区植被保护加强，使海河流域山区森林植被有所改善，永定河上游、潮白河密云水库上游、滦河潘家口水库上游、太行山区等海河流域的主要山区均被列为国家水土流失治理区。进入 90 年代后，随着国家水土保持重点治理的全面开展，山区植被得到了很大恢复，到 90 年代末海河流域的森林覆盖率已经达到 10.4%。

(4) 水利工程

受制于海河流域的水资源条件，为了满足快速增长的用水需求和防洪除涝的要求，海河流域在最近 50 年间兴建了大量的水库、机井等水利工程，在满足海河流域供水需求的同时，也导致了一系列的问题。

海河流域水利工程的大量兴建始于 20 世纪 50 年代,这一时期北京、天津等中心城市需水量急剧扩展,为了不断满足用水的需求,海河流域水资源开发、利用程度、水利建设的投资和工程规模也超过了历史的任何时期。在 1949～2000 年的 50 年间,海河流域在各主要河流的上游陆续兴建了大中小型水库 1900 多座,其中大型水库 31 座,控制山区面积 85%,总库容 294 亿 m³,控制海河流域径流量的 95%。

水利工程在保障北京、天津等中心城市生活供水、全流域工农业供水和防洪安全方面发挥了重要作用。但是随着城市化进程的加快、人口的快速增加和经济的高速发展,对水的需求量也急剧上升,同时水环境的污染日益加重。20 世纪 70 年代以来,流域水环境蜕变速度加快。海河流域越来越多地遭遇水库无水可蓄、河流断流的情况。水环境的退化使水利工程效益普遍降低,使河湖水系调蓄功能下降,从而严重影响全流域的供水和防洪安全。在海河流域需水需求旺盛、水资源紧缺的条件下,天然河道干涸,形成了"有河皆干"的局面。

为了满足海河流域经济发展的需求,海河流域从 1972 年以后开始大规模开采地下水,截至目前海河流域内共有井深小于 120m 的浅层地下水水井 122 万眼,井深大于 120m 的深层水井 14 万眼,按近年实际供水量分析,浅层地下水年供水能力 225.1 亿 m³,深层水供水能力 59.8 亿 m³,超过了地下水可开采量(167 亿 m³),造成了地下水超采,也形成了严重的地下水漏斗,如图 6-32 所示。

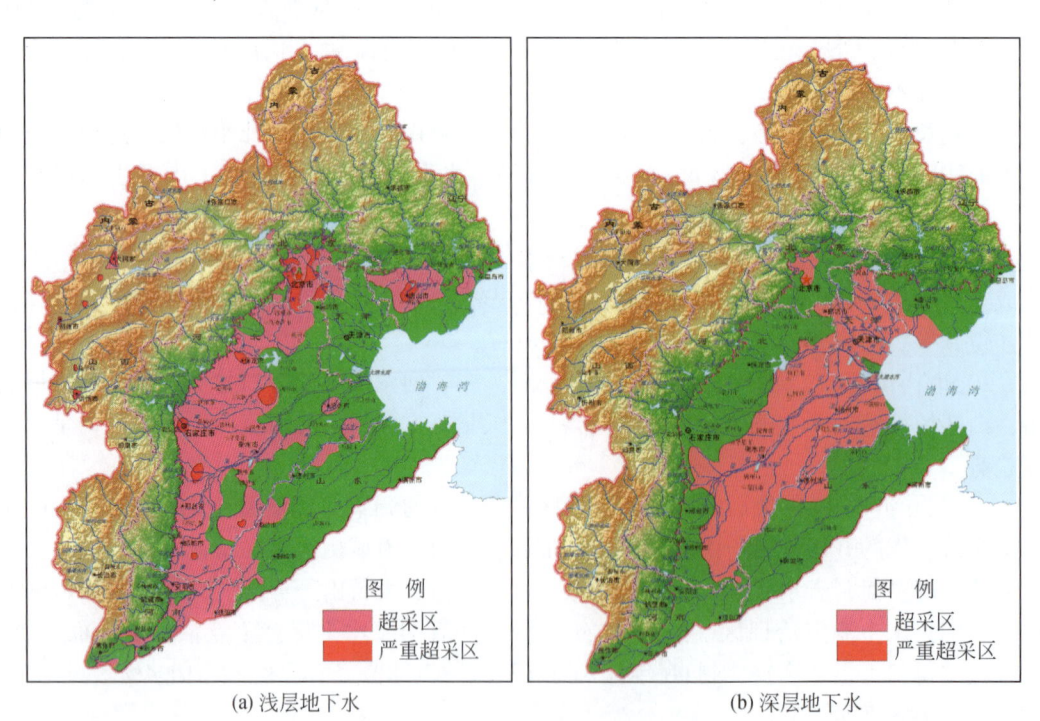

(a) 浅层地下水　　(b) 深层地下水

图 6-32　海河流域地下水埋深分布图

6.3.3 人工取用水量的变化

根据《中国可持续发展水资源战略研究》综合公报关于全国用水总量的数据关于全国总用水量的分析,海河流域在新中国成立初的取用水量约为1000亿 m³,之后随着灌溉面积的增大和工业生活用水的增长,取用水量逐年增加,到20世纪50年代取用水量已经翻了一番达到2000亿 m³,1965年流域取用水总量2680亿 m³,到1980年海河流域的总用水量达到3965亿 m³,之后受到水资源总量的约束一直徘徊在3440亿~4440亿 m³,平均为3990亿 m³。

(1) 工业取用水量的变化

海河流域的工业取用水量经历了一个快速上升和缓慢下降的过程,20世纪90年代上半期是工业用水的快速增长期,之后受到水资源总量的约束徘徊在700亿 m³左右,2001年随着工业节水力度的加大,循环技术的推广,工业用水量开始下降,2003年以后工业用水总量下降到600亿 m³以下,相比高峰时下降了100亿 m³,图6-33给出了海河流域1980~2007年工业用水量的变化趋势。

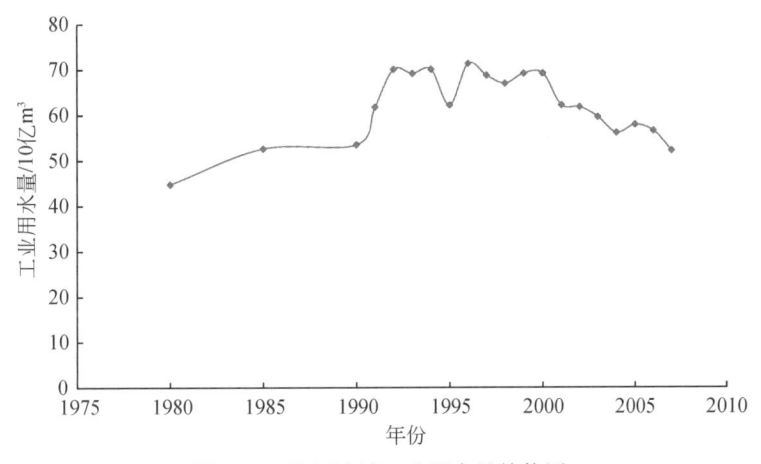

图6-33 海河流域工业用水量趋势图

(2) 农业取用水量的变化

海河流域的农业用水量经历了一个快速增长然后快速下降最后趋于稳定的一个过程,在20世纪80~90年代中期的阶段,随着灌溉面积的增大,海河流域农业用水量迅猛增长,在90年代中期达到顶峰,但随着节水器具和微喷灌等技术的迅速发展,在90年代中期到2002年以前海河流域的农业用水量快速下降,到2002年以后随着灌溉器具和技术的不断成熟,海河流域农业用水量逐渐趋于稳定。图6-34给出了海河流域1994~2008年农业用水量的变化趋势。

(3) 生活取用水量的变化

随着人类活动的丰富化和多元化,生活取用水量在不断加大,海河流域的生活取用水

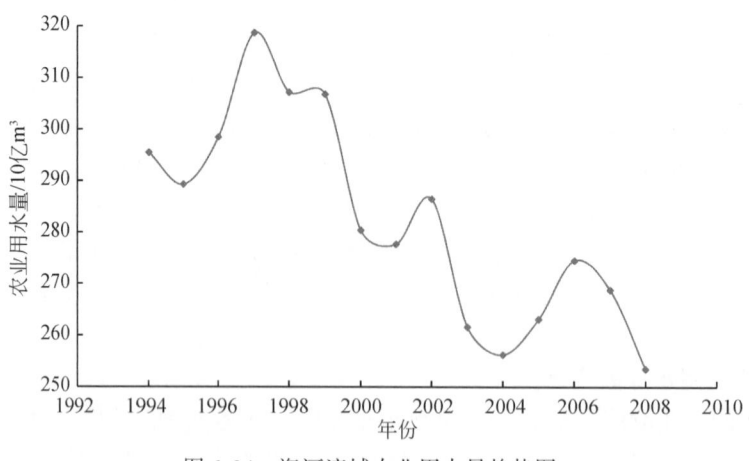

图 6-34　海河流域农业用水量趋势图

量整体上呈加速上升的趋势，1980 年的生活取用水量仅为 204.1 亿 m³，到 2006 年生活取用水量已达到 565.5 亿 m³，增长了约 300 亿 m³；2007 年，生活取用水量 563 亿 m³，与 2006 年持平，其快速增长趋势得到遏制。图 6-35 给出了海河流域 1980~2007 年生活用水量的变化趋势。

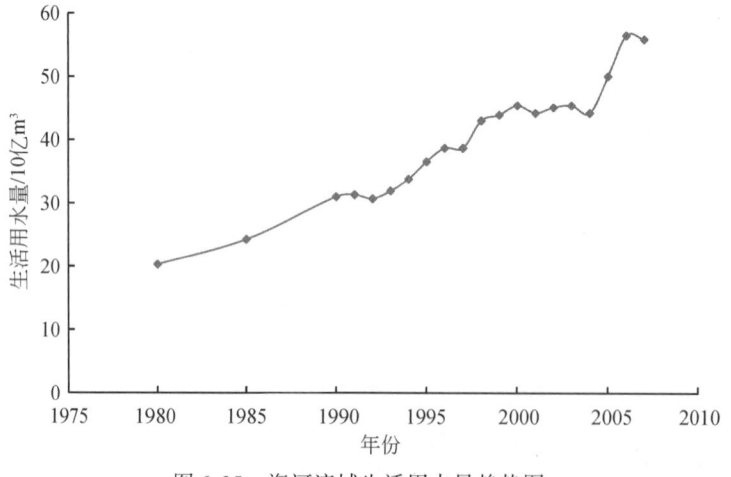

图 6-35　海河流域生活用水量趋势图

（4）生态用水量的变化

2003 年以前海河流域生态用水量随着水资源的丰枯呈周期性变化，2003 年以后随着社会对生态问题的重视，生态用水量呈快速增长的趋势。2003~2007 年的 5 年间，海河流域的生态用水量翻了两番，用水量增加了 56 亿 m³，图 6-36 给出了海河流域 1980~2007 年生态用水量的变化趋势。

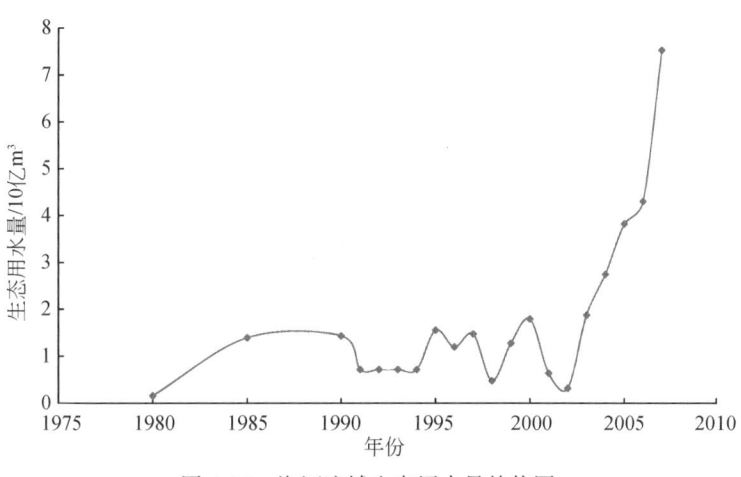

图 6-36 海河流域生态用水量趋势图

6.3.4 水资源演变归因

本节分别从降水–径流的关系和降水–蒸发–径流的关系角度，分别构建统计模型和水均衡模型，对气候变化和人类活动对海河流域天然径流的影响进行归因分析。

(1) 基于统计模型的水资源演变归因分析

降水–径流关系是对水文过程的概化描述，在半湿润和半干旱地区，径流对降水的变化尤为敏感，所以在该类地区降水–径流关系较为复杂（Bao et al., 2012）。通过对不同时段（1980 年前后）的降水–径流关系建立统计模型，可分析下垫面变化对径流过程的影响。表 6-4 为海河流域和各二级区在不同下垫面下降水–径流关系统计模型。

表 6-4 海河流域和各二级区在不同下垫面下降水径流关系拟合系数

流域分区	1956~1979 年下垫面				1980~2005 年下垫面			
	常数项	一次项	二次项	R^2	常数项	一次项	二次项	R^2
海河流域片	32.93	-0.131	0.000 37	0.85	92.46	-0.413	0.000 64	0.86
滦河及冀东沿海	86.63	-0.411	0.000 78	0.84	147.64	-0.713	0.001 07	0.76
海河北系	63.04	-0.250	0.000 49	0.85	-2.99	0.011	0.000 21	0.65
海河南系	131.62	-0.492	0.000 66	0.92	164.39	-0.692	0.000 88	0.68
徒骇马颊河	46.68	-0.292	0.000 47	0.87	42.20	-0.265	0.000 45	0.91

海河流域降水产流机制为超渗产流，即随着降水量的增加，产流系数会随之增加，使用二次多项式模拟天然径流和降水之间的关系比直线模拟更符合海河产流机制。对比海河流域 1956~1979 年下垫面和 1980~2005 年下垫面的降水径流关系（图 6-37），可以发现在 1980~2005 年下垫面条件下，降水径流关系曲线明显下移，表明在相同的降水条件下，1980~2005 年下垫面条件下产生的天然径流显著少于 1956~1979 年下垫

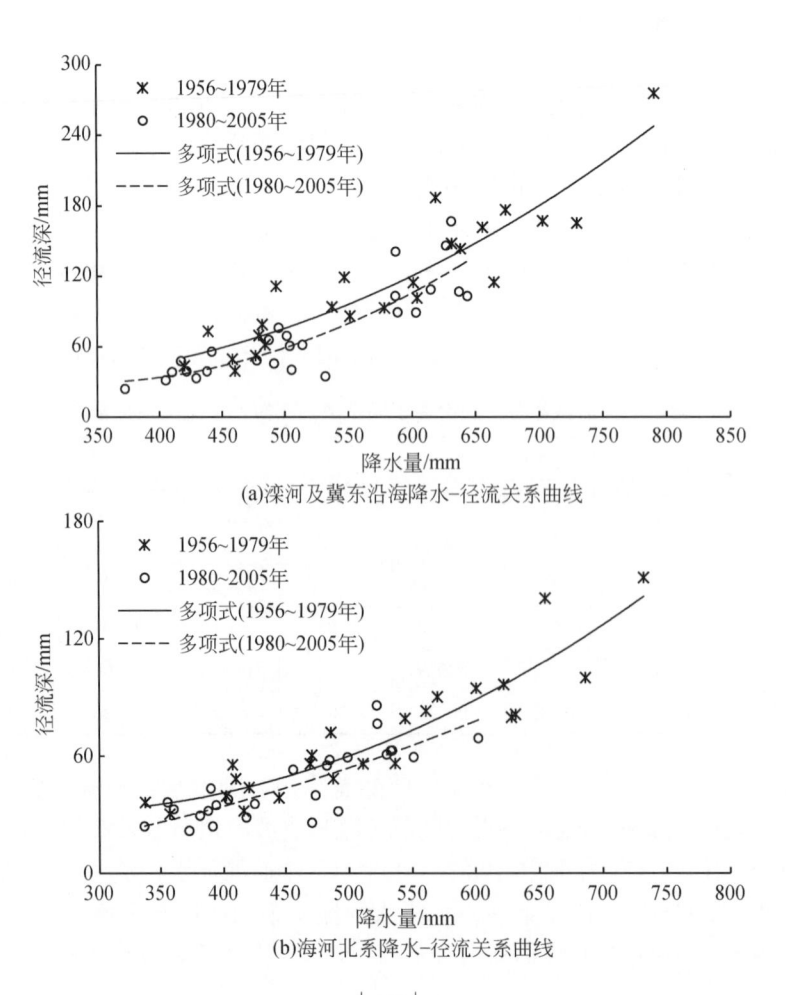

面。对海河流域四个二级区不同下垫面条件下的降水径流关系进行对比，也得到了类似的结论（图6-38）。

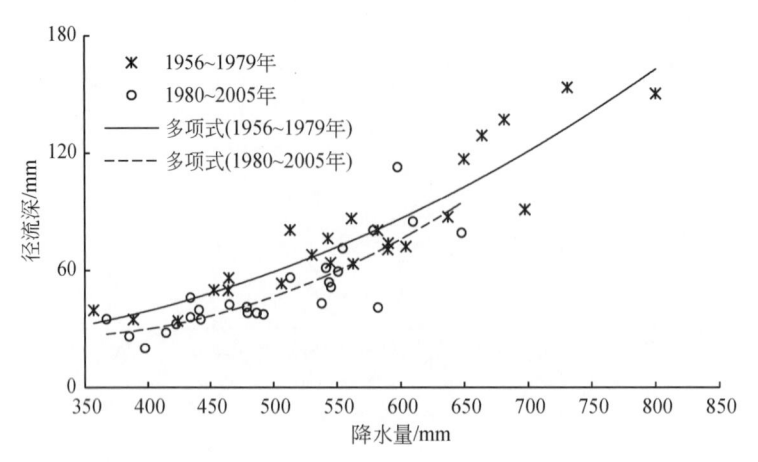

图 6-37 海河流域不同下垫面对降水径流关系的影响

(a) 滦河及冀东沿海降水-径流关系曲线

(b) 海河北系降水-径流关系曲线

(c)海河南系降水-径流关系曲线

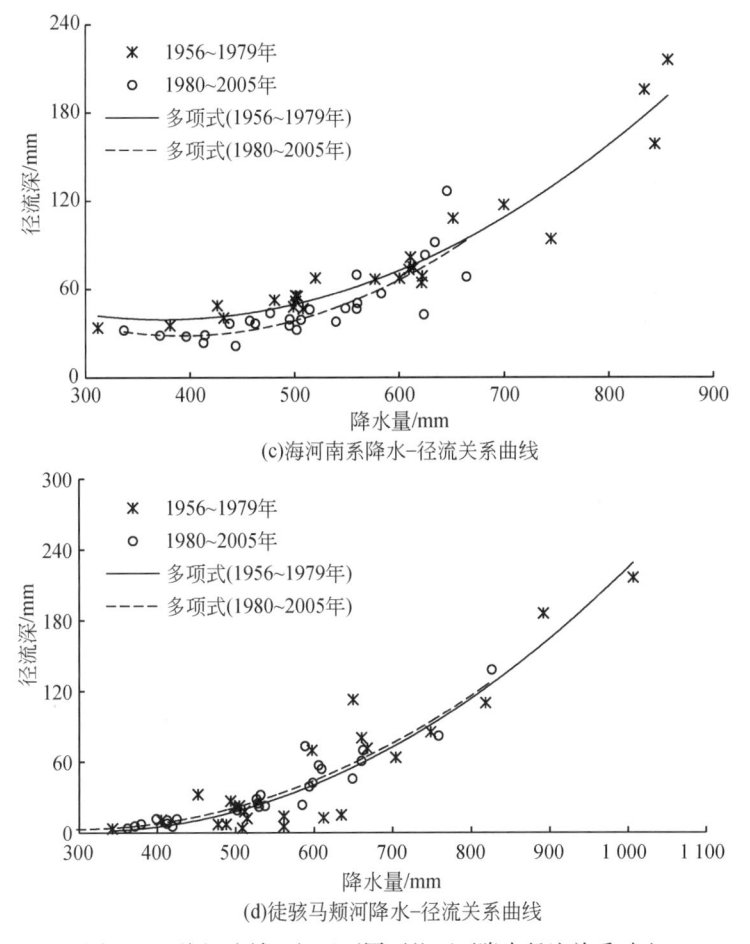

(d)徒骇马颊河降水-径流关系曲线

图6-38 海河流域二级区不同下垫面下降水径流关系对比

类似地可以得到海河流域1956~1979年下垫面和1980~2005年下垫面的降雨与入海水量的关系（图6-39），可以发现在1980~2005年下垫面条件下，相同降雨产生的入海水量显著下降。对海河流域四个二级区不同下垫面条件下的降雨-入海水量关系进行对比，也得到了类似的结论。海河流域和各二级区在不同下垫面下拟合得到的降雨-入海水量关系见表6-5。

表6-5 海河流域不同下垫面下降水-入海水量关系

流域分区	1956~1979年下垫面				1980~2005年下垫面			
	常数项	一次项	二次项	R^2	常数项	一次项	二次项	R^2
海河流域片	-2.45	0.294	0.003 65	0.96	-2.13	0.020	0.004 19	0.90
滦河及冀东沿海	-9.57	0.798	0.000 56	0.97	-5.21	0.045	0.003 88	0.95
海河北系	-12.71	0.691	0.000 18	0.86	9.26	-0.649	0.012 99	0.87
海河南系	-18.95	0.562	0.001 96	0.94	8.34	-0.361	0.004 65	0.90
徒骇马颊河	-4.17	0.846	-0.000 35	0.98	-9.94	1.062	-0.002 11	0.87

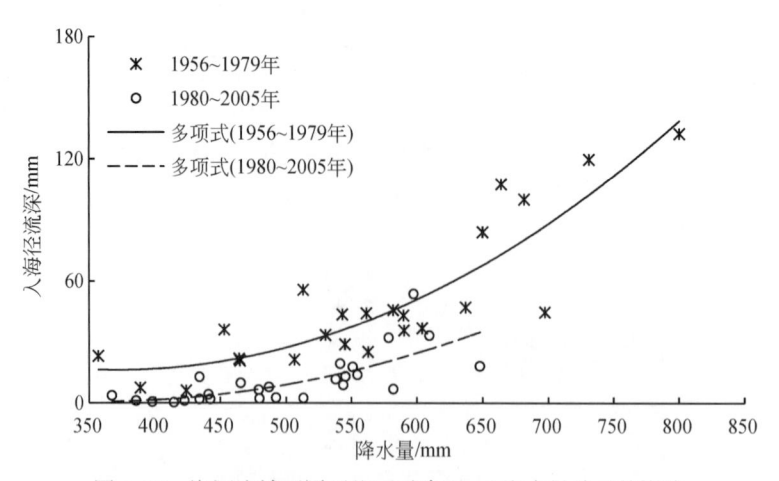

图 6-39　海河流域不同下垫面对降雨-入海水量关系的影响

根据拟合的不同下垫面条件下的降雨-径流关系和降雨-入海水量关系（图 6-40），可以反演得到不同下垫面条件下天然径流量和入海水量，见表 6-6。在 1956~2005 年历史降水条件下，1980~2005 年下垫面产生的多年平均天然径流量仅为 191.9 亿 m^3，入海水量仅有 56.9 亿 m^3，相比 1956~1979 年下垫面分别衰减了 29.8% 和 54.0%。

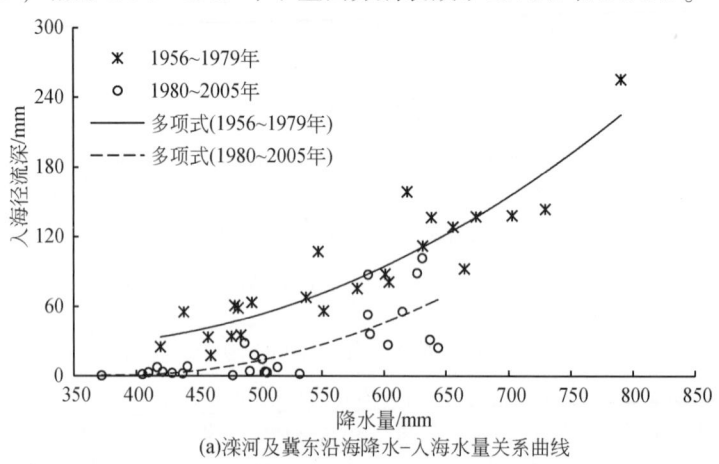

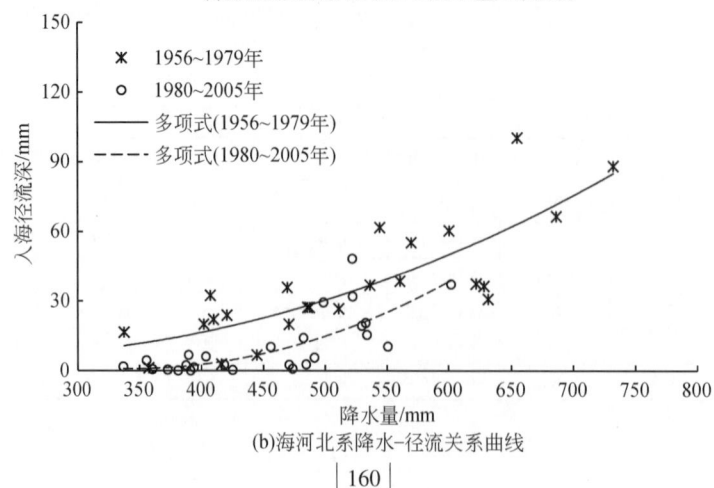

(a) 滦河及冀东沿海降水-入海水量关系曲线

(b) 海河北系降水-径流关系曲线

(c)海河南系降水-入海水量关系曲线

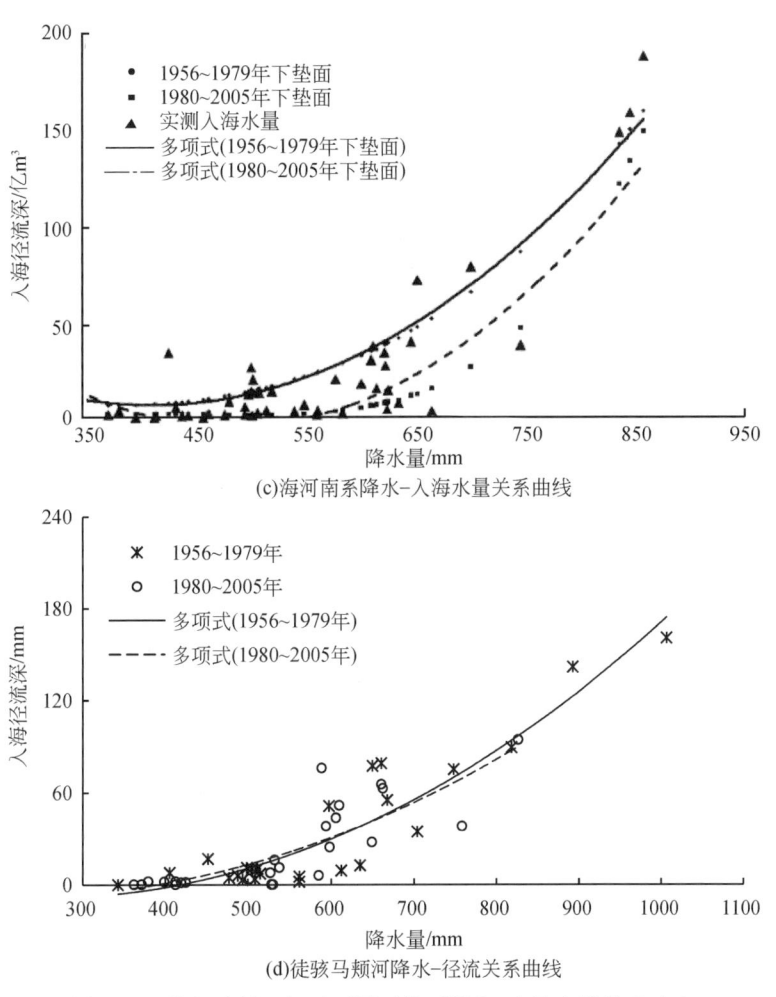

(d)徒骇马颊河降水-径流关系曲线

图 6-40　海河流域二级区不同下垫面降水-入海水量关系对比

表 6-6　下垫面变化对海河流域天然径流和入海水量影响

流域分区	降水量 /mm	1956~1979 年下垫面		1980~2005 年下垫面		下垫面变化影响			
		径流 /亿 m³	入海 /亿 m³	径流 /亿 m³	入海 /亿 m³	径流 /亿 m³	入海 /亿 m³	径流占比 /%	入海占比 /%
滦河和冀东沿海	541.7	99.4	76.4	85.7	35.8	13.8	40.6	40.9	53.1
海河北系	483.1	60.6	30.0	52.3	16.6	8.3	13.3	22.0	44.5
海河南系	544.4	67.7	30.5	61.4	12.7	6.3	17.9	26.4	58.5
徒骇马颊河	561.7	40.5	28.9	43.6	28.5	-3.1	0.4	1.1	1.5
海河流域片	529.7	223.8	123.5	191.9	56.9	31.9	66.6	29.8	54.0

(2) 基于流域水均衡模型的水资源演变归因分析

对于任意一个封闭流域，其水文气候特征满足流域水量平衡原理和能量平衡原理。在水文学的研究中通常采用水量平衡分析方法和能量平衡法构建流域水均衡模型模拟流域水循环规律。傅抱璞公式是由我国气候学家傅抱璞教授提出的表示降水、实际蒸发、蒸发能力和土地利用因子相互关系的一组解析表达式（傅抱璞，1981a；傅抱璞，1981b）。在本次研究中根据水量平衡原理、能量平衡原理和傅抱璞公式构建了基于傅抱璞公式的流域水均衡模型，模型中主要包括因子关系描述、单因子影响评价和影响因子贡献率识别三个部分。因子关系描述部分主要包括水量平衡公式、能量平衡公式和傅抱璞公式[式（6-1）~式（6-4）]。通过这三个公式可以建立起降水、蒸发、土地利用和天然径流之间的相关关系。

$$R = P - E + \Delta W \tag{6-1}$$

$$R_n = \lambda E + H + G \tag{6-2}$$

$$E = f(E_0, P) \tag{6-3}$$

$$R = E_0 \left\{ \left[1 + \left(\frac{P}{E_0}\right)^\omega \right]^{1/\omega} - 1 \right\} \tag{6-4}$$

式中，R 为径流量；P 为降水；E 为实际蒸发量；ΔW 为土壤含水量的蓄变量；R_n 为到达地表面的净辐射通量；G 为土壤热通量；λE 为汽化潜热通量；H 为显热输送通量；E_0 为蒸发能力，ω 为与土地利用类型相关的土壤参数。

单因子影响评价部分主要是根据因子间的内在关系分析某一因子变化对其他因子造成的影响。定量评价气象因子、人类活动因子变化对流域天然径流量的影响，即蒸发变化对径流的影响、降水变化对径流的影响、土地利用变化对径流的影响如式（6-5）~式（6-7）所示。

$$\frac{\partial R}{\partial E_0} = \left[\left(\frac{P}{E_0}\right)^\omega + 1 \right]^{(1/\varpi - 1)} - 1 \tag{6-5}$$

$$\frac{\partial R}{\partial P} = \left(\frac{P}{E_0}\right)^{(\omega-1)} \left[\left(\frac{P}{E_0}\right)^\omega + 1 \right]^{(1/\varpi - 1)} \tag{6-6}$$

$$\frac{\partial R}{\partial \omega} = E_0 \frac{\left\{ \omega \ln\left(\frac{P}{E_0}\right) \left(\frac{P}{E_0}\right)^\omega \left[\left(\frac{P}{E_0}\right)^\omega + 1 \right] \right\}^{(1/\varpi - 1)} - \ln\left[\left(\frac{P}{E_0}\right)^\omega + 1 \right] \left[\left(\frac{P}{E_0}\right)^\omega + 1 \right]^{1/\omega}}{\omega^2} \tag{6-7}$$

影响因子贡献率识别部分主要根据单因子评价结果和全微分方程定量计算各主要因子对于流域天然径流变化的贡献[式（6-8）~式（6-11）]。式中，ΔR、ΔP、ΔE 和 $\Delta \omega$ 分别代表径流变化、降水变化、蒸发变化、下垫面条件变化，为天然期和影响期平均值的差值。$\Delta P \times \frac{\partial R}{\partial P}$ 认为是降水变化造成的径流改变；$\Delta E \times \frac{\partial R}{\partial E}$ 可以认为是蒸发变化造成的径流变化；$\Delta \omega \times \frac{\partial R}{\partial \omega}$ 为下垫面改变引起的径流变化。

$$dR = dP \times \frac{\partial R}{\partial P} + dE \times \frac{\partial R}{\partial E} + d\omega \times \frac{\partial R}{\partial \omega} \tag{6-8}$$

$$\eta_p = \frac{dP}{dR} \times \frac{\partial R}{\partial P} \tag{6-9}$$

$$\eta_E = \frac{dE}{dR} \times \frac{\partial R}{\partial E} \tag{6-10}$$

$$\eta_\omega = \frac{d\omega}{dR} \times \frac{\partial R}{\partial \omega} \tag{6-11}$$

式中，η_P 为降水变化对径流影响的贡献；η_E 为蒸发变化对径流影响的贡献；η_ω 为土地利用变化对径流影响的贡献。

近 50 年来海河流域天然径流量出现了显著的衰减。为识别流域天然径流量变化的影响因子，需要确定流域天然径流量的突变点，划分流域天然径流的基准期。利用 Mann-Kendall 检验、序列的变异特征诊断和有序聚类划分三种方法检验海河流域 1956~2010 年天然径流系列的突变点。图 6-41~图 6-43 为三种方法对全流域天然径流量的检验结果，从图中可以看出 Mann-Kendall 法得到的基准期为 1956~1978 年，序列的变异特征诊断法结果为 1956~1976 年，而有序聚类的检验结果为 1956~1977 年，三种方法的检验结果相差不大。综合三种方法，将基准期确定为 1956~1978 年。

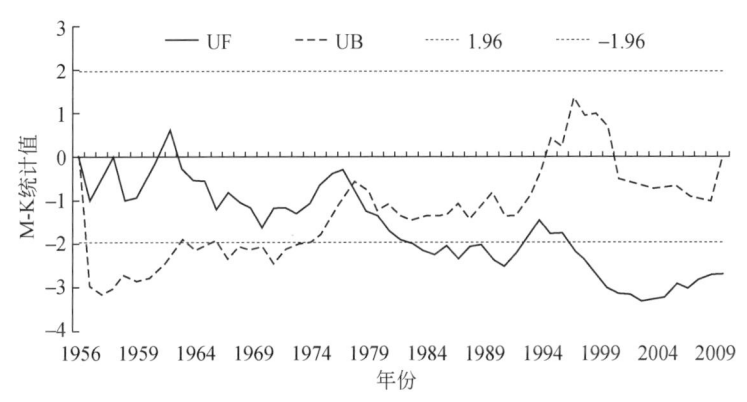

图 6-41　Mann-Kendall 法检验结果

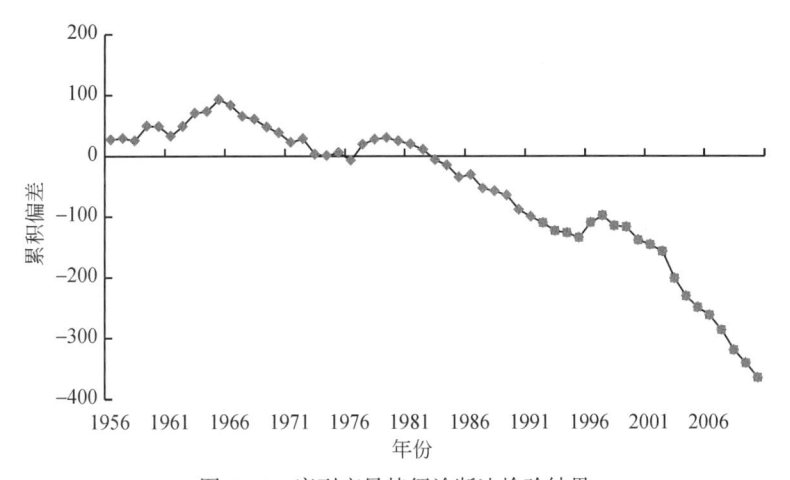

图 6-42　序列变异特征诊断法检验结果

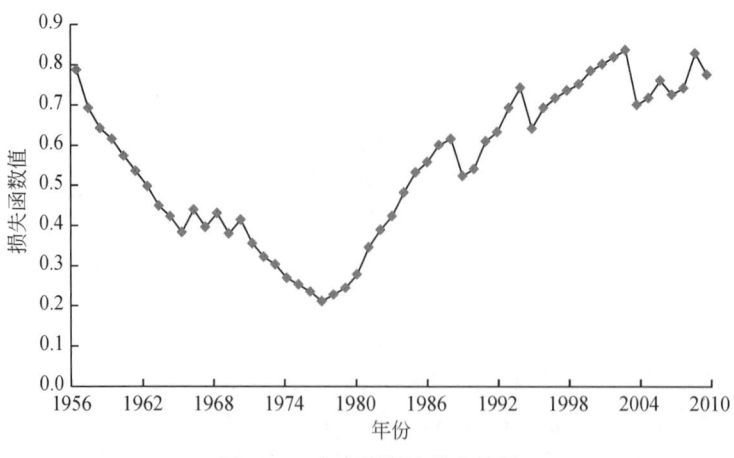

图 6-43 有序聚类法检验结果

在本次研究中利用上述三种方法对海河流域四个水资源二级区天然径流量的基准期进行了判定，结果显示各水资源二级区与全流域的径流基准期相差不大。结合对流域天然径流量的认知情况和对影响流域径流量各因子的分析，综合考虑确定海河流域及四个水资源二级区的天然径流基准期如表 6-7 所示。

表 6-7 海河流域及四个水资源二级区天然径流基准期判定结果

判别方法	海河流域	水资源二级区			
		滦河及冀东沿海	海河北系	海河南系	徒骇马颊河
Mann-Kendall 检验	1956~1978 年	1956~1980 年	1956~1980 年	1956~1979 年	1956~1985 年
序列变异特征诊断	1956~1976 年	1956~1978 年	1956~1977 年	1956~1976 年	1956~1974 年
有序聚类法	1956~1977 年	1956~1976 年	1956~1965 年	1956~1960 年	1956~1960 年
综合评定	1956~1978 年	1956~1978 年	1956~1977 年	1956~1976 年	1956~1974 年

利用基于傅抱璞公式的流域水均衡模型，结合海河流域天然径流基准期的判别结果可以计算出降水、蒸发、土地利用对海河流域天然径流量的贡献量（表 6-8），从结果可以看出，降水对于海河流域天然径流量的改变贡献量最大，四个水资源二级区的计算结果与海河全流域的计算结果相差不大。

表 6-8 海河流域及四个水资源二级区中径流主要影响因子贡献量 （单位：mm）

要素	海河流域	水资源二级区			
		滦河及冀东沿海	海河北系	海河南系	徒骇马颊河
降水	-21.25	-18.06	-16.59	-25.52	-23.08
蒸发	3.2	5.26	1.62	3.25	3.97
土地利用	-12.94	-16.55	-4.87	-10.73	-9.25
天然径流	-30.98	-29.36	-19.84	-33.01	-28.36

利用基于傅抱璞公式的流域水均衡模型可以计算出降水、蒸发、土地利用三个因子对于天然径流量的贡献率,从结果可以看出降水和土地利用的变化造成天然径流量减少,而蒸发的改变增加了天然径流量,其中三个主要影响因子中降水改变对于天然径流量的变化贡献最大,土地利用的影响其次,蒸发对于天然径流量变化的贡献相对较小(表6-9)。在流域四个水资源二级区中滦河平原土地利用对于流域天然径流量很大,其贡献率达到了56.4%。而其他三个水资源二级区中,降水的贡献率均在70%以上,远大于土地利用因素的贡献。利用基于傅抱璞公式的流域水均衡模型进行计算在海河流域土地利用不发生变化的前提下,流域降水量需增加126.52mm才能使流域天然径流量恢复到基准时期。

表6-9　海河流域及四个水资源二级区中径流主要影响因子贡献率　　（单位:%）

要素	海河流域	水资源二级区			
		滦河及冀东沿海	海河北系	海河南系	徒骇马颊河
降水	68.6	61.5	83.6	77.4	81.4
蒸发	-10.3	-17.9	-8.2	-9.9	-14.0
土地利用	41.8	56.4	24.6	32.5	32.6

基于统计模型的水资源演变归因分析中,下垫面变化对径流衰减的贡献率为29.8%,而在基于水均衡模型的水资源演变归因分析中,下垫面变化对径流衰减的贡献率为41.8%,两者之间的差别主要在于前者没有考虑蒸发的变化对径流的影响。

6.4　本章小结

近50年来,海河流域降水量呈现出减少的态势,1961~1975年降水相对丰沛,年平均降水量为546.6mm,1976~2010年降水相对偏少,年平均降水量为509.2mm,相对于1961~1975年而言减少了6.8%,其主要原因在于夏季降水量呈现出较大幅度的减少;年平均气温呈现显著的增加趋势,尤其是在1994~2010年,年平均气温显著增高,该时段内年均气温为10.0℃,相对于1961~1993年而言增加了约1℃;蒸发能力虽然呈现出减少的态势,但变化趋势并不明显。

随着海河流域降水、气温等气候因子的变化和流域下垫面条件的变化,海河流域的天然径流也发生了显著的变化。典型水文站点天然径流的演变规律表明:海河流域天然径流量呈现出衰减的态势,在20世纪70年代以后,衰减的趋势更为明显。1980~2000年多年平均天然径流量相对于1956~1979年而言,减少了17.3%~51.9%,其中,海河南系天然径流量衰减的幅度相对较大。对于地下水资源可开采量而言,1980年以前,海河流域地下水可开采总量为200.2亿m³/a,1980年以后地下水可开采量为184.1亿m³/a,相对于1980年以前减少了8.0%。

基于统计模型的水资源演变归因分析结果表明,下垫面条件的变化对径流衰减的贡献率为29.8%;基于水均衡模型的水资源演变归因分析结果表明:气候因素对于海河流域天然径流量衰减的贡献占 68.6%，降水变化仍然是造成区域天然径流量减少的主要原因，同时下垫面变化对于径流量的贡献也比较大，其贡献率达到 41.8%，降水需增加 126.52mm 才能使流域天然径流量恢复到基准期状态。两种方法均表明气候变化是导致天然径流衰减的主要因素，但两者之间的差别主要在于前者没有考虑蒸发的变化对径流的影响。

第7章 海河流域典型城市水循环演变规律与机理

7.1 海河流域城市化进程

海河流域城镇化进程不断加快。城镇人口从 1952 年的 900 万人增加到 2007 年的 6500 万人,城镇化率从 15.8% 提高到 47.6%,海河流域的城市化进程与全国的对比如图 7-1 所示。当前,海河流域分布有 35 座大中城市,城镇用地面积为 0.76 万 km²,占流域面积的 2.4%,主要分布在平原地区。海河流域城市在我国的政治经济中具有举足轻重的重要地位,是我国重要的钢铁生产基地、能源化工基地、化工基地及重要港口。除内蒙古和辽宁的小部分区域外,海河流域内主要城市群已初步形成,具体包括京津冀大都市连绵区、山东半岛与济南都市圈、太原及晋东南城市圈,以及豫北城市群等。这些城市群的发展具有明显的辐射带动作用,带动周边次中心城市、卫星城镇的快速发展。

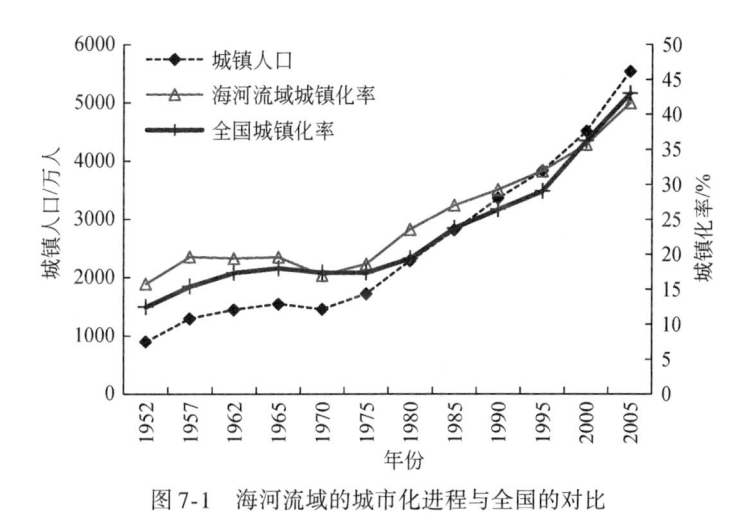

图 7-1 海河流域的城市化进程与全国的对比

7.2 城市水循环系统的基本结构与机理分析

城市作为人类社会文明的聚集中心,在流域中是人类社会生产活动最为频繁的地区,城市水系统是流域水循环系统的重要组成部分。在城市水资源开发利用中,人类通过直接取用河湖水、打井取用地下水、修筑水库渠道引水、远距离调水、海水淡化和雨水集蓄利用等途径，一方面，形成了城市特有的原水分配与调度过程、用户用耗水过程、污水收集处理与再生过程，以及非常规水源利用等人工侧支水循环（或社会水循环）过程，对自然水体的水量、水质与水生态过程产生了影响；另一方面，城市形态的扩张及下垫面的变化，对城市区域尺度的降水、蒸发、入渗、产流与汇流过程产生了影响。城市水循环系统的基本结构如图 7-2 所示。

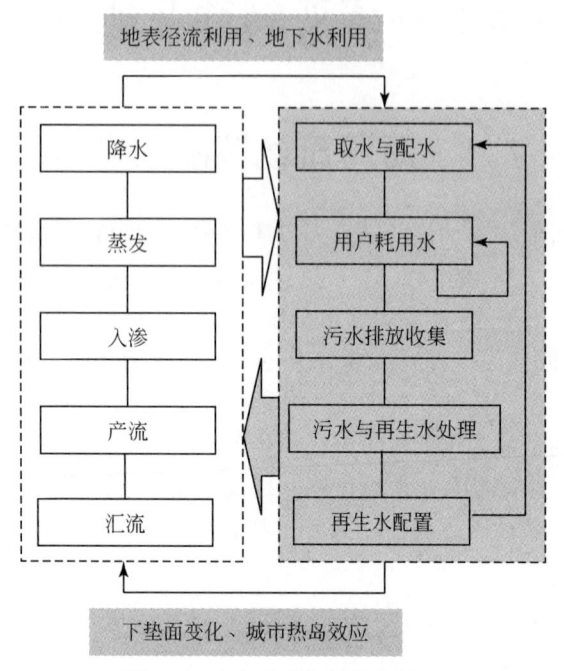

图 7-2 城市水系统的基本结构

7.2.1 城市发展对自然水循环要素的扰动

城市发展对自然水循环要素的干扰通常称为城市水文效应（hydrological effect of city），也就是城市化所及地区引起的水文过程的变化，如图 7-3 所示。

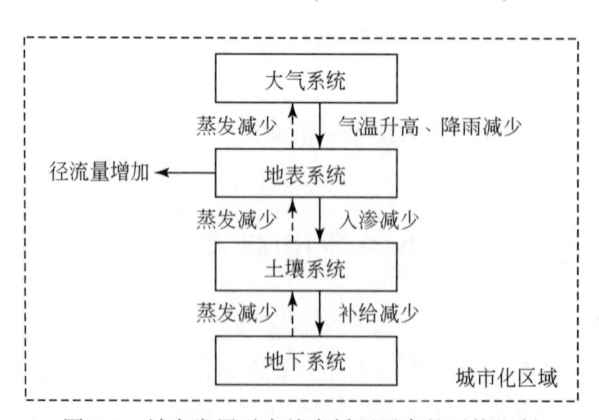

图 7-3 城市发展对自然水循环要素的干扰机制

(1) 降雨

城市化对降雨的影响主要表现在如下两大方面：①城市化所带来的工业企业能源消耗的增大、交通工具数目的不断增加及城市供暖系统的发展，增加了温室气体的排放量，阻碍了城区地面长波辐射和城区热能的释放，使得城区形成"热岛"，对水汽蒸发、空气对流产生明显影响，增强了城区云下蒸发过程，形成城市"干岛效应"，减少了城区的降水量。②随着城市大气污染的加重，城市上空大气中尘埃比天然情况下高出几倍至几千倍，为降水提供了更多的凝结核，引起局部区域降水增大。据估算，城市的热岛郊应、凝结核效应、高层建筑障碍效应等方面增强，使城市年降水量增加5%以上，汛期雷暴雨次数和暴雨量增加10%以上。

(2) 蒸发

城市扩张过程中，绿地、农田逐步改变为人工路面及建筑群，使得地表及树木的水分蒸发和蒸腾作用减弱，包气带蒸发量减少，从而使总蒸发量减少。

(3) 径流

城市化对径流的影响主要表现在三方面：①城市快速扩张和新城镇的兴建与发展，大面积的天然植被和土壤被道路及铺砌路面、工厂、住宅等硬质地面代替，导致下垫面的不透水面积增加，下垫面的滞水性、渗透性、热力状况发生了变化，同量级的降水形成的地表径流总量、流速和峰值流量增加，汇流时间缩短（洪峰流量集中、洪水过程线呈尖瘦型），城市内涝风险增大。当出现短时强降水或连续性降水，超出城市雨水管网的排水能力时，城市面临内涝灾害风险。②随着城市规模的扩大，城市从地表水和地下水中提取水量，降低了区域天然状态下原有的地表、地下水体蓄存量，并对区域内的水面与陆面蒸发过程、地表和地下水的转化关系及土壤水的运动过程产生干扰。③城市的扩展侵占了天然河道洪水滩地，减少了洪水滞洪容量和滞洪能力，加大了城市河川的洪水风险。

(4) 入渗与地下水

城市化对入渗与地下水的影响主要表现在如下方面：①城市对地下水（特别是承压水）的不合理开采，造成地下水位不断下降，甚至形成地下漏斗。②城市不透水面积增加，使得降雨垂向的地下水入渗补系数减少，降雨对地下水补给量减少。③城市河道岸坡的衬砌与硬化，加上对地表水的取用，导致区域地表水系统对地下水的补给量减少。

7.2.2 城市发展直接导致侧支水循环的形成

城镇化的发展直接导致城市侧支水循环系统的形成，如图7-4所示。城市侧支水循环系统的主要作用是向各种不同类别的用户供应满足需求的水质和水量，并对排除的污废水进行收集、输送和处理，以保护人体健康和环境安全。城市侧支水循环系统具体包括给水系统、用水系统和排水系统三大部分。城市侧支水循环系统是人类文明进步和城市化聚集居住的产物，是现代化城市重要的基础设施之一，是城市社会文明、经济发展和现代化水平的重要标志。城市侧支水循环系统具有如下主要功能：①水量保障，包括水量输送与水量调节，即向人们指定的用水地点及时、可靠地提供满足用户需求的用水量，并将用户排出的废水（包括生活污水和生产废水）和雨水及时可靠地收集并输送到指定地点；采取储水措施解决供水、用水和排水的水量不平均问题。②水质保障，即向指定用水地点和用户供给符合质量要求的水及按有关水质标准将废水排入受体，具体包括采用合适的给水处理措施使供水的水质达到或超过人们用水所要求的质量；通过设计和运行管理中的物理和化学等手段控制储水和输配水过程中的水质变化；采用合适的排水处理措施使废水水质达到排放要求。③水压保障，即为用户的用水提供符合标准的用水压力。

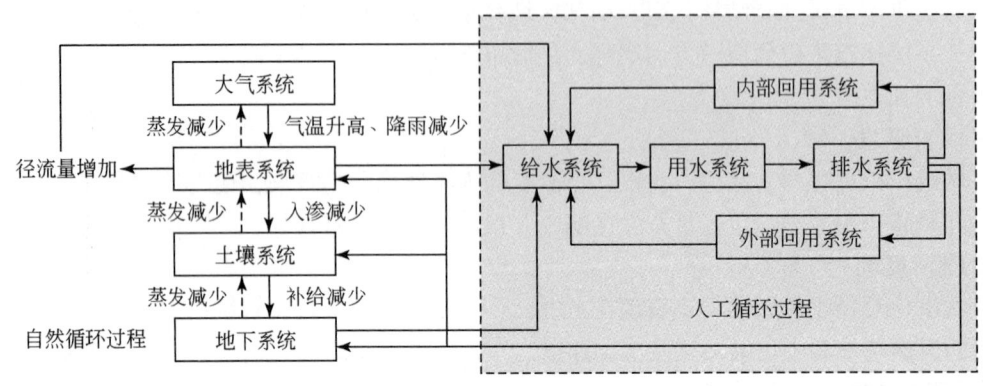

图 7-4 城市侧支水循环的形成

（1）供水系统

城市供水系统主要包括"水源取水—给水处理—输配水管网—用水设施"等环节。按照供水方式，可以分为自来水供水系统和自备水供水系统；按照水源不同，给水系统可分为地表水给水系统和地下水给水系统；按照水源节点数量，可分为单水源给水系统和多水源给水系统；按照动力特点，可以分为自流系统、水泵供水系统和混合供水系统；按照供水水质，可分为统一水质给水系统和分质给水系统；按照给水水压，可以分为统一水压给水系统和分压给水系统。

（2）用水系统

城市用水是城市侧支水循环系统的核心环节，其用水的强度、结构与分布，是影响城市给水和排水系统规模与分布的决定因素。一般而言，城市用水系统可细分为生活用水、二产用水、三产用水和其他（含生态）用水。①生活用水主要是饮用、烹饪、洗浴、冲洗等用水，是保障居民身体健康、家庭清洁卫生和生活舒适的重要条件，其特点是用水量大、用水地点集中。②二产和三产用水是指工业、建筑业或第三产业在生产过程中为满足生产工艺和产品质量要求的用水，可分为产品用水（水成为产品或产品的一部分）、工艺用水（水作为溶剂、载体等）和辅助用水（如冷却、清洗等）等。由于工业企业门类多、系统庞大复杂，对水量、水质、水压的要求差异很大。③其他（含生态）用水是指城镇或工业企业区域内的道路清洗、绿化浇灌、公共清洁卫生和消防的用水。随着城市人口的增加和产业的发展，城市用水量急剧增加。城市居民用水的消耗定额平均为农村居民的 5~8 倍，新兴工业的耗水量更多。

(3) 排水系统

城市排水系统主要包括"排水管网—污水处理—污水再生利用与排放"等环节。除了生活污水、工业废水外,还包括城市雨水、冲洗街道和消防用水的排出。按照排水方式的不同,城市排水系统可分为合流制排水系统、分流制排水系统和混合制排水系统。①合流制排水系统(combined sewer system):将生活污水、工业废水、雨水集流在同一个管渠内排出的系统,通常在系统中设置截留干管,将晴天和初期雨水送入污水处理厂处理后排入水体;雨期雨水和城市污水混合后,当超过截留干管的输水能力时,部分混合污水经溢流设施排入水体(combined sewer overflows)。这种系统的主要特点是泵站和污水处理厂的造价高,晴天和雨天污水流量变化大,增大了运行管理的复杂性。②分流制排水系统(separate sewer system):按照雨水系统的完备程度,可以分为不完全分流制和完全分流制,完全分流制具有完善的污水排水系统(sanitary sewer)和雨水排水系统(storm sewer);不完全分流制中雨水沿天然地面、街道边沟、水渠等原有渠道或部分雨水道系统排泄。这种系统通常可以降低污水处理厂规模和投资,但初期雨水径流可能导致水体污染、污水管网和雨水管网的建设投资增大。③混合制排水系统。城市的一部分区域采用分流制系统,另一部分区域采用合流制系统。该系统通常是在已有合流制的城市需要扩建排水系统时出现,是新城和旧城建设不同步的体现。

7.2.3 城市水循环系统面临的突出问题

随着海河流域城市水循环通量的不断增加,水循环系统面临如下突出问题:①城市供水安全保障不足,城市缺水问题突出。②城市点面源污染的排放导致水环境质量不能满足要求。③城市生态用水被大量挤占,生态系统脆弱。④雨水资源大量流失,城市内涝风险增大。⑤城市污水再生利用发展规模较小。⑥城市地下水超采问题突出。⑦城市水资源利用效率有待进一步提高,如图 7-5 所示。海河流域城市水问题的不断出现及影响范围的扩大,使得城市生态系统的可持续性几乎难以维系,限制了城市社会经济未来的可持续发展,并对人类健康产生了不良的影响。

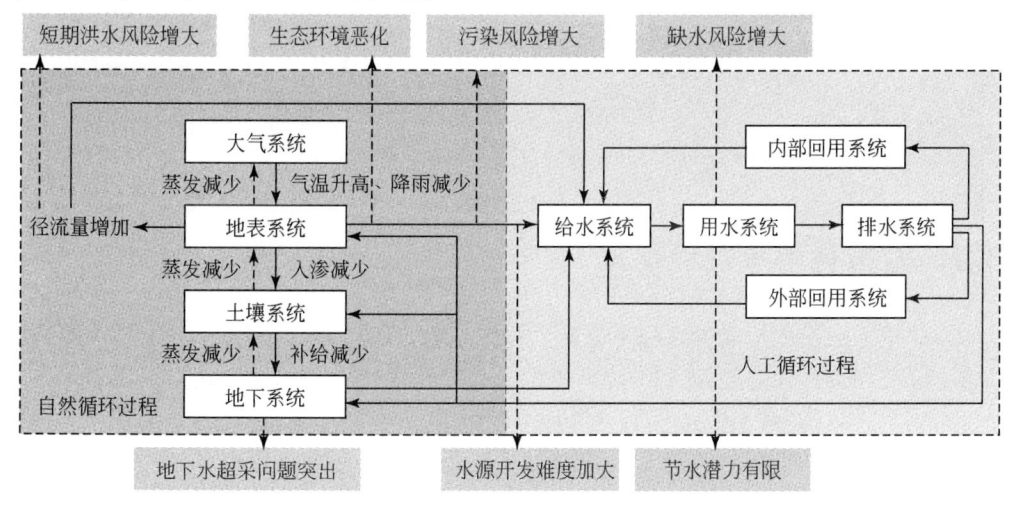

图 7-5 城市水系统结构失衡问题诊断

7.3 城市水循环演变规律分析——以北京市为例

北京位于华北平原西北部，北部与内蒙古高原接壤，西与山西高原毗连，东北与松辽平原相接，东南距离渤海约150km，总面积16 800km²，其中山区面积10 400km²，平原面积6400km²。北京市地势西北高，东南低。西北为山区，东南为平原。山地占总面积的62%，平原占总面积的38%。北京属温带半干旱半湿润性季风气候。全市年平均气温为11～12℃，极端最高气温43.5℃，极端最低气温-27.4℃。年日照数2600～2800h，年水面蒸发1120mm，多年平均陆地蒸发量在450～500mm。北京建设世界城市发展战略，京津冀区域经济一体化发展战略，打造"首都经济圈"。此外，国家生态文明建设对水安全保障提出了更高的要。北京市未来人口可能接近3000万，并形成以北京为中心的亿级人口城市群，以北京市作为典型案例分析城市水循环的演变规律与机理对于流域内其他城市具有重要的指导意义。当前，北京市城市水循环各项过程及其通量如图7-6所示，具体特点如下。

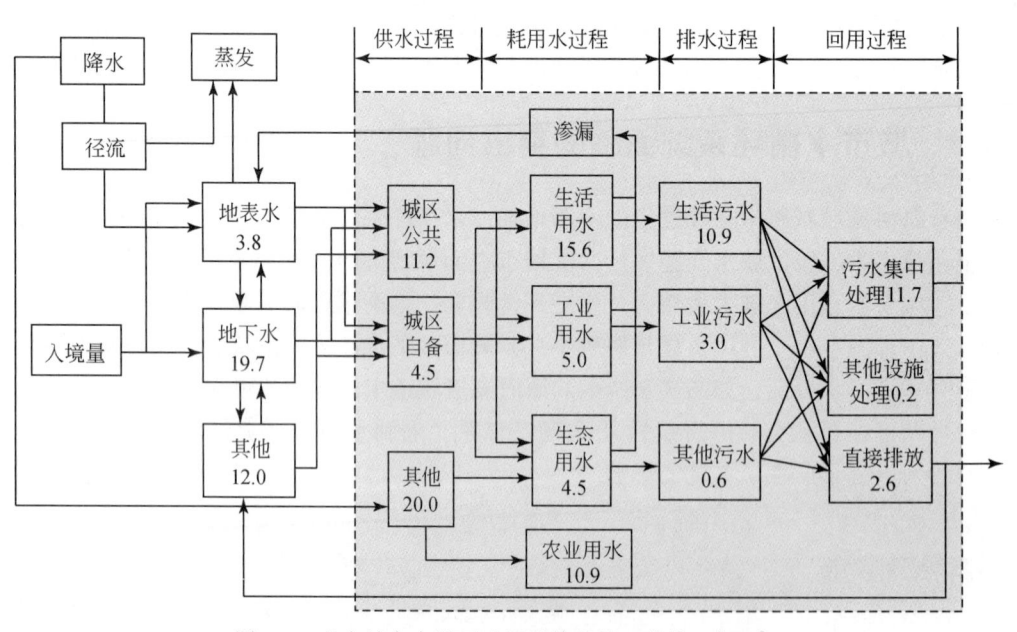

图7-6 北京城市水循环过程及其通量（单位：亿m³）

7.3.1 城市耗用水过程规律

城市总用水通量逐步减少并趋于稳定。总体上看，1980～2008年北京市的用水经历了波动中下降并趋于平缓的趋势。30余年来北京市用水通量的演变过程如图7-7所示。2013年北京市用水总量为36.4亿m³，仅为1980年用水总量的76.2%。

城市生活用水通量超过工业和农业用水，成为用水的主体。30余年来，北京市生活用水逐步上升，工业用水和农业用水呈现逐步下降的趋势。2001～2006年，生活用水逐步

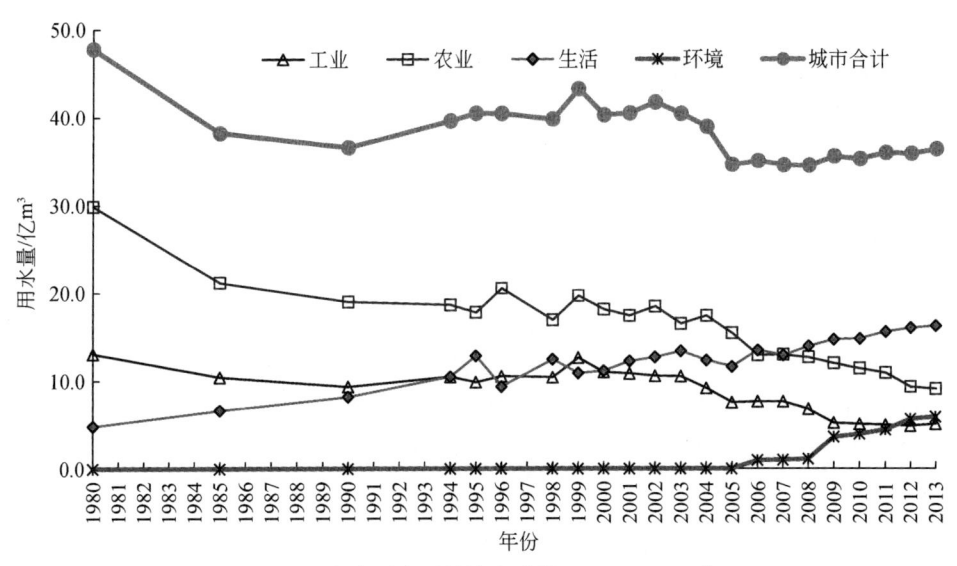

图 7-7　北京市用水通量演变过程（1980~2013 年）

超过工业用水量和农业用水量，成为用水的主体。2013 年生活用水所占比重从 1980 年的 10.0% 提高到 44.7%，工业用水的比重从 1980 年的 27.4% 下降到 14.1%，农业用水比重从 1980 年的 62.5% 下降到 25.0%。

建成区的用水高度集中，供水保证率和水质刚性要求强。市区用水是城市用水的重要组成部分。据统计，2011 年城区用水 15.8 亿 m^3，占北京市总用水量的 43.9%。其中，居民家庭用水、公共服务用水是主体，二者所占比重分别为 39.8% 和 29.4%，其次为生产运营用水，所占比重为 14.8%，如图 7-8 所示。总体上北京市城区用水具有如下特点：①公共用水量较大，这与北京市作为我国政治、经济和社会活动的中心密不可分。②生活用水中基本生活用水所占比重较小。人类生活的消费用水量（包括饮用、炊事）基本稳定，即在 10~15LCD，用于卫生和美化的用水则相对具有较大的增长空间，通常在 20~40LCD。用水器具结构的变化是导致人均用水量发生变化的重要驱动因素，北京市居民生活用水由以水龙头、洗衣机用水为主导的结构向以洗澡、冲厕用水为主导的模式发展。水龙头用水比例从 1985 年的 95.2% 下降到 2001 年的 21%，而便器与洗澡用水分别上升到 31% 和 32%，成为城市居民用水的重要组成部分。

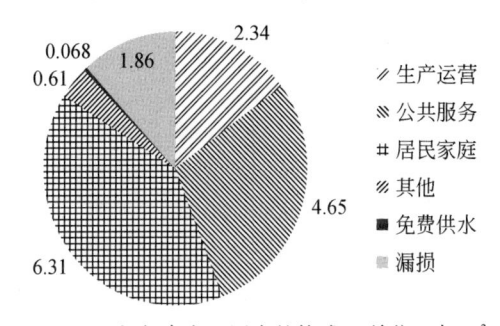

图 7-8　北京市建成区用水的构成（单位：亿 m^3）

7.3.2 城市污废水排放与处理过程

城市污废水的排放量日益增大，生活污水成为主体。1989~2008年北京市污废水的排放过程如图7-9所示。北京市污废水排放量呈现波动中缓慢增加的趋势，其中，生活污水排放量缓慢上升，工业废水排放量逐步下降。生活污水是排放的主体，2008年污水量占总污废水排放量的92.6%。工业废水达标排放率逐步增大到100%。与此同时，大量污染负荷排放到水环境中，据统计，2008年，北京市排放10.1万t的COD和1.2万t的氨氮，主要来自生活污水，分别占总量的96.0%和91.7%。城市污染负荷的大量排放，使得流经城市的河流中下游逐渐受到污染，尤其是下游河流的河段污染严重，2009年北京市达标河段长度仅占55.0%，劣V类水质河长占监测总长度的41.2%，属于有机污染，主要污染指标为COD、BOD_5和氨氮。

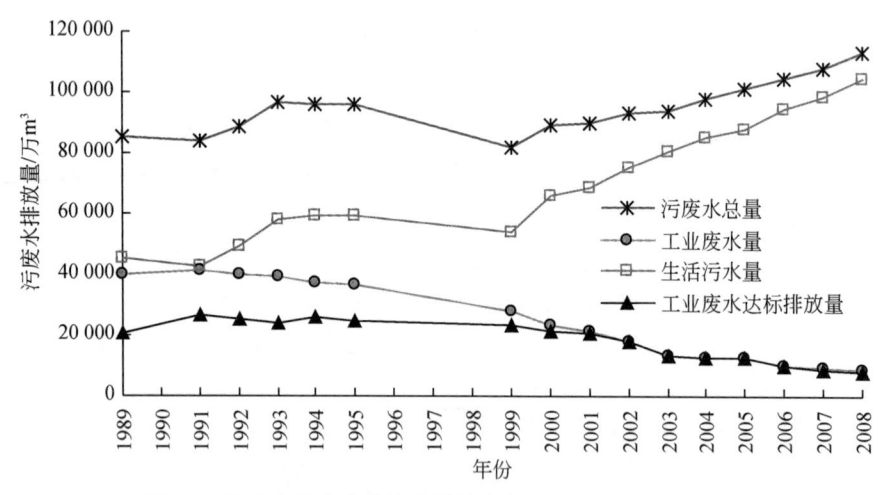

图7-9 北京市污废水排放通量的演变过程（1989~2008年）

城市污水处理水平不断提高，一定程度上缓解了城市发展带来的水环境压力。北京市污水处理能力不断增加，从1978年的23万m^3/d提高到2013年的393万m^3/d，提高了17倍。污水处理率从1978年的8%提高到2013年的85%，如图7-10所示。

7.3.3 城市雨水利用与排放过程

城市排水管网的建设分离了自然水循环过程，雨水资源大量流失。城市排水与污水管道系统的完善，增加了降雨汇流的水力效率。据统计，北京市污水管网（含合流管道）已从1978年的290km增加到2013年的6363km，如图7-11所示。具体而言，2011年北京市排水管网总长度为1.1万km，其中污水管道4765km，雨水管道4444km，雨污河流管道1867km。城市雨水资源大量流失，雨水综合利用量2013年仅为1.7亿m^3。

城市内涝的频率和影响范围日益增大。城市内涝是指由于强降水或连续性降水超过城

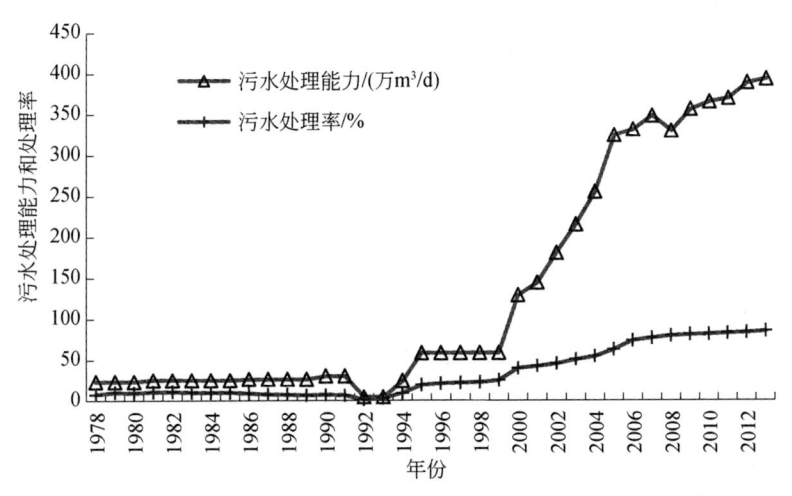

图 7-10　北京市污水处理能力与处理率演变过程（1978～2013 年）

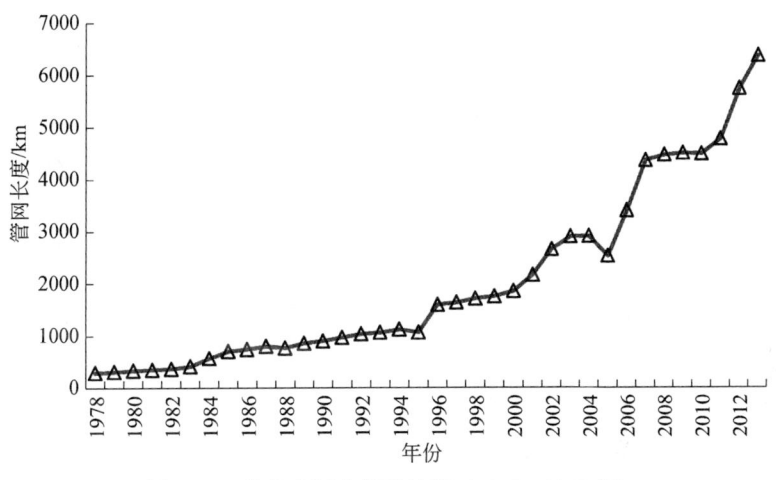

图 7-11　北京市污水管网长度（1978～2013 年）

市排水能力致使城市内产生积水灾害的现象。图 7-12 显示北京严重城市内涝发生频率与其他城市对比情况。可以看出，自 2003 年以来北京市内涝发生的频率日益增大，代表性案例如下。

2004 年 7 月 10 日（"7·10"暴雨事件），北京遭遇特大暴雨等袭击，小时降雨超过 90mm，造成 41 处路段严重积水，莲花桥下积水 1.7m，21 处严重堵车，其中有 8 个立交桥交通发生瘫痪，西二环、西三环、西四环交通一度中断，同时还造成 90 余处地下设施进水，倒塌房屋 5 间。

2011 年 6 月 23 日（"6·23"暴雨事件），北京地区普遍出现了大到暴雨天气，全市平均降水 41mm，其中城区平均降水 73mm，最大降水量达到 192.6mm，局地降水量百年一遇。该暴雨导致北京市区 22 处交通路段中断，部分环路断路，3 条地铁线路

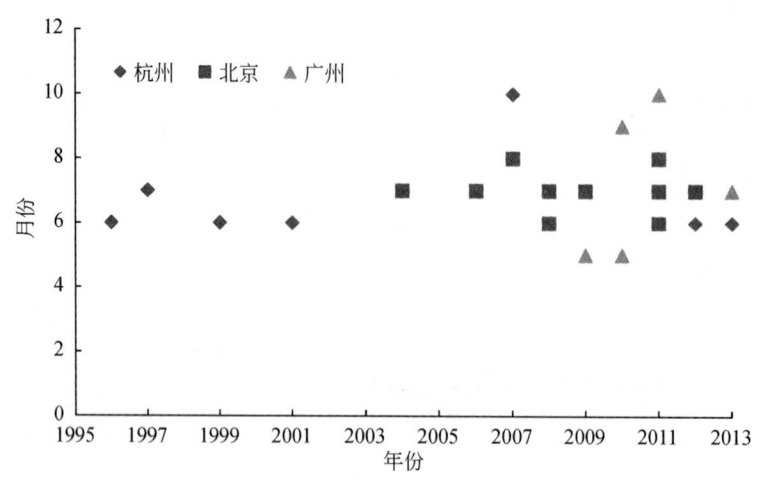

图 7-12　北京严重城市内涝发生频率与其他城市对比（1995~2013 年）

（地铁 1 号线、13 号线、亦庄线等）部分区段停运，首都机场 100 多架次进出港航班被取消。

2012 年 7 月 21 日（"7·21"特大暴雨事件），北京市遭遇新中国成立以来最大的一场暴雨灾害，全市平均降雨量 170mm。最大雨量点发生在房山区河北镇，达到 541mm（达 500 年一遇），城区平均降雨量 215mm。房山、城近郊区、平谷和顺义平均雨量均在 200mm 以上，降雨量超过 100mm 的覆盖面积为 1.42 万 km^2，占全市总面积的 86%。全市超过六分之一的地区小时雨量超过 70mm，城区交通瘫痪、车辆被淹、供电中断，社会经济损失巨大。

7.3.4　城市多水源供给过程

城市供水以地下水占主体，供水水源的多样化趋势明显，再生水利用量逐年增加。北京市供水的水源结构如图 7-13 所示。2001 年海河流域城市以地下水供水为主，地下水供给量为 27.2 亿 m^3，占城市总供水量的 69.9%，其余为地表水。2013 年城市供水的水源包括地表水、地下水、再生水、南水北调水、应急供水等，其中地下水所占比重为 49.%，再生水比重为 22.1%，地表水比重为 10.8%，南水北调水比重为 9.7%，应急供水比重为 8.2%。由于地下水比重较大，北京市平原区地下水严重下降区面积为 5369km^2，地下水降落漏斗面积 1047km^2，漏斗中心主要分布在朝阳区的黄港至长店一带。

建成区供水以公共供水为主体，以自建设施供水为辅。北京市城区 2011 年公共供水量为 11.19 亿 m^3，自建设施供水量为 4.655 亿 m^3，公共供水所占比例为 70.7%，如图 7-14所示。

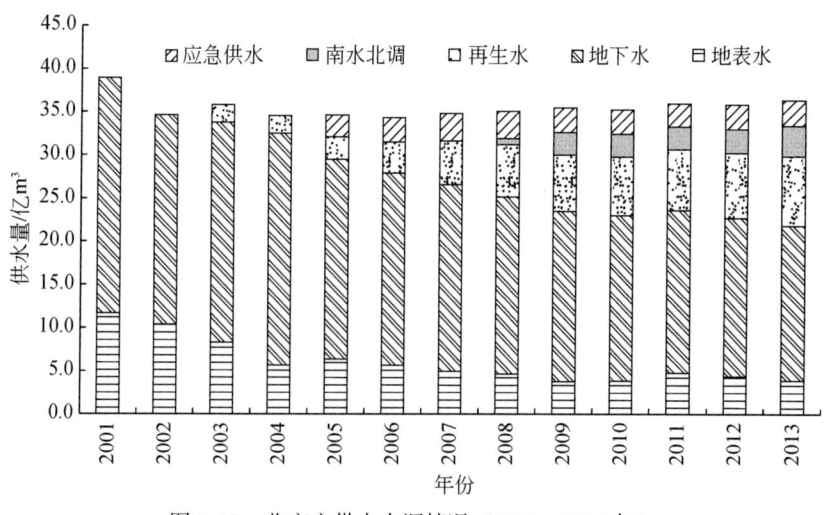

图 7-13　北京市供水水源情况（2001~2013 年）

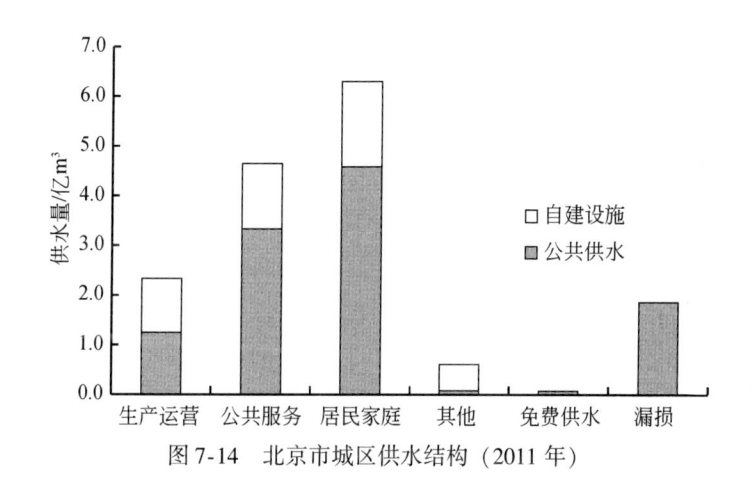

图 7-14　北京市城区供水结构（2011 年）

7.4　本章小结

随着城市化进程的不断加剧，海河流域城市发展对自然要素产生了强烈的扰动，并且直接导致了"供—用（耗）—排—回用"侧支水循环的形成。随着海河流域城市水循环通量的不断增加，城市水循环系统面临突出的水问题，已限制了城市社会经济未来的可持续发展，并对人类健康产生了不良的影响。

以北京市为例分析得到城市水循环的一些演变规律。具体包括以下方面：一是在城市用耗水方面，北京市的用水经历了波动中下降并趋于平缓的趋势；在此过程中生活用水通量超过工业和农业用水，成为用水的主体；中心城区的用水高度集中，供水保证率和水质刚性要求强。二是在城市污废水排放与处理方面，城市污废水的排放量日益增大，生活污水的排放成为主体；城市污水处理水平不断提高，一定程度上缓解城市发展带来的水环境压力。三是在雨水利用与排放方面，城市排水管网的建设分离了自然水循环过程，城市雨水资源大量流失，城市内涝的频率和影响范围日益增大。四是在城市多水源供给方面，地下水占主体，供水水源的多样化趋势明显，再生水比重明显增大。总体上看，城市水循环通量不断增大、循环路径不断延展、循环结构日趋复杂、与自然水循环的分离特性日趋明显。对城市水循环的多个过程进行科学定量调控是确保城市水安全和可持续发展的重要内容。

第 8 章 海河流域农业水循环演变规律与机理

海河流域特别是其平原区是我国农业发达地区，2005 年全海河流域耕地面积为 15 921 万亩，其中农田有效灌溉面积为 11 058 万亩，当年农田实灌面积 9591 万亩，占耕地总面积的 60%。农业灌溉需要消耗大量的水资源，农业用水占海河流域用水总量的 65% 以上，因此，进行海河流域农业水循环演变规律及其调控研究具有重要意义。

8.1 海河流域农业分布及种植结构

8.1.1 海河流域农业的主要分布

海河流域占全国国土面积的 2.25%，聚集了 7.21% 的人口和 11.3% 的经济总量。流域内共有大型灌区 45 个，设计灌溉面积 4496 万亩，有效灌溉面积 3449 万亩，2005 年实灌面积 2585 万亩，大型灌区有效灌溉面积占全流域的 31.3%。大型灌区大多分布在各河系中下游，地表水源主要分为水库供水和河道供水两类，灌区内普遍开采地下水，井渠合灌，有部分灌区采用引洪淤灌（表 8-1）。

表 8-1 海河流域大型灌区 2005 年灌溉面积统计表

项目	北京	天津	河北	山西	河南	山东	合计
灌区数量/个	2	1	21	3	6	12	45
设计灌溉面积/万亩	82.3	46.8	1491	106	437	2333	4496
有效灌溉面积/万亩	80.3	41.6	1181	79.3	237	1829	3449
实灌面积/万亩	80.3	36.5	531	45.2	124	1658	2528

注：内蒙古自治区、辽宁省在海河流域内无大型灌区
资料来源：马文奎等，2009

以地表水为主要灌溉水源的渠灌区一般分布于地表水取水较为方便的地区，如表 8-2 所示，海河流域有 2 万 hm² 以上的大型渠灌灌区 18 处；以地下水为主要灌溉水源的井灌区以地下水源为主，在海河流域分布广泛，也导致海河流域地下水超采严重。

表 8-2 海河流域大型渠灌灌区分布

水系名称	灌区名称
漳卫南运河	民有灌区、红旗渠灌区、漳南灌区
子牙河	滏阳河灌区、石津灌区、滹沱河灌区
大清河	房涞涿灌区、唐河灌区、易水灌区、沙河灌区
永定河	桑干河灌区、永定河灌区
北三河	榆林庄灌区、潮河灌区、白河灌区、新河灌区、南红门灌区
滦河	滦河下游灌区

资料来源：王中宇，2007

8.1.2 海河流域农业种植结构的发展及其驱动

8.1.2.1 近年来海河流域农业种植结构的变迁

海河流域地处半湿润地区，由于水资源本底条件差，以旱作农业为主。河北省适宜旱作面积为 5420 万亩，如表 8-3 所示，此外还包括北京市山区旱作农区、晋东南旱作农区等。近年来，随着保水增产技术的发展，旱作农业增产迅速，为确保海河流域粮食安全发挥了重要作用。

表 8-3 河北省旱作农区主要情况

旱作农区名称	行政区	年均降雨量/mm	适宜旱作面积/万亩
坝上高原旱作农区	张家口、承德市的 7 县	350~600	700
冀西北丘陵山区旱作农区	张家口市坝下 9 县	450	720
燕山山地丘陵旱作农区	承德、秦皇岛、唐山市的 15 个县（市）	600	850
太行山山地丘陵旱作农区	太行山山地丘陵区的 23 个县（市）	500	650
低平原旱作农区	黑龙港流域和滨海低平原的 46 个县（市、区）	400~550	2500

本次研究整理了海河流域北京市、天津市和河北省近年来粮食作物、经济作物和蔬菜瓜果的种植面积，如图 8-1~图 8-3 所示。20 世纪后期至 21 世纪初，各省市粮食作物种植面积呈现明显下降趋势，特别是北京市，2003 年粮食耕种面积仅为 1980 年的 25.8%，而这一时期，经济作物和蔬菜瓜果种植面积呈缓慢增加态势。自 2003 年至今，海河流域各地区粮食种植面积转而逐年增加，上升趋势明显。

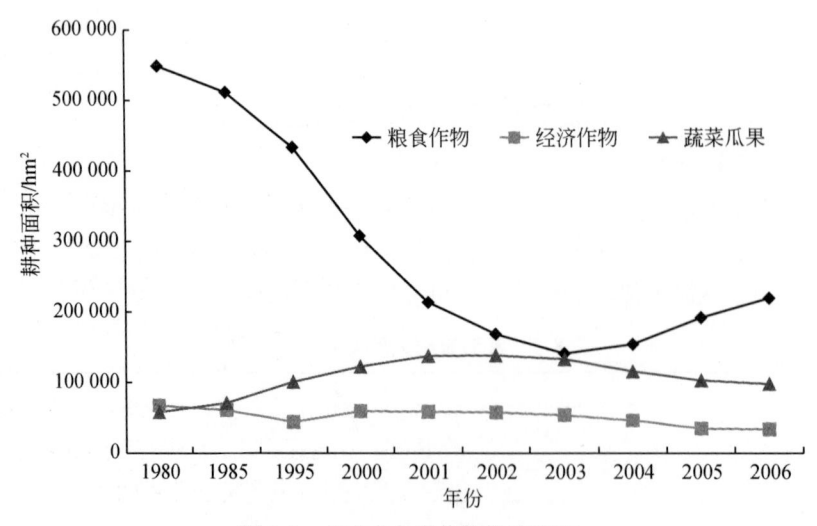

图 8-1 北京市各类作物播种面积

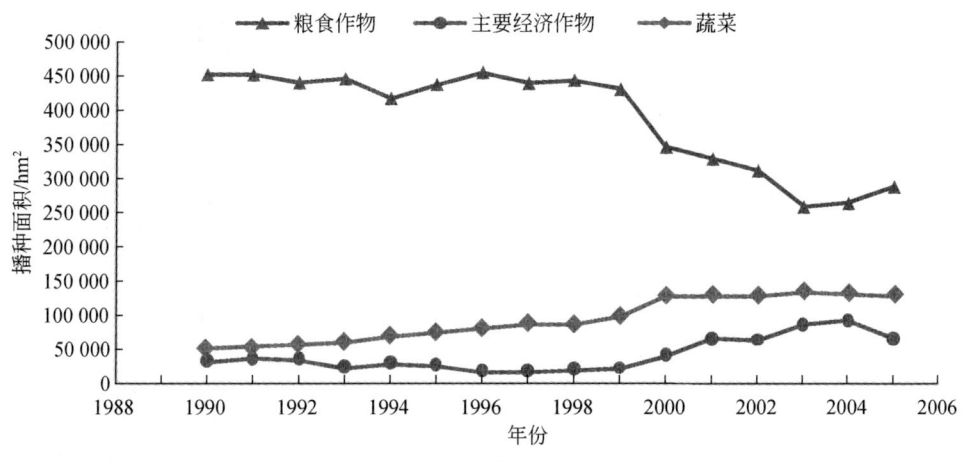

图 8-2　天津市各类作物播种面积

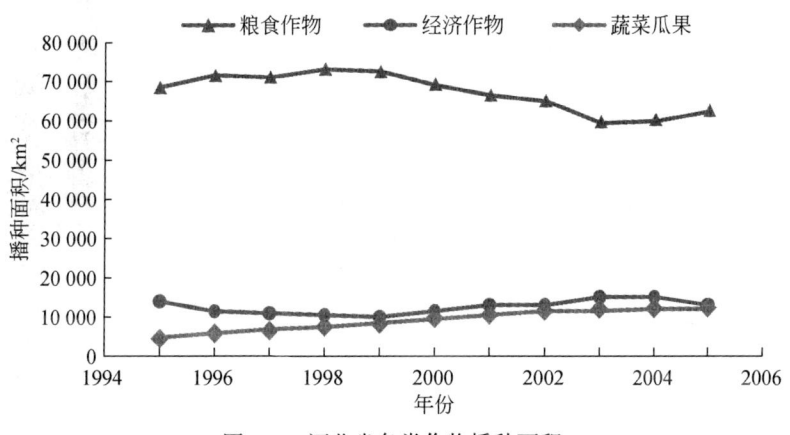

图 8-3　河北省各类作物播种面积

8.1.2.2　海河流域农业种植结构驱动机制

海河流域农业种植结构变化是由海河流域特殊自然条件和社会经济综合发展共同驱动的，本次研究从土壤条件、水资源本底条件约束、经济发展、社会消费需求、国家宏观调控政策、作物品种改良六个方面进行分析。

(1) 土壤条件约束

从整体上讲，海河流域土质适宜种植旱田作物。海河流域平原区土壤主要为半水成土，土壤的下部受到地下水浸润或土层暂时滞水，在土壤中形成锈纹锈斑和铁锰结核，主要包括草甸土、潮土、砂姜黑土、灌淤土、黑土和白浆土。半水成土分布区地势平坦，土层深厚，矿质营养丰富，是旱田作物的主要产区。此外，河北省坝上大面积分布着栗钙土，表土层以栗色为主，发育较差，一定的有机质积累，含量可达 1.5% ~

3.0%，是在干寒气候和干草原条件下形成的土壤。由于干旱，淋溶作用弱，突出表现为碳酸钙的淀积，钙积层色浅灰和灰白，石灰反应强烈，pH 值呈微碱性，适宜种植牧草等。

（2）水资源本底条件约束

海河流域多年平均降雨量 520mm，2000 年以来年平均降雨量低于 500mm，2008 年，人均水资源量不足 200m^3。近年来，海河流域社会经济发展迅速，人口急剧增长，图 8-4 和图 8-5 是 1980~2005 年，海河流域各省市人口和地区生产总值增长情况。2006 年全区人口是 1980 年的 1.3 倍，地区生产总值是 1980 年的 43 倍。

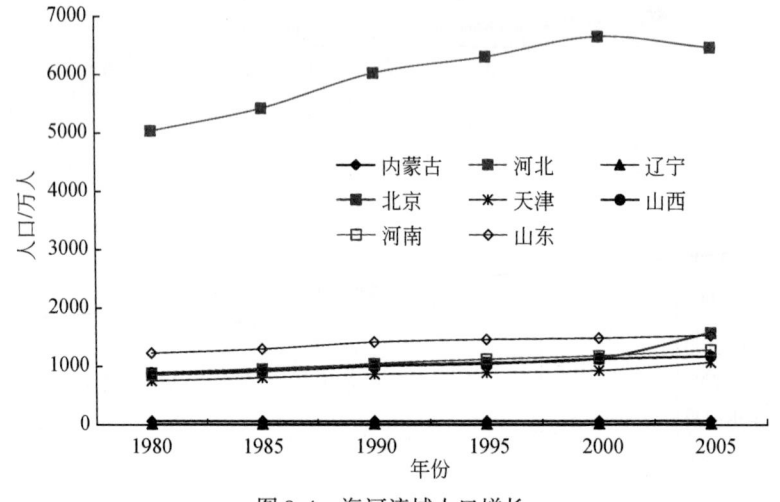

图 8-4 海河流域人口增长

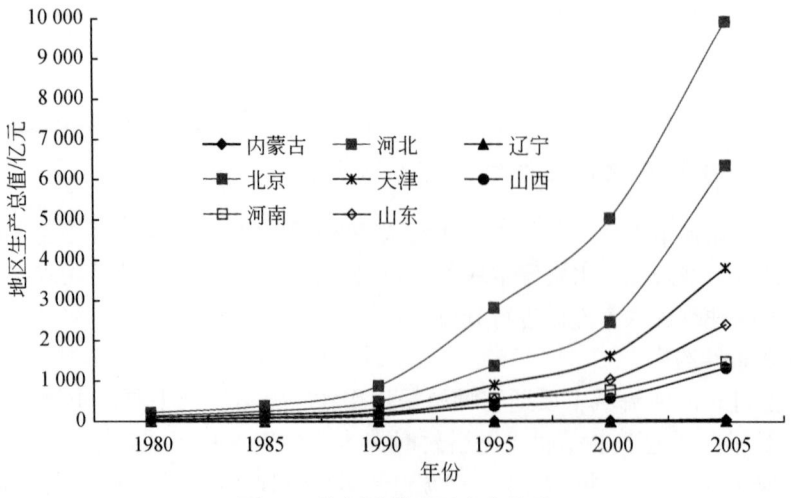

图 8-5 海河流域地区生产总值

社会经济飞速发展伴随着水资源向高附加值行业的集中,如图 8-6 所示为 1980~2005 年海河流域工业用水总量变化过程,2000 年海河流域工业用水总量接近 70 亿 m³,比 1980 年增长了 23 亿 m³,生活用水和其他生产用水均大幅增加。

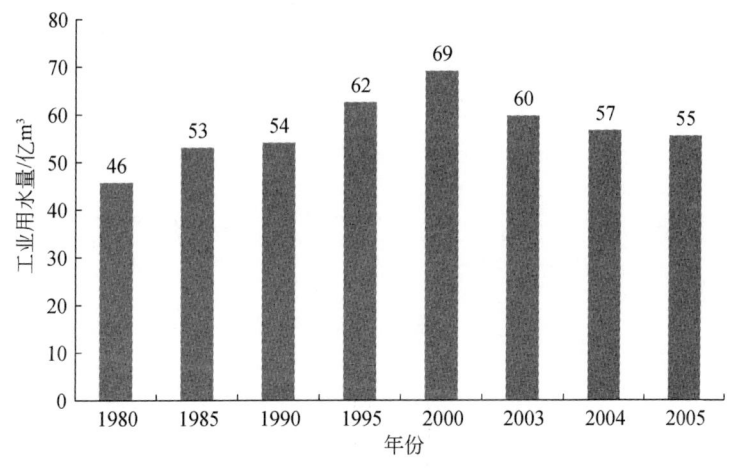

图 8-6　1980~2005 年海河流域工业用水

水资源短缺的胁迫导致高耗水作物种植面积减少。1980~2003 年,海河流域粮食作物总耕种面积大幅下降,其中稻谷由于亩均用水量大,与区域水资源紧缺条件不相适应,2003 年后仍持续下降。玉米因亩均用水量小,抗旱能力较强,对灌溉水依赖程度较低,因此 2003 年后耕种面积增加幅度远高于其他作物。如图 8-7~图 8-9 所示。

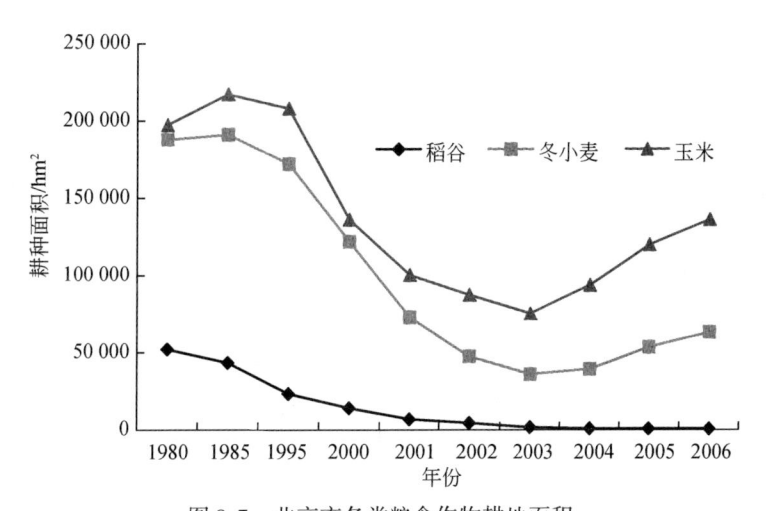

图 8-7　北京市各类粮食作物耕地面积

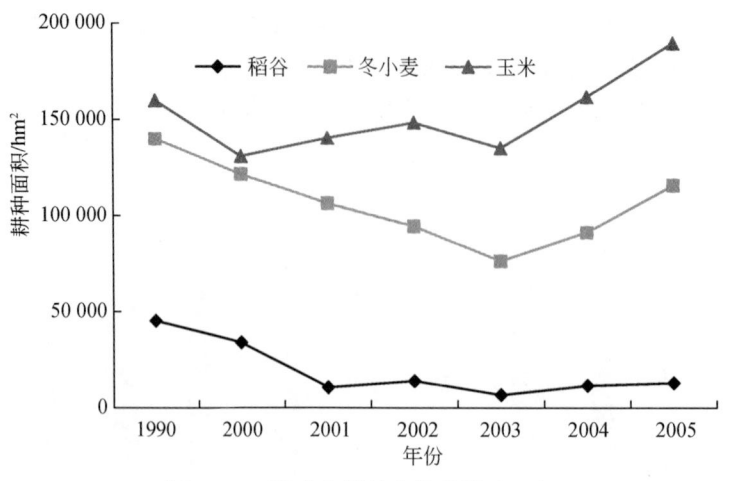

图 8-8　天津市各类粮食作物耕地面积

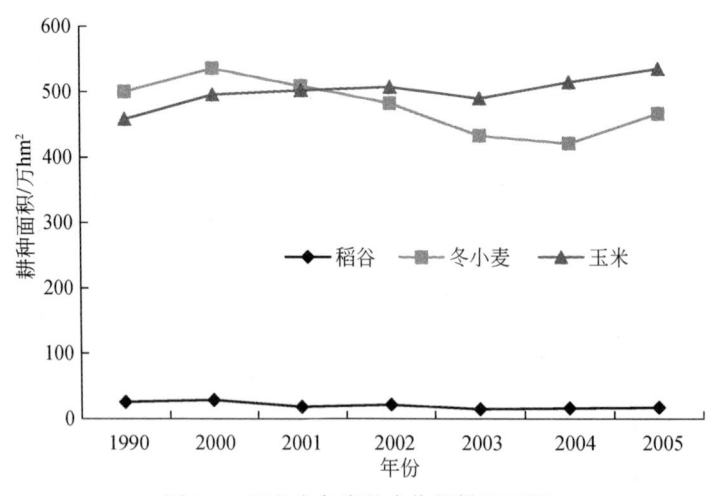

图 8-9　河北省各类粮食作物耕地面积

（3） 经济效益驱动

经济效益驱动直接体现在两个方面：一是经济作物与蔬菜作物由于亩产效益远高于粮食作物，因此，1980~2003 年，经济作物和蔬菜作物耕种面积比例迅速增加；二是由于城镇化进程的加快，二、三产业迅速发展，居工地对耕地形成一定侵占。

表 8-4 为 2009~2010 年海河流域部分农产品的产值对比情况。但是必须指出的是，经济作物虽然亩均收益较高，但是种植成本也较高，价格受市场供需影响大，不同时期浮动幅度大，因此经济作物种植存在较大经济风险。例如，2008 年大蒜市场收购价格每公斤 0.10 元，由于市场价格创新低，蒜农的积极性受挫。致使 2009 年种植面积比上年减少 3 万亩，亩产量 750kg，每亩比上年减产 200~250kg，导致收购价格上升，达到每公斤 0.35~0.50 元。2010 年由于总供应量不足、出口量上升、国内需求迅速增加及人为炒作等多种因素，每公斤老蒜购入价 8.3 元，批发价 8.6 元，每天销售量在 1 万~2 万 kg；每

公斤新蒜购入价3.00~3.20元,批发价3.6元,大蒜种植成本每亩在1000元左右。相反,稻谷、小麦、玉米等粮食作物尽管亩均效益较低,由于国家的粮食安全政策保护,市场价格波动小,种植风险小,不少农民还是宁愿保守的选择粮食作物种植。

表8-4 2009~2010年部分农产品亩均产值对比

作物	亩均产量/kg	价格/(元/kg)	亩均产出/元	亩均成本/元	亩均效益/元
小麦	400	2.1	840	355	485
花生	350	2.7	1295	400	895
棉花（皮棉）	76	19.8	1375	354	1011
大蒜	1500	3.0	4500	1200	3300
西瓜	4500	0.5	2300	1000	1300

改革开放以来,海河流域社会经济高速发展,建城区面积急剧增大,导致农业耕地面积和分布格局随之发生变化。离城区距离近的耕地逐渐被改建成城市居住或其他经济用地,耕地向远离城市中心的区域发展,伴随着总体面积不断减少（表8-5）。

表8-5 北京市和天津市建城区面积变化情况

省市	1995年面积/km²	2007年面积/km²	浮动情况/%
北京	476.8	1289	+170
天津	359.3	571	+59

（4）消费需求导向

消费需求导向体现在两个方面:一是居民生活对粮食蔬菜等的消费结构发生变化;二是工业生产对农产品原材料需求的增加。

随着生活水平的提高,居民生活对蔬菜瓜果需求逐渐增加,如图8-10所示,我国自20世纪80年代以来,城镇居民和农村居民直接粮食需求都呈现明显下降趋势,居民粮食直接需求的减少在一定程度上导致农民粮食生产积极性的降低。

随着现代化工业技术的进步,不少农产品作为生物性可再生原料重新替代石油、天然气、煤炭等矿物性原料,如利用农产品生产生物润滑油、生物柴油、生物塑料、生物洗涤剂、汽车构件和特殊纸类等,农产品需求结构的变化导致种植结构发生重大转变。玉米主要以食用或动物饲料为主,价格低,销售对象和渠道单一,农民缺乏种植积极性。近年来,经过深加工,玉米可制成衣服、药品,或提炼乙醇替代目前很紧缺的汽油,成为重要的工业原料,促进玉米耕种面积的大幅增加。

（5）政府宏观决策导向

为改善生态环境,我国自1999年开始以试点模式实施退耕还林政策,工程进展总体顺利,成效显著,加快了国土绿化进程,一部分不适宜耕种的土地由耕地成为林草地,增加了林草植被,水土流失和风沙危害强度减轻。

另外,国家为稳定粮食生产、保障国家粮食安全出台了一系列扶持措施,粮食产能向

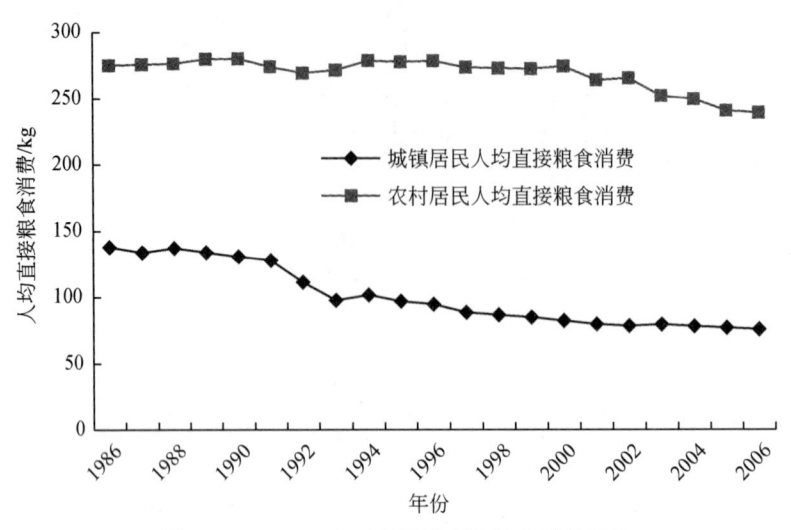

图 8-10 1986~2006 年我国直接粮食消费变化

主产区和产粮大县集中。2003 年，国家发展和改革委员会、国家粮食局联合下发《关于 2003 年粮食收购价格有关问题的通知》（发改价格〔2003〕300 号），主产区要继续坚持保护价收购制度。2009 年，我国发布《全国新增 1000 亿斤粮食生产能力规划（2009—2020 年）》。位于海河流域的河北省就是重要的粮食主产区，为贯彻落实《全国新增 1000 亿斤粮食生产能力规划（2009—2020 年）》，有效改善农业生产条件，进一步提高粮食综合生产能力和市场竞争力，全面完成国家分配河北省的 41 亿斤粮食增产任务，河北省发展和改革委员会制定了《河北省新增 41 亿斤粮食生产能力实施规划（2009—2020 年）》，通过多种措施，加大中低产田改造和高标准农田建设力度，预计到 2020 年，将恢复和改善灌溉面积 1200 万亩，新增节水灌溉面积 2946 万亩（预计增加粮食产量 8.5 亿 kg），改造中低产田和建设高标准农田 945 万亩。

(6) 作物品种改良

如图 8-11 所示为北京市近年来冬小麦、玉米和棉花的单产变化情况。改良作物品种及种植灌溉制度变化，导致单产的大幅增加，使农田种植系统在种植面积减少的情况下保证了粮食总产量，从而保障居民粮食安全，也是农田种植系统适应海河流域特殊水资源条件和发展用地需求的自我调节的有效手段。

国家科技支撑计划课题"太行山前平原区小麦玉米减蒸降耗节水技术集成与示范"根据定点试验结果，分析了冬小麦和夏玉米历年产量与耗水量的数值。图 8-12 显示栾城定点试验从 1980 年到现在冬小麦在灌溉两水条件下的产量和耗水量变化，结果显示随着品种更新、土壤养分条件和管理措施改善，冬小麦种植的耗水弹性系数小于 1，即耗水量增长速率小于产量增长速率；图 8-13 显示夏玉米在农田耗水量维持较稳定的状态，产量明显增加。

第 8 章 | 海河流域农业水循环演变规律与机理

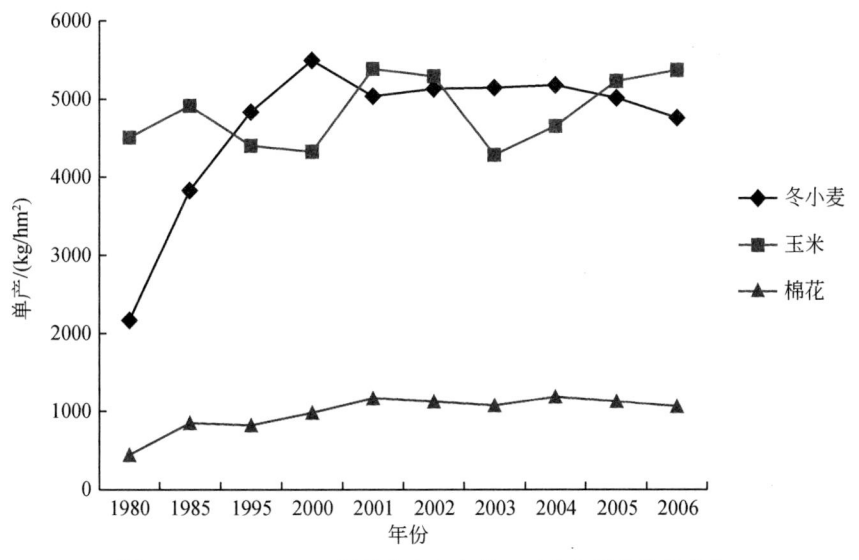

图 8-11 1980~2006 年北京市冬小麦、玉米和棉花单产变化

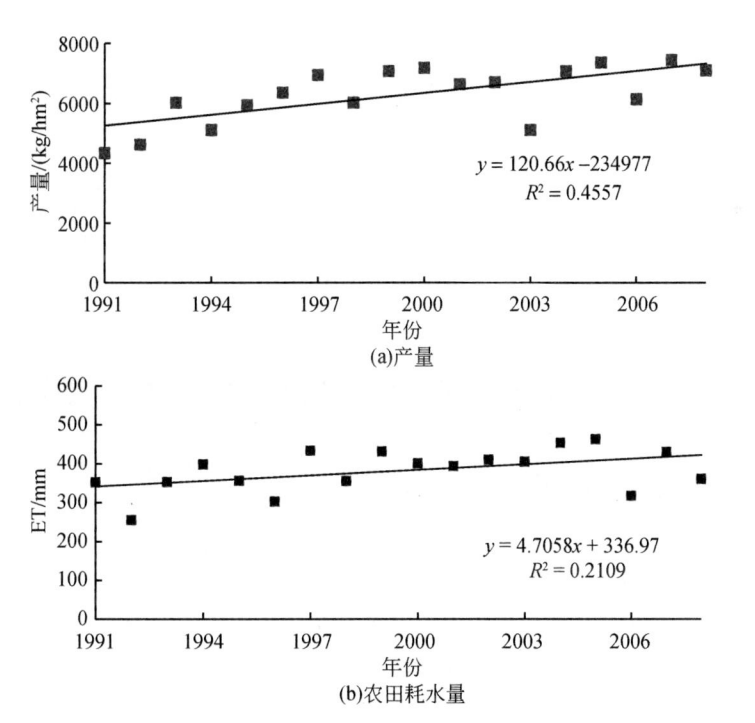

(a) 产量

(b) 农田耗水量

图 8-12 栾城站定点试验冬小麦在灌溉两水条件下产量和农田耗水量的变化

$y = 120.66x - 234977$
$R^2 = 0.4557$

$y = 4.7058x + 336.97$
$R^2 = 0.2109$

图 8-13　栾城站定点试验夏玉米在灌溉条件下产量和农田耗水量的变化

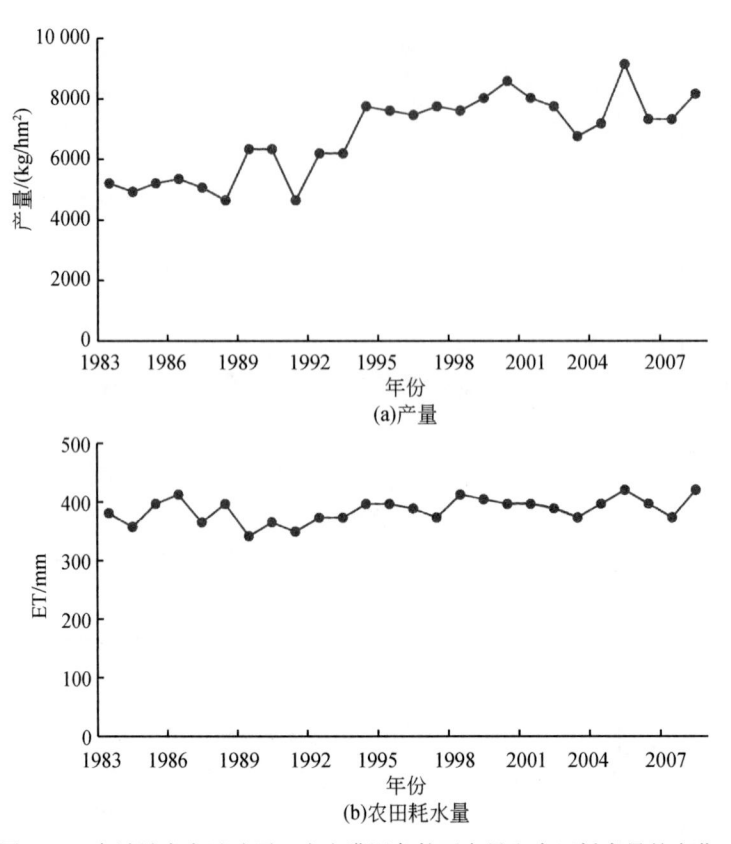

注：图8-12和图8-13均引自国家科技支撑计划课题"太行山前平原区小麦玉米减蒸降耗节水技术集成与示范"研究成果

8.2　海河流域农业水循环及其演变规律

8.2.1　农业水循环的服务功能

农业水循环系统是服务于农业生产的水分流转过程，其基本服务功能"集中于从水源到作物耗水的实体水和农产品交易中携带的虚拟水循环过程共同构成，是一个由水源到农产品产出再到农产品流通等不同循环子过程构成的社会水循环大系统"①，特别是灌溉农业产生以后，生产农产品满足人们生存生活需求，是农业水循环系统最核心的服务功能。

此外，由于农业生产的特殊性，农业系统形成了一种人工干预下的生态系统，因

---

① 引自《社会（侧支）水循环原理与调控》课题研究报告

此，农业水循环系统还具有环境服务功能、旅游服务功能及文化教育与美学功能等生态环境服务功能。

8.2.2 农业水循环的驱动机制

在人类对粮食和农作物生产刚性驱动下，农业水循环是典型的自然—社会二元驱动。农田的水循环过程一方面遵守着原始的天然水循环转换机理，另一方面又在人类活动干扰作用下改变其循环通量或产汇流方向，二者相互融合，不可分割，形成独特的人工天然复合水循环系统。人工控制水资源在区域内的运动和分配，包括人工引水、输水、用水、排水与自然大气降水，经植被冠层截留、地表洼地蓄留、地表径流、蒸发蒸腾、入渗、壤中径流和地下径流等迁移转化过程彼此联系、相互作用、相互影响，形成鲜明的自然-人工复合水循环系统。

农田水循环的驱动机制，一方面以天然驱动力为基础，水分受太阳能、重力势能、毛细管势能和生物势能等驱动力综合作用下，在垂直方向沿着"大气-地表-土壤-地下"、水平方向在"坡面-河道-海洋（尾闾湖泊）"间循环往复。另一方面，为了提高农业生态效率，人类通过修筑堤坝蓄水或机井等从地表和地下水源中取水，通过人工渠系及其附属建筑物向农业供水，人工能量（如电能等）驱动了水往"高处"流。

8.2.2.1 自然驱动力

农田水循环的自然驱动力包括太阳能、重力势能、毛细管势能和生物势能等。概括起来主要可以分为两大类：一是热能，主要是太阳能；二是势能，包括重力势能、毛细管势能和生物势能等。总的来说，前者体现在太阳辐射的作用，后者体现在其对自然降水和径流性水资源通过量的调整。

降水是农田水循环系统中最直接的水分源泉。降水是在自然水势梯度的作用下，在重力、大气浮力和太阳辐射能的共同作用下，以液态或固态的形式降落到田间，并通过农作物冠层叶面截留、田间入渗和产汇流等自然水循环后，以多种状态赋存于农田土壤包气带中（如气态水、吸着水、毛管水和重力水），以有效降水的形式服务于农作物的生长发育。简单地说，降水就是凝结的水滴主要依靠重力势能由大气降落到地面的过程，重力势能使得水从高处向低处流动。

降水进入农田系统后，一部分被农作物冠层所截留。农作物冠层截留是农田水循环的可调控部分，其中一部分截留水量会通过蒸发消耗掉，另一部分则穿透农作物冠层落到地表。农作物冠层截留水量的蒸发及农田株间土壤的蒸发，其都是水分子在太阳辐射的作用下克服分子间相互吸引力而逸散到大气中的过程。太阳辐射给蒸发面上的水分子提供了能量，使得水分子具有足够的动能而能够溢出，它是蒸散发过程的热力学因素。而作物的蒸腾消耗部分则主要通过农作物叶面温度、农作物叶气孔内外的水势梯度、根系吸力及毛细管吸力等作用使得土壤水通过作物根系被吸收上来通过作物的根-茎-叶，再进入大气循环系统中。其中根系的水分吸收是水分主要依靠分子势能从生物体外进入生物体内的过程。而水分从土-根-叶面-大气的传输过程，可以用叶水势来描述。水分由作物根部周围的土壤进入根导管，然后通过茎导管运输到地上部顶端，最后从叶片排出到大气中，遵循水分由叶水势高的地方向叶水势低的地方自发进行的原理。叶水势是植物水分状况的最佳度量，当植物叶水势和膨压降低到足以干扰正常代谢功能时，便发生水分胁迫。作物吸水动力的内因主要有两个方面：①作物体上下部位结构性差异，如导管亲水性物质的性质和数量不同及粗细差异，具气孔和叶肉组织的叶与茎、根等结构上的差异；②作物体上下部位生理性差异，作物叶面不断进行着简单糖类的合成和转化，而根能主动吸收矿质（根压）并不断向上运输，作物叶面不断蒸腾水分，而根可以从土壤中不断吸收水分。另外，在蒸腾的过程中，太阳辐射也通过影响作物的生长，间接地影响着农田水循环。

水分在田间的下渗过程则是水在分子势能、毛细管引力和重力势能的共同作用下从地面进入土壤的过程。在水分进入土壤以后，受到土水势的作用。土水势是指土壤水所具有的总能量势，一般相当于从处于基准面上和大气压相平衡的水池中，使单位数量的纯水向研究对象的土壤水做等温可逆性移动所做的功。构成土水势的主要分势有：①重力势，表示土壤水的位能。②压力势，表示土壤水的压力能。③溶质势（又称化学渗析势），由土壤水溶液浓度不同而引起的能量势。土水势是这三种分势的势值的代数和。各分势总和为零时，则土壤水处于平衡状态，非零时会有水分运动。土壤水在各向同性的介质中，是沿着等水势面的法线方向，从高水势状态向低水势状态移动的，这一点和水分仅在重力势能的作用下的运动是存在差异的。土水势可以反映土壤的持水能力和土壤水的运移机理。

由此可见，在农田水循环的各个物理过程中，都受到自然驱动力的作用。太阳辐射通过热量的供给，主要影响着蒸散发等过程。重力势能影响着农田水循环的各个方面，降水和下渗甚至田间排水等过程主要就是在水的重力势下的运动。土水势则是土壤吸附力和表面张力共同作用的结果，不仅影响土壤水分的吸持，而且影响土壤水分的运动。另外，生物势能和空气对流运动等其他自然因素也对水循环过程产生影响。

8.2.2.2 人类活动驱动力

农田系统水循环的人工驱动力主要体现在灌溉水的输配过程，是针对径流性水资源的可调控特性，在人工外力（如水泵电能、人力）作用下，通过蓄、引、提水工程措施及输水措施克服水的重力，干预自然水循环过程，将灌溉水源输送到田间的过程。在海河流域，虽然自然降水是农田系统水分的主要补给来源，但是由于海河流域是半湿润半干旱地区，为了使土壤保持适宜的含水量，当土壤水分不足时就要进行补充灌溉，将地表水或地下水转化为土壤水，以弥补降水量与农作物需水量之间的差额。不同灌溉水源、不同灌溉技术输配水的原理不完全相同，但人工过程仍伴随着自然水循环过程的入渗和蒸发机理，在重力势和土水势作用下实现了土壤水分的再分配。按人工灌溉水源的不同，主要可以分为井灌和渠灌等方式。若采用井灌，则人工抽取地下水会影响区域地下水的流场；若采用地表水进行渠灌，人工驱动力也对自然径流的流向产生了影响。而不同的灌溉技术，如喷灌、微喷灌、滴灌等，因其对田间水分的补给形式不同，其对水循环的各个过程如土壤入渗、蒸散发等也产生了影响。

与灌水相应的排水过程，则是排除过剩的土壤水分，使地下水、土壤水转化为地表水。农田的排水方式主要包括明沟排水、暗管排水和竖井排水等。明沟排水是建立一套完整的地面排水系统，暗管排水则是通过埋设地下暗管（沟）系统，竖井是通过由地面向下垂直开挖井筒来排水。排水沟道既能排除地面水，又可以起到降低地下水位的作用，对防治土壤的盐碱化具有重要的作用。因为土壤水分过多、地下水位及地下水矿化度过高等因素，会引起土壤的沼泽化和盐碱化。

人工灌溉和排水的方式改变了原有的天然水循环系统，取而代之的是人工与天然共同作用下的复合水循环系统。首先，水从河道引出以各级渠道为载体分布于农田的田面上，由原来在河道中的汇流过程变成分散过程；若是打井抽水则改变了地下水的径流分布过程，使得自然状态下的地下水径流通过集中抽水分布在田面上。在农田排水时，灌溉退水由最末一级排水沟向干沟汇流的过程实际上是一个完全人工控制的汇流过程，若各级沟道不存在，则退水仍按照天然状态下的汇流机制进行，由于排水沟的存在人为地创造了原本并不存在的人工汇流过程。除此之外，人类活动对农田水循环系统的干扰还表现在农田耕作等活动中。

总之，农田水循环系统在自然驱动力和人工驱动力这二元驱动力的共同作用下，耦合了自然水循环的蒸发蒸腾、入渗、产汇流过程和人工水循环的"取水-用（耗）水-排水"等环节的综合循环体。对农田水循环系统的内生驱动机制的识别，是对其自然水循环运动规律的认识基础，也是社会水循环调控的科学基础。

8.2.3 海河流域农业水循环通量

随着海河流域社会经济的飞速发展，社会经济用水量远超过水资源承载力，竞争性用水导致农业水循环通量和结构发生巨大变化。

8.2.3.1 海河流域农业系统的水分来源及其演变

农业用水有三种供给来源：一是天然降雨；二是通过农业工程供水进行的灌溉补充水量；三是通过土壤毛细作用直接利用的浅层地下水。这三种水源进入农业系统有三种方式，如图 8-14 所示。第一种自上而下，以降雨为主，还包括喷灌、微灌等的人工灌溉；第二种是自下而上的地下水潜水蒸发；第三种是地表引流式的侧向人工灌溉。水分一旦进入田间，竖直方向耗散有两种方式，一是向大气的土壤蒸发、作物蒸腾和叶面截流蒸腾；二是向地下的渗流。水平方向有地表径流，最终形成地表地下退水。对于农业耕种的目的来讲，其中只有作物蒸腾是有效耗散。

(1) 海河流域农业系统获取的天然降雨量

农业系统获取的天然降雨量是指降在种有作物的耕地上的雨量，海河流域主要作物种植时间如表 8-6 所示。海河流域相关省份 2000 年年内降水过程见表 8-7。

图 8-14 农业水循环系统示意图

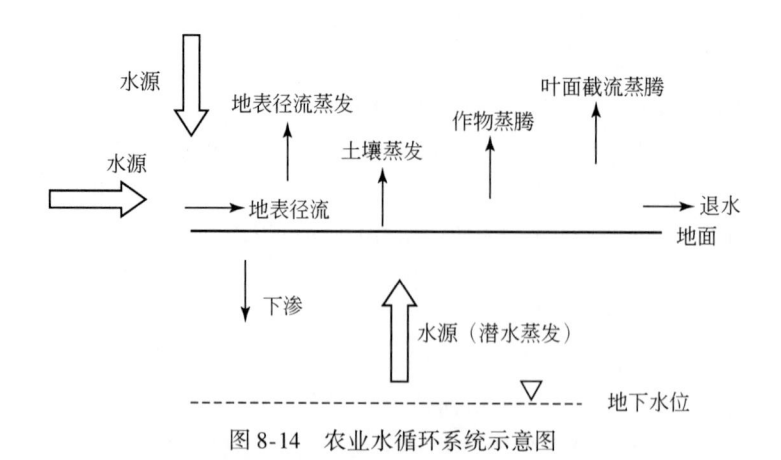

表 8-6 海河流域主要作物种植时间及作物系数

时间	冬小麦	水稻	夏玉米	谷子	高粱	薯类	大豆	棉花	花生	芝麻	蔬菜瓜果类
1月上旬	0.36	0	0	0	0	0	0	0	0	0	0
1月中旬	0.36	0	0	0	0	0	0	0	0	0	0
1月下旬	0.36	0	0	0	0	0	0	0	0	0	0
2月上旬	0.36	0	0	0	0	0	0	0	0	0	0
2月中旬	0.36	0	0	0	0	0	0	0	0	0	0
2月下旬	0.36	0	0	0	0	0	0	0	0	0	0
3月上旬	0.36	0	0	0	0	0	0	0	0	0	0.9
3月中旬	0.36	0	0	0	0	0	0	0	0	0	1.08
3月下旬	0.45	0	0	0	0	0	0	0	0	0	1.08
4月上旬	0.61	0	0	0	0	0.33	0	0	0	0	0.72
4月中旬	0.77	0	0	0	0	0.33	0	0	0	0	0.72
4月下旬	0.93	0.9	0	0.37	0.39	0.33	0	0.34	0	0	0.82
5月上旬	1.04	0.9	0	0.37	0.39	0.47	0	0.34	0.35	0	1.18
5月中旬	1.04	0.9	0	0.37	0.47	0.76	0	0.34	0.35	0	1.25
5月下旬	1.04	0.9	0	0.49	0.68	1.04	0	0.46	0.35	0.48	1.3
6月上旬	0.97	0.92	0	0.68	0.88	1.13	0	0.66	0.35	0.48	1.21
6月中旬	0.57	0.95	0	0.87	1	1.13	0	0.85	0.46	0.53	1.21
6月下旬	0	1	0.61	0.94	1	1.13	0.64	1.13	0.64	0.72	1.2
7月上旬	0	1.03	0.62	0.94	1	1.12	0.69	1.13	0.83	0.92	1.21
7月中旬	0	1.03	0.76	0.94	1	0.98	0.97	1.13	1.01	1.04	1.21
7月下旬	0	1.03	0.97	0.94	0.92	0.79	1.09	1.13	1.1	1.04	1.21
8月上旬	0	1.03	1.12	0.94	0.77	0	1.09	1.13	1.1	1.04	1.24
8月中旬	0	1.03	1.13	0.91	0.61	0	1.09	1.11	1.1	1.02	1.24

续表

时间	冬小麦	水稻	夏玉米	谷子	高粱	薯类	大豆	棉花	花生	芝麻	蔬菜瓜果类
8月下旬	0	1.03	1.13	0.73	0.51	0	1.01	1	0.97	0.65	1.24
9月上旬	0	1	1.07	0.54	0	0	1.01	0.87	0.72	0.32	1.4
9月中旬	0	0.8	0.84	0.37	0	0	0.68	0.74	0.58	0	1.4
9月下旬	0.54	0.6	0.65	0	0	0	0.49	0.68	0	0	1.4
10月上旬	0.54	0	0	0	0	0	0	0	0	0	0.8
10月中旬	0.54	0	0	0	0	0	0	0	0	0	0.8
10月下旬	0.54	0	0	0	0	0	0	0	0	0	0.8
11月上旬	0.54	0	0	0	0	0	0	0	0	0	0
11月中旬	0.54	0	0	0	0	0	0	0	0	0	0
11月下旬	0.5	0	0	0	0	0	0	0	0	0	0
12月上旬	0.37	0	0	0	0	0	0	0	0	0	0
12月中旬	0.36	0	0	0	0	0	0	0	0	0	0
12月下旬	0.36	0	0	0	0	0	0	0	0	0	0

表8-7 海河流域各省区年内降雨过程　　　　　　　　　　（单位：mm）

月份	北京	天津	河北	山西	河南	山东	内蒙古	辽宁
1	2.3	2.7	2.3	3.2	10.4	7.1	2.9	5.2
2	5.2	4.9	5.6	5.9	12.6	10.1	5.2	4.9
3	8.7	8.0	9.5	13.5	31.2	16.5	10.5	12.7
4	20.8	22.9	21.0	24.6	48.1	34.9	17.7	35.0
5	31.6	34.8	32.9	36.7	54.0	43.3	28.9	47.1
6	76.2	78.8	73.2	62.8	69.2	89.1	50.2	80.9
7	197.7	208.7	183.4	111.5	157.0	208.2	106.5	168.0
8	167.3	174.2	175.9	115.5	137.0	160.5	113.3	154.9
9	52.5	46.1	49.7	63.1	78.1	59.1	46.8	73.1
10	22.3	23.8	24.7	27.2	48.4	40.6	22.0	34.4
11	7.0	9.3	10.1	11.5	26.7	22.9	6.3	15.6
12	2.0	3.3	2.8	2.3	9.5	9.0	2.1	7.0
全年	593.6	617.5	590.9	477.8	682.0	701.1	412.4	638.8

海河流域相关省份2000年主要作物种植面积见表8-8。

表 8-8 海河流域分省区作物种植面积　　　　　　　　（单位：万 hm²）

作物类型	北京	天津	河北	山西	河南	山东	内蒙古	辽宁
冬小麦	12.2	12.2	214.7	33.8	45.1	74.8	0.7	0.1
水稻	1.4	3.4	7.9	0.2	4.2	3.3	0.1	0.6
夏玉米	13.6	13.1	241.8	30.1	20.2	49.4	1.4	1.7
谷子	0.0	0.0	17.6	10.6	0.7	1.0	0.2	0.1
高粱	0.0	0.0	2.7	2.6	0.1	0.5	0.3	0.2
薯类	0.6	0.0	26.7	14.3	5.5	2.2	1.2	0.2
大豆	2.2	0.0	30.1	18.3	5.2	8.7	0.8	0.4
棉花	0.2	1.5	27.7	0.0	7.1	10.3	0.0	0.0
花生	1.3	0.4	39.6	0.8	9.0	17.4	0.0	0.2
芝麻	0.0	0.0	1.4	15.0	2.3	0.0	0.0	0.0
蔬菜瓜果类	11.6	12.8	76.8	11.0	10.9	4.4	0.3	0.5
合计	43.1	43.4	687.0	136.7	110.3	172.0	5.0	4.0

综合主要作物种植时间（表 8-6）和各省区降水年内过程（表 2-7）、海河流域分省区作物种植面积（表 8-8），计算得到 2000 年海河流域进入农业系统的天然降雨量约为 376 亿 m³，各省市详情见表 8-9。

表 8-9 2000 年海河流域各省区进入农业系统的天然降雨量　　（单位：亿 m³）

主要农作物	北京	天津	河北	山西	河南	山东	内蒙古	辽宁
冬小麦	2.46	2.63	49.74	7.30	16.07	23.50	0.12	0.03
水稻	0.85	2.12	1.84	0.09	2.39	2.13	0.04	0.36
夏玉米	6.52	6.46	56.02	10.04	8.64	24.30	0.43	0.77
谷子	0.00	0.00	4.08	4.75	0.40	0.64	0.08	0.06
高粱	0.00	0.00	0.64	0.98	0.05	0.29	0.10	0.10
薯类	0.23	0.00	6.19	3.87	2.07	0.95	0.28	0.08
大豆	1.06	0.00	6.97	6.11	2.23	4.28	0.25	0.18
棉花	0.10	0.94	6.42	0.00	4.04	6.63	0.00	0.00
花生	0.77	0.24	9.18	0.36	5.12	11.21	0.00	0.12
芝麻	0.00	0.00	0.32	5.63	1.10	0.00	0.00	0.00
蔬菜瓜果类	7.69	8.80	17.79	5.75	7.81	3.30	0.14	0.35
合计	19.68	21.19	159.18	44.88	49.93	77.24	1.43	2.05

海河流域相关省份 2005 年年内降水过程见表 8-10。

表 8-10 海河流域各省区年内降雨过程 （单位：mm）

月份	北京	天津	河北	山西	河南	山东	内蒙古	辽宁
1	2	2	0	1	0	0	0	1
2	5	6	7	2	8	21	9	13
3	9	0	1	1	10	0	0	2
4	21	8	23	10	13	29	10	47
5	32	37	82	54	57	62	15	140
6	76	171	118	48	133	119	21	169
7	198	154	103	72	214	253	35	94
8	167	208	224	89	118	161	92	185
9	53	29	24	166	133	287	32	91
10	22	0	4	45	35	19	4	17
11	7	0	0	0	5	1	0	12
12	2	1	2	2	2	5	3	20
全年	594	616	588	490	728	957	221	791

海河流域相关省份 2005 年主要作物种植面积见表 8-11。

表 8-11 海河流域分省区作物种植面积 （单位：万 hm²）

作物类型	北京	天津	河北	山西	河南	山东	内蒙古	辽宁
冬小麦	5.33	9.89	214.72	27.33	45.46	5.44	0.49	0.03
水稻	0.08	1.67	7.92	0.10	4.68	2.27	0.09	0.67
夏玉米	11.97	13.88	241.85	44.87	22.98	51.65	1.91	2.10
谷子	0.18	0.01	17.60	8.21	0.38	0.54	0.13	0.11
高粱	0.00	0.00	2.75	1.46	0.06	0.26	0.06	0.13
薯类	0.33	0.12	26.72	13.42	4.06	5.33	0.60	0.15
大豆	1.09	2.74	23.03	8.26	4.89	4.51	0.84	0.30
棉花	0.18	6.12	51.80	3.70	7.16	16.00	0.00	0.00
花生	0.83	0.23	39.64	0.55	8.97	16.73	0.01	0.20
芝麻	0.01	0.03	1.37	0.23	1.93	0.23	0.01	0.01
蔬菜瓜果类	9.63	13.83	109.33	10.44	17.67	40.46	0.28	0.53
合计	29.63	48.52	736.72	118.57	118.23	143.43	4.42	4.22

综合作物生长期（表 8-6）和各省区降水年内过程（表 8-10）、海河流域分省区作物种植面积（表 8-11），计算得到 2005 年海河流域农业有效降雨量约为 414 亿 m³，各省市

详情见表 8-12。

表 8-12　2005 年海河各省区进入农业系统的天然降雨量　（单位：亿 m^3）

主要农作物	北京	天津	河北	山西	河南	山东	内蒙古	辽宁
冬小麦	0.94	2.23	50.89	4.46	11.96	1.39	0.03	0.01
水稻	0.04	1.00	1.88	0.04	3.07	2.00	0.02	0.45
夏玉米	5.00	5.43	57.32	14.67	10.68	36.21	0.30	0.78
谷子	0.09	0.01	4.17	3.52	0.25	0.48	0.03	0.07
高粱	0.00	0.00	0.65	0.38	0.03	0.16	0.01	0.08
薯类	0.11	0.04	6.33	2.47	1.69	2.47	0.05	0.07
大豆	0.46	1.07	5.46	2.70	2.27	3.16	0.13	0.11
棉花	0.09	3.67	12.28	1.59	4.69	14.12	0.00	0.00
花生	0.44	0.14	9.39	0.24	5.88	14.76	0.00	0.14
芝麻	0.00	0.02	0.33	0.06	1.01	0.13	0.00	0.00
蔬菜瓜果类	5.56	8.39	25.91	5.06	12.60	37.63	0.06	0.40
合计	12.73	21.99	174.60	35.19	54.12	112.50	0.63	2.11

（2）海河流域农业人工补充水量变化

1) 人工补充灌溉水总量变化。1980~2005 年，人工补充灌溉水量呈现稳定下降趋势。2003 年后，灌溉水量并未增加。从不同作物类型来看，如表 8-13 所示，菜田灌溉用水量增加趋势明显，稻田和大田灌溉用水量显著减少，其中 2005 年稻田灌溉用水量仅为 1991 年的 48%，大田灌溉用水比 1991 年减少 26 亿 m^3。

表 8-13　农田灌溉用水量　（单位：亿 m^3）

年份	菜田	稻田	大田	合计
1991	11.16	30.31	242.75	284.22
1992	13.15	30.99	252.95	297.09
1993	16.12	29.12	241.80	287.04
1994	17.65	28.41	230.58	276.64
1995	29.17	23.83	226.00	279
1996	25.15	26.75	227.32	279.22
1997	31.03	28.76	243.02	302.81
1998	42.67	28.73	232.52	303.92
1999	31.32	26.97	237.12	295.41
2000	38.56	22.88	203.41	264.85
2001	49.48	18.54	193.26	261.28
2002	43.88	25.83	197.45	267.16
2003	49.75	15.01	178.09	242.85
2004	51.25	15.19	170.83	237.27
2005	52.41	14.59	177.34	244.34
平均	33.52	24.39	216.94	292.83

2) 补水方式变化。人工灌溉补水方式主要分为四类：①地面灌溉，利用土渠进行，多采用畦灌、沟灌、穴灌和漫灌。②喷灌：喷灌机械渐由金属单喷头喷灌机发展到定型的旋转式塑料多喷头喷灌机组。③微灌：微灌（micro irrigation）是按照作物需求，通过管道系统与安装在末级管道上的灌水器，将水和作物生长所需的养分以较小的流量，均匀、准确地直接输送到作物根部附近土壤的一种灌水方法。与传统的全面积湿润的地面灌和喷灌相比，微灌只以较小的流量湿润作物根区附近的部分土壤，因此，又称为局部灌溉技术。有地表滴灌、地下滴灌、涌泉灌等。④渗流灌：利用地下管道将灌溉水输入田间埋于地下一定深度的渗水管道或鼠洞内，借助土壤毛细管作用湿润土壤。

海河流域节水灌溉起始于20世纪60年代，主要对输水渠道进行衬砌，提高输水效率。80年代以后，灌溉缺水日趋严重，农业节水得到了较快发展，平原渠灌区以渠道防渗为主，井灌区以低压管道为主，果树及大棚蔬菜以喷灌、微灌为主；山丘区以发展集雨水窖和微型节水灌溉工程为主。2004年全流域节水灌溉面积比例达到44%，其中北京市由于社会经济水平高、水资源短缺程度更为严重，节水灌溉率高达85%，因此，可以说灌溉方式的改变也是资源胁迫的结果（表8-14、表8-15）。

表8-14 海河流域农业节水灌溉面积统计表 （单位：万 hm²）

年份	有效灌溉面积	节水灌溉	其中			
			渠道防渗	管道灌溉	喷灌	滴渗灌
1980	561.7	47.5	45	0.6	1.9	0
1985	576.7	67	60.1	5.2	1.6	0.1
1990	608	129.7	83.4	40.2	6	0.1
1993	632.1	218.3	98.6	108.6	11.1	0
1995	653.3	295.5	156.6	120.4	17.9	0.6
1997	722.7	324.5	137.4	162.9	23.4	0.8
2000	740.2	321.3	119.4	146.2	52.8	2.3
2004	741.1	324.6	80.5	194.9	46.2	3

表8-15 2004年海河流域各行政区节水灌溉面积

省份	节水灌溉面积/万 hm²					节灌率/%
	合计	渠道防渗	管道喷灌	喷灌	滴渗灌	
北京	23.81	5.34	10.69	7.25	0.53	85
天津	18.34	7.82	9.93	0.53	0.07	52
河北	207.95	38.87	138.27	29.40	1.42	51
山西	20.73	8.39	7.68	4.18	0.49	47
河南	37.48	17.24	17.29	2.85	0.10	62

续表

省份	节水灌溉面积/万 hm²					节灌率/%
	合计	渠道防渗	管道喷灌	喷灌	滴渗灌	
山东	15.26	2.66	10.70	1.56	0.34	12
内蒙古	0.72	0.18	0.25	0.27	0.02	15
辽宁	0.24	0.00	0.12	0.12	0.00	29
合计	324.6	80.5	194.9	46.2	3.0	44

3) 人工补水水源方式变化情况。在海河流域，由于水资源匮乏，很多大型水库转为以保障城市供水为主，加之近几年海河流域地表水资源大量减少，特别是 2001～2006 年，地表水资源全部属于枯水年，6 年平均只有 107 亿 m³，仅为 1956～2000 年多年平均的 42%。因此，尽管海河流域农田地表水与地下水灌溉用水量均呈下降趋势，但是总体来讲，海河平原地区农田人工灌溉用水中，地表水减少幅度大，地下水所占比例逐渐增加（表 8-16）。目前在海河流域，以地下水为主要水源的灌区基本上采用井灌方式，灌溉水利用率相对于渠灌区来讲较高，因此，实际上进入农田的灌溉水总量中，地下水所占比例更高。

表 8-16　海河流域农田灌溉用水地表水与地下水分别所占比例情况

年份	地表水/亿 m³	地下水/亿 m³	地表水比地下水
1995	118.1	160.9	42.3：57.7
2000	107.2	157.7	40.5：59.5
2005	98.7	156.0	38.8：61.2

此外，由于水资源的短缺，城市再生水也逐渐成为农业灌溉用水的另一重要水源，其中海河流域再生水回用以北京市为主。2005 年，北京市污水处理回用于农业灌溉的水量为 2.02 亿 m³，占当年全国总量的 40%。

(3) 海河流域农业潜水蒸发量的变化

海河流域社会经济总用水量逐年增加，地下水超采严重，如图 8-15～图 8-17 所示，1995～2005 年海河流域潜水位逐渐降低[1]，导致田间土壤包气带增厚，潜水蒸发量减少，农业作物直接利用地下水量大幅降低。一般情况下，地下水埋深超过 4m 时就可以不考虑潜水蒸发量。

海河流域仅滨海平原区存在总量 40 亿 m³ 左右的潜水蒸发量[2]，由于该区域地下水矿化度较高，农业种植面积较少，占全区域面积的 1/8 左右，因此估算 40 亿 m³ 的潜水蒸发量中 5 亿 m³ 为耕地潜水蒸发量。

---

[1] 潜水位根据中国地质环境监测院等研究单位地下水位观测结果插值绘制
[2] 参考中国水利水电科学研究院海河流域地下水相关研究成果

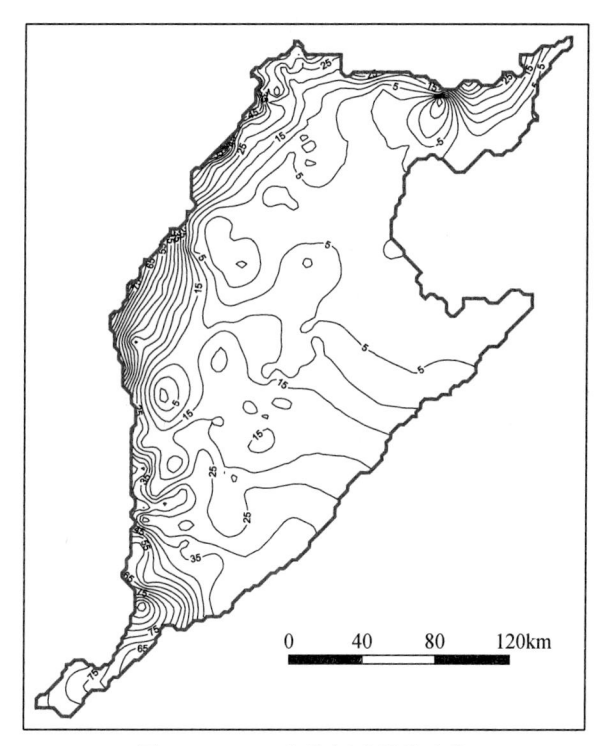

图 8-15　1995 年海河流域潜水位

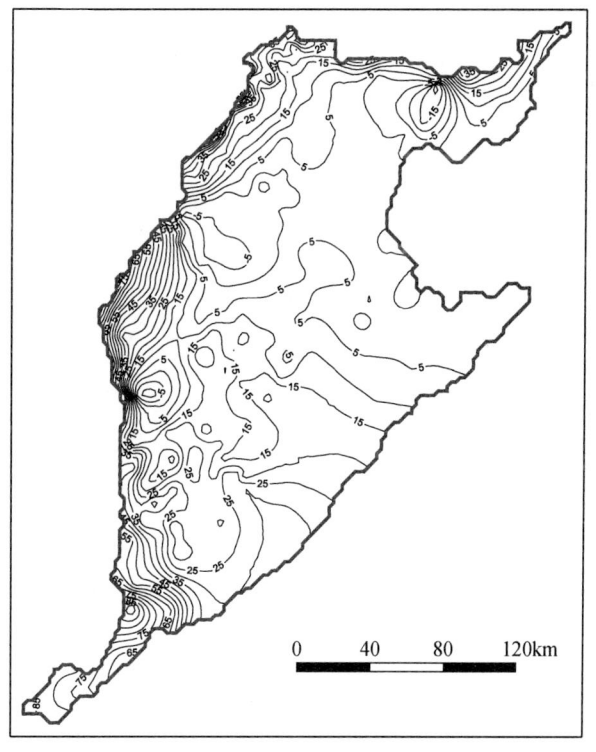

图 8-16　2000 年海河流域潜水位

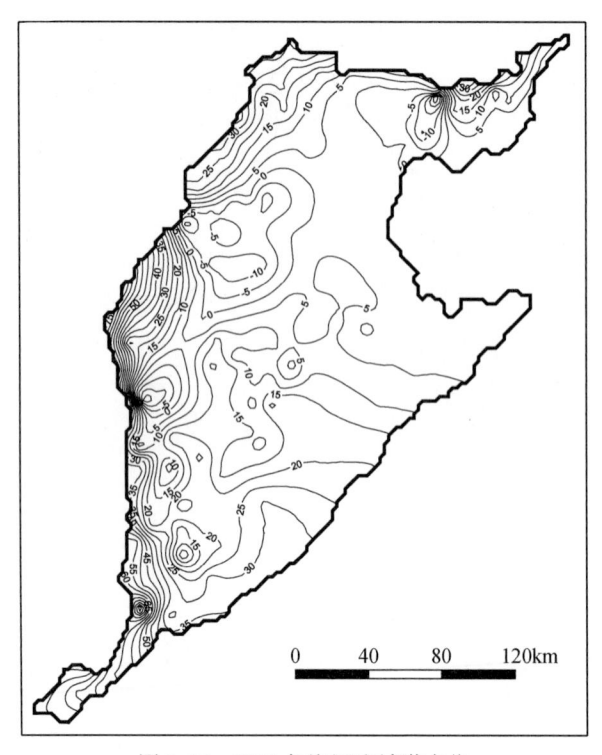

图 8-17　2005 年海河流域潜水位

(4) 各类水源的对比变化

根据海河流域水资源公报，2000 年海河流域农业工程灌溉供水总量约为 265 亿 m^3，其中大田水浇地灌溉用水量所占比例最大，为 205.44 亿 m^3，分省区毛灌溉水量详见表 8-17。

表 8-17　海河流域农业补充灌溉毛供水量　　　　（单位：亿 m^3）

省份	水田	水浇地	菜田	合计
北京	1.41	8.14	5.11	14.66
天津	1.90	4.51	3.83	10.24
河北	15.64	119.11	17.76	152.51
山西	0.30	12.70	1.16	14.16
河南	2.26	22.60	1.72	26.58
山东	1.35	35.63	8.54	45.52
内蒙古	0.00	0.67	0.40	1.07
辽宁	0.01	0.08	0.04	0.13
总计	22.87	203.44	38.56	264.87

假定海河流域复种指数以 1.5 计。据计算，海河流域 2000 年农业总供水量为 645 亿 m^3，其中天然降水总量为 376 亿 m^3，农田人工灌溉补水量为 264 亿 m^3，潜水蒸发量为 5 亿 m^3。有效降水直接利用量、灌溉补水量和潜水蒸发量分别占总供水的 58.3%、40.9% 和 0.8%（表 8-18）。

依此计算，2005 年海河流域农业总供水量为 663 亿 m^3，其中有效利用降水总量为 414 亿 m^3，农田人工灌溉补水量为 244 亿 m^3，潜水蒸发量为 5 亿 m^3。有效降水直接利用量、灌溉补水量和潜水蒸发量分别占总供水的 62.4%、36.8% 和 0.8%。

表 8-18　海河流域农业水循环系统各类水分来源

分项	2000 年		2005 年	
	水量/亿 m^3	折合水深/mm	水量/亿 m^3	折合水深/mm
总供水量	645	806	663	828
人工灌溉水量	264	330	244	305
降水量	376	488	414	517
潜水蒸发量	5	6	5	6

8.2.3.2　海河流域农业系统的退水

农业系统的退水量来源分为两部分：一是遇高强度降雨时才能形成少量径流。本次研究假定降至农业系统的除有效降雨直接利用量外的雨量形成退水。二是人工补充灌溉输水过程中形成的输水损失。

(1) 天然降雨形成的农业系统退水

1) 有效降雨利用量计算方法介绍。国内的学者在研究或设计过程中，一般规定阶段降水量小于某一数值时为全部有效，大于某一数值时用阶段降水量乘以某一有效利用系数值确定，多数情况都不考虑阶段需水量和下垫面土壤储水能力，计算公式为

$$P_e = \alpha P_t \tag{8-1}$$

式中，P_e 为有效降水利用量；α 为降水入渗系数，其值与一次降水量、降水强度、降水延续时间、土壤性质、地面覆盖及地形等因素有关；P_t 为阶段降水量。一般认为次降水量 <5mm 时为 0；当次降水量在 5~50mm 时 α 为 1.0~0.8；当次降水量 >50mm 时，$\alpha = 0.7~0.8$。

事实上，系数 α 值不仅与上面提到的因素有关，而且与上一次的降水强度和两次降水之间的时间间隔及此时段内的作物腾发强度也有直接关系，虽然两次降水量及降水强度完全相同，但 α 取值可能有较大的差异。另外，能否将次有效降水量的计算公式用于时段有效降水量的计算，目前还没有足够的实测资料能够予以证明。

美国土壤保持局的科学家经过分析全美国 22 个地方 50 年的降水资料，采用土壤水分平衡法，综合考虑作物蒸散、降水和灌溉等因素，提出了一项预测月有效降水量的技术。他们提出的公式为

$$P_e = \mathrm{SF}(0.049\,310\,862 P_t^{0.82416} - 0.115\,56)(10^{9.551\,181\,1 \times 10^{-4} \mathrm{ET}_c}) \tag{8-2}$$

式中，P_e 为月平均有效降水量（mm）；P_t 为月平均降水量（mm）；ET_c 为月平均作物需水量（mm）；SF 为土壤水分储存因子。

土壤水分储存因子用下式确定：

$$SF = 13.5063738 + 0.295164D - 2.2715354 \times 10^{-3}D^2 + 5.8962117 \times 10^{-6}D^3$$
(8-3)

式中，D 为可使用的土壤储水量（mm）。D 通常取作物根区土壤有效持水量的 40%~60%，取决于所用的灌溉管理措施。

根据上述两式计算的月平均有效降水量不能超过月平均降水量，也不能超过月平均腾发量，如果应用这两个公式计算的 P_e 值超过了其中的任何一个，则 P_e 必须减小到使其等于两者中较小的那个数值。该公式考虑的因素虽然比较全面，但分析后我们认为 40mm 以下的旬降水用此公式计算不合适，因为在我国目前的农业生产管理水平下，不足 40mm 的旬降水只要雨强不是特别大，基本上都能被储蓄在田间土壤中或水稻的格田之中。

很少有足够的实测资料可用于定量描述控制降水有效性的过程。一般情况下，影响有效降水的过程很多，有关的参数也很不确定，或是根本得不到，如作物需水量的测定只有在少数的试验研究中才有，土壤湿度观测点也很少。因此，我们在研究时，一方面参考我国次有效降水量的确定方法，将 0~50mm 的旬降水量视为全部有效，另一方面也借鉴了美国学者提出的公式，当降水量大于 40mm 时，确定各旬有效降水量。

$$P_e = 40 + SF(0.049310862(P_t - 40)^{0.82416} - 0.11556)(10^{9.551181 \times 10^{-4}ET_c}) \quad (8-4)$$

如果用上述方法计算得到的旬有效降水量大于该旬的作物需水量，则借鉴美国的方法，即将该旬的作物需水量视为有效降水量。

有效降雨利用量与降雨特性、气象条件、土地和土壤特性、土壤水分状况、地下水埋深、作物特性和覆盖状况以及农业耕作管理措施等因素有关。

2）海河流域 2000 年和 2005 年有效降雨利用量计算。海河流域由于水资源本底条件差，通过增加作物种植密度、平整土地、修田坎等措施，大大减小地面径流；采用深耕、耙磨、防止土壤板结等方式增加入渗；加强灌溉管理，采用人工补充灌溉制度。多种措施，使有效降雨利用系数大幅提高。本次研究采用如表 8-19 所确定的海河流域月降雨有效利用系数，以此为依据对研究区域以月为时段进行有效降雨量的计算。

表 8-19 降水有效利用系数

项目	<50mm	50~150mm	>150mm
有效利用系数	1	0.80	0.75

综合海河流域分省区作物种植面积、有效降水利用系数和各省区降水年内过程，计算得到 2000 年和 2005 年海河流域农业有效降水量分别约为 327 亿 m³ 和 363 亿 m³（表 8-22），各省市详情见表 8-20 和表 8-21。

表 8-20 2000 年海河流域各省区农业有效降水量 （单位：亿 m³）

主要农作物	北京	天津	河北	山西	河南	山东	内蒙古	辽宁
冬小麦	2.24	2.42	45.74	6.81	14.80	21.97	0.12	0.02
水稻	0.66	1.69	1.69	0.07	1.87	1.67	0.03	0.29
夏玉米	4.93	5.01	51.52	8.04	6.73	18.40	0.36	0.59
谷子	0.00	0.00	3.75	3.89	0.31	0.51	0.07	0.05
高粱	0.00	0.00	0.59	0.81	0.03	0.23	0.08	0.08
薯类	0.18	0.00	5.69	3.30	1.67	0.77	0.24	0.06
大豆	0.81	0.00	6.41	4.89	1.74	3.24	0.21	0.14
棉花	0.07	0.75	5.91	0.00	3.17	5.19	0.00	0.00
花生	0.60	0.18	8.44	0.30	4.01	8.77	0.00	0.09
芝麻	0.00	0.00	0.29	4.63	0.86	0.00	0.00	0.00
蔬菜瓜果类	6.69	7.75	16.35	5.07	6.75	2.89	0.13	0.30
合计	16.18	17.80	146.37	37.80	41.95	63.63	1.23	1.61

表 8-21 2005 年海河流域各省区农业有效降水量 （单位：亿 m³）

主要农作物	北京	天津	河北	山西	河南	山东	内蒙古	辽宁
冬小麦	0.93	1.94	45.68	4.49	11.05	1.30	0.03	0.01
水稻	0.03	0.84	1.68	0.04	2.59	1.64	0.02	0.38
夏玉米	4.08	4.50	51.45	12.28	8.96	29.33	0.29	0.65
谷子	0.08	0.00	3.75	3.06	0.21	0.39	0.02	0.06
高粱	0.00	0.00	0.58	0.35	0.02	0.13	0.01	0.06
薯类	0.10	0.03	5.68	2.30	1.43	2.10	0.05	0.05
大豆	0.37	0.89	4.90	2.26	1.91	2.56	0.13	0.10
棉花	0.08	3.08	11.03	1.37	3.96	11.59	0.00	0.00
花生	0.37	0.12	8.43	0.21	4.97	12.12	0.00	0.12
芝麻	0.00	0.01	0.29	0.05	0.84	0.11	0.00	0.00
蔬菜瓜果类	5.23	7.54	23.26	4.64	11.67	33.96	0.06	0.36
合计	11.25	18.95	156.75	31.05	47.62	95.21	0.63	1.79

表 8-22 海河流域农业系统天然降雨形成的退水量

分项	2000 年		2005 年	
	水量/亿 m³	折合水深/mm	水量/亿 m³	折合水深/mm
天然降雨量	376	470	414	517
有效降雨利用量	327	408	363	454
天然降雨退水量	49	61	51	64

（2）人工补充灌溉形成的农业系统退水

综合海河流域井灌区和渠灌区的灌溉水利用效率情况，假定渠系水利用系数按照 0.7 计算，将灌溉供水量折算形成渠道渗漏水量 2000 年和 2005 年分别为 80 亿 m^3 和 73 亿 m^3（表 8-23）。

表 8-23　海河流域农业系统的总退水量

分项	2000 年		2005 年	
	水量/亿 m^3	折合水深/mm	水量/亿 m^3	折合水深/mm
天然降雨退水量	49	61	51	64
灌溉水形成的退水量	80	100	73	91
总退水量	129	161	124	155

8.2.3.3　海河流域农业系统农产品水分转移量

农产品的产出和流通从农业水循环系统中带走了一部分水分。本次研究对海河流域农业系统农产品水分转移量进行了估算。刚收获的农产品含水率较高，而作物产量按照适宜保存的干物质量统计，各参数统计如表 8-24 所示。为简化计算，其中秸秆含水率统一估计为 10%。

表 8-24　主要作物水分转移系数

作物种类	作物含水率/%	干物质含水率/%	秸秆重量/农产品干物质量	秸秆含水率/%
冬小麦	30	12	1	
稻谷	25~30	12	0.8	
夏玉米	20	14	1.1	
谷子	10	10	1	
高粱	25	14	1.3	
薯类	20	—	0.6	10
大豆	16	10	1.5	
棉花	9	—		
花生	35~45	—	0.7	
芝麻	15	—	1.5	
蔬菜瓜果类	90	—	0.5	

经过计算，2000 年和 2005 年海河流域主要农作物水分转移量分别为 0.98 亿 m^3 和 1.15 亿 m^3（表 8-25~表 8-29）。

表 8-25　2000 年海河流域主要作物产量　　　　　　　　（单位：万 t）

作物种类	北京	天津	河北	山西	河南	山东	内蒙古	辽宁
冬小麦	66.9	59.5	1091.2	81.6	204.8	400.5	2.9	0.7

续表

作物种类	北京	天津	河北	山西	河南	山东	内蒙古	辽宁
稻谷	9.4	14.5	59.4	1.3	30.5	24.8	0.7	4.9
夏玉米	58.7	41.0	898.3	134.5	105.9	293.4	6.7	6.4
谷子	0.4	0.1	62.0	22.8	0.7	3.1	0.2	0.1
高粱	0.6	2.7	9.0	11.4	0.2	1.5	0.3	0.6
薯类	3.0	0.7	109.3	35.1	26.7	49.6	2.0	0.7
大豆	4.7	3.9	56.8	13.6	10.6	19.8	0.9	0.6
棉花	0.2	1.8	27.1	1.7	6.4	11.2	0.0	0.0
花生	3.4	0.8	119.8	1.6	30.8	66.2	0.0	0.3
芝麻		0.1	1.8	0.7	2.0	0.2	0.0	0.0
蔬菜瓜果类	568.9	627.2	4785.3	378.7	467.0	1669.5	9.3	22.9

表 8-26　2005 年海河流域主要作物产量　　　　　　（单位：万 t）

作物种类	北京	天津	河北	山西	河南	山东	内蒙古	辽宁
冬小麦	27.0	47.0	1038.8	76.6	236.1	340.6	1.5	0.1
稻谷	1.0	12.0	47.0	0.4	33.0	16.3	0.7	4.9
夏玉米	63.0	73.0	1078.5	233.5	118.9	328.1	11.3	13.3
谷子			39.7	1.4	1.0	2.1	0.2	0.3
高粱			6.3	4.2	0.2	0.9	0.2	0.7
薯类	2.0	1.0	85.8	22.4	21.1	37.6	1.7	0.5
大豆	2.0	4.0	37.9	9.9	5.3	12.3	1.4	0.4
棉花	0.2	8.4	52.1	3.9	6.2	16.0	0.0	0.0
花生	2.5	0.8	126.7	1.1	31.0	68.1	0.0	0.4
芝麻	0.0	0.0	1.3	0.2	1.3	0.3	0.0	0.0
蔬菜瓜果类	459.7	583.2	6275.2	367.9	656.5	1881.9	12.4	24.3

表 8-27　2000 年海河流域主要作物水分转移量　　　（单位：万 m³）

作物种类	北京	天津	河北	山西	河南	山东	内蒙古	辽宁
冬小麦	31.9	28.4	520.7	38.9	97.7	191.1	1.4	0.3
稻谷	4.3	6.6	27.2	0.6	13.9	11.3	0.3	2.2
夏玉米	19.1	13.3	291.9	43.7	34.4	95.4	2.2	2.1
谷子	0.1	0.0	12.4	4.6	0.1	0.6	0.0	0.0
高粱	0.3	1.1	3.8	4.8	0.1	0.6	0.1	0.3
薯类	0.8	0.2	28.4	9.1	6.9	12.9	0.5	0.2
大豆	1.5	1.3	18.3	4.4	3.4	6.4	0.3	0.2

续表

作物种类	北京	天津	河北	山西	河南	山东	内蒙古	辽宁
棉花	0.0	0.2	2.4	0.2	0.6	1.0	0.0	0.0
花生	1.6	0.4	56.3	0.8	14.5	31.1	0.0	0.1
芝麻	0.0	0.0	0.5	0.2	0.6	0.1	0.0	0.0
蔬菜瓜果类	540.5	595.8	4546.0	359.8	443.7	1586.0	8.8	21.8
合计	600.0	647.3	5507.9	466.9	616.0	1936.5	13.7	27.2

表 8-28 2005 年海河流域主要作物水分转移量　　（单位：万 m³）

作物种类	北京	天津	河北	山西	河南	山东	内蒙古	辽宁
冬小麦	12.9	22.4	495.7	36.5	112.7	162.5	0.7	0.0
稻谷	0.5	5.5	21.5	0.2	15.1	7.5	0.3	2.2
夏玉米	20.5	23.7	350.5	75.9	38.6	106.6	3.7	4.3
谷子	0.0	0.0	7.9	0.3	0.2	0.4	0.0	0.1
高粱	0.0	0.0	2.6	1.8	0.1	0.4	0.1	0.3
薯类	0.5	0.3	22.3	5.8	5.5	9.8	0.4	0.1
大豆	0.6	1.3	12.2	3.2	1.7	4.0	0.5	0.1
棉花	0.0	0.8	4.7	0.4	0.6	1.4	0.0	0.0
花生	1.2	0.4	59.5	0.5	14.6	32.0	0.0	0.2
芝麻	0.0	0.0	0.4	0.1	0.4	0.1	0.0	0.0
蔬菜瓜果类	436.7	554.0	5961.4	349.5	623.8	1787.8	11.8	23.1
合计	472.9	608.4	6938.8	474.1	813.0	2112.5	17.5	30.5

表 8-29 海河流域农作物水分转移量

分项	2000 年		2005 年	
	水量/亿 m³	折合水深/mm	水量/亿 m³	折合水深/mm
水分转移量	0.98	1.22	1.15	1.43

通过计算可知，由农作物水分转移量较小。由于种植结构的变化，2005 年较 2000 年农作物水分转移量大幅增加。但此次研究未考虑由于品种改良，秸秆重量下降所带来的水分转移量的削减。

8.2.3.4 海河流域农业系统的蒸散发量

海河流域 2005 年较 2000 年降雨量大，玉米、蔬菜等生长期与雨季匹配的作物种植面积增加，因此有效降雨利用量增加幅度较大。通过计算，尽管 2005 年进入田间的人工补充灌溉用水较 2000 年减少 21 亿 m³，但当年农业系统蒸散发量较 2000 年增加近 30mm

(表 8-30)。

表 8-30　海河流域农业系统的蒸散发量

分项	2000 年		2005 年	
	水量/亿 m³	折合水深/mm	水量/亿 m³	折合水深/mm
总供水量	645	806	663	828
总退水量	129	161	124	155
作物水分转移量	0.98	1.22	1.15	1.44
蒸散发量	515.02	643	537.85	672

8.2.4　海河流域农业水循环特征

在水资源极其短缺条件下,海河流域农田水循环形成以下两方面特征。

(1) 水循环通量特征

海河流域水循环通量总量并未减少。种植结构和耕作方式的改变使有效降雨利用量增加;农业系统的用水竞争劣势位置使人工补充灌溉用水量降低;全流域地下水位下降,田间土壤包气带逐渐增厚,潜水蒸发能力下降,导致地下水直接利用量减少;水资源的高效利用措施使农业系统退水量急剧降低。

在全球气候变暖的大趋势下,海河流域未来降雨在一定程度上有所增加,有效降雨直接利用量在农业系统用水总量中所占比例将会进一步加大。

(2) 人工灌溉水结构特征

人工灌溉水源以地下水为主,实施节水灌溉。2005 年海河流域地下水灌溉水量占人工灌溉总量的 60%以上,地下水灌溉有利于计量监测实施与节水灌溉方式的采用,全流域节水灌溉率达到 44%。但是,由于地下水长期超采所带来的一系列问题,海河流域逐步落实地下水压采方案,以及南水北调东中线调水的实施,未来一些灌区将逐渐恢复地表水灌溉,农田人工灌溉补水水源结构也将会随之发生改变。

8.3　海河流域农田水循环机理

8.3.1　农田水分迁移转化机理

农田水分的迁移转化机理是农田水循环过程的主要研究内容,它主要研究水分在农田系统(大气-作物-土壤)中的运移和转化的物理机制和影响因素。首先,水汽随着空气流动,在适宜条件下会形成降水(主要以雨、雪等形式),降落到农田系统中。降落到农田系统中的降水,除了部分被作物冠层截留最终消耗于蒸发以外,其余的部分会渗入地下补给土壤水分,或者形成短暂性的径流汇集于江河湖沼形成地表水。渗入地下的水,部分滞留于包气带中(其中的土壤水为植物提供了生长所需要的水分),其余的部分渗入饱带的岩石孔隙之中，补给成为地下水。农田系统的地表水、土壤水和浅层地下水，又通过棵间土壤蒸发和作物蒸腾等作用转化为水蒸气而进入大气圈。地表水与地下水除了部分水分重新蒸发返回大气圈，还有部分水分通过地表径流或地下径流的形式流走。

由此可见，农田水分的迁移转化涉及多个水循环过程。在垂直剖面上，包括降雨或灌溉补给、下渗、蒸散发、深层渗漏等过程。在水平剖面上，主要包括水分的侧向运移，如侧渗和径流等。我们这里的讨论主要基于农田水分的垂向运动，重点讨论水分到达田间系统后的垂直方向上的迁移转化过程，主要包括水分下渗补给、蒸散发和深层渗漏过程。

其中蒸散发过程是农田系统水分消耗的主要形式，是我们的研究重点。当降水到达地表时产生下渗进入土壤；在降水的间隙，大气发挥其干燥作用使土壤水分在毛细管力作用下移动到地表，从而发生蒸散发。这一过程成为大气–土壤界面的水分传输。当土壤水分含量达到田间持水量时，在重力作用下水分将继续下渗补给地下水；反之，在蒸发作用下当土壤水分含量减少，在毛细管作用下地下水也可能上升到上层土壤或地表，并通过植物蒸腾或土壤蒸发进入大气。蒸散发过程不仅直接关系到流域的水量平衡及水资源量，在农业灌溉中，该过程揭示了农田水分消耗的机理，决定了农田灌溉的效率。

8.3.1.1 农田水分存在形式

农田水分主要存在三种基本形式，即地表水、土壤水和地下水，而土壤水是最重要的农田水分存在形式，它与作物生长关系最为密切。土壤水分的动态变化与降水下渗、蒸散发、地下水和径流有密切的关系。土壤水具有三态，即液态、固态和气态。按照其形态不同可以分为吸湿水（吸着水）、薄膜水、毛管水（毛细水）和重力水等。在这几种土壤水分形式之间并无严格的分界线，其所占的比重与土壤质地、结构、有机质含量和温度等有关。根据水分对作物作用效果的有效性，土壤水也可以分为无效水、有效水和过剩水（重力水）。土粒表面的吸力很大，紧贴土粒的第一层水分子受的吸力约1万个大气压。吸湿水紧缚于土粒的表面，不能自由移动，只有在高温（105~110℃）条件下可转变成气态散失。所以，吸湿水一般不能为作物所利用，常被视为无效水。薄膜水主要受剩余分子吸力的作用（31~6.25个标准大气压），与液态水的性质基本相似，在吸力作用下能以湿润的方式从水膜厚处向水膜薄处缓慢移动，或从土壤湿润的地方向干燥的地方运移。部分薄膜水可以被植物吸收。毛管水是依靠土壤中毛细管的吸引力而被保持在土壤孔隙中的水分。毛管水所受的吸力为6.25~0.08个标准大气压。受毛管力作用保持在孔隙中，可被植物吸收利用。土壤中受重力作用而运动的那一部分水分为重力水。重力水具有一般液态水性质，可以在重力作用下产生水流运动，能传递压力等。因此，重力水不易保持在土壤上层，是下渗补充地下水的重要来源。

8.3.1.2 农田土壤水量平衡原理

农田土壤水量平衡反映了作物根系层水量变化与水分收、支之间的关系。在土壤水量平衡的各个要素中，主要的水分收入项包括降水（P）、灌溉（I）等；主要的水分消耗项包括腾发（ET）、地面径流（R）等；而根系层底部水分交换量（Q，以渗漏为主）

在深层水分向上补给情况下属于收入项,而在向下渗漏情况下属于消耗项。农田水量平衡的基本方程为

$$\Delta W = W_2 - W_1 = P + I - \text{ET} - Q - R \tag{8-5}$$

式中,W_1、W_2 分别为时段始、末的根系层储水量;ΔW 为其变化量。在水量平衡要素中,阶段降水量 P 可以根据气象观测或预报得到;灌水量 I 是人工控制与可测量的;其余各项则需要根据一定的方法进行估算。在海河流域这样的半干旱半湿润地区径流量 R 一般比较小,且主要出现在汛期,可以根据一定的产流机制(如超渗产流)来估算。对中国北方地区的冬小麦来说,生育期内的径流量一般可以忽略不计。

8.3.1.3 下渗

下渗,又称入渗,指降水或灌溉水通过土壤表面进入土壤从而改变土壤内水分状况的过程。它是水分在分子力、毛细管引力和重力的综合作用下发生在土壤中的物理过程。进入土壤剖面的水分在重力作用下向下渗透,土壤水的下渗由田间持水度控制。当某层土壤的含水率超过田间持水度时(存在重力水)水分才能下渗。

入渗是农田水循环过程中的重要环节,它是水分从地表渗入土壤和地下的运动过程,起着联系地表水和地下水(含土壤水)的纽带作用,因而影响着地表和地下径流的分配,还影响着农田作物的生长情况。从水量平衡的观点看,农田系统的入渗量(λ)为降水量和灌溉量的总和,减去冠层和田间洼地所截留蒸发掉的水量($E_{冠层}$ 和 $E_{田面积水}$):

$$\lambda = P + I - E_{冠层} - E_{田面积水} \tag{8-6}$$

当初期土壤干燥,入渗过程按水分所受的主要作用力及运动特征的不同,可以大致可分为三个阶段。

1)渗润阶段:由于初期田间土壤较为干燥,水分主要是在分子力作用下,被土壤颗粒吸附而成为结合水(以吸湿水和薄膜水的形式存在)。对干燥土壤,渗润阶段的土壤吸力非常大,故起始的下渗率很大。

2)渗漏阶段:下渗的水主要在毛细管引力和重力共同作用下,在土壤孔隙中形成不稳定运动,并逐步充填空的孔隙,直到孔隙充满水之前,该阶段水呈非饱和运动,通常将渗润阶段和渗漏阶段合称为渗漏阶段。

3)渗透阶段(即稳定下渗阶段):当土壤孔隙被水充满达到饱和时,水在重力的作用下向下运动,属饱和水流运动。这时的下渗率将维持稳定,称稳定下渗率。

农田系统的入渗率与土壤特性(透水性、前期含水量)、降雨特征(雨强、历时、过程分布)、灌溉特征(灌溉制度、历时、灌溉水量、灌溉方式)、下垫面条件(坡度、作物植被)等因素有关。一般而言,一定地段的一定土壤的入渗强度正比于降水强度。然而有一个限度,这个限度称为入渗容量,即在降水充分条件下的土壤最大入渗率。若超过入渗容量,即使降水强度再增大,入渗率并不增大。并且,在充分降水条件下一定地段的一定土壤经较长时间的下渗以后,入渗率将接近于某一稳定的常数,此常数称为稳定入渗率。稳定入渗率与土层剖面特征、地面情况有关,但与土壤湿度关系不大。

在水文模型计算中,土壤水的入渗一般由田间持水量控制。当某层土壤的含水率超过

田间持水量含水率时（存在重力水），认为水分才能下渗。农田系统水分的下渗能力是具有空间变异性的，这是由土壤特性空间分布的差异、作物、坡度及土地利用情况（如平整土地、农田基本建设等）的不同、土壤含水率在空间上的差异、降雨时间和空间上分布不均匀性和强度差异所引起的。

8.3.1.4 蒸散发

农田系统水分消耗的最主要形式是蒸散发。蒸散发又叫蒸腾蒸发量，也称作腾发。蒸散发是水转化为水蒸气返回到大气中的过程，农田系统的蒸散发量主要包括作物的叶面蒸腾（散发）与植株间土壤蒸发，还包括作物冠层对水分的截留蒸发以及田面积水的蒸发等。可见，蒸散发既包括土壤和植物表面的水分蒸发，还包括通过植物表面和植物体内的水分蒸腾。降落到地球表面的降水有70%通过蒸发或蒸散作用回到大气中，在干旱区达到90%，而在一些农田系统中，有时有高达99%的用水被蒸散发消耗掉。在农田水利学中，常常将蒸散发量看成是灌溉工程中的作物需水量。

（1）田间积水蒸发

由于下垫面因素的复杂性，农田地表发生积水的现象很常见。自然情况下地表存在小的坑洼、树根、枯枝对地面径流的阻滞等，都具有一定的地表滞蓄作用。特别是农田系统中一般都有田埂存在，具有较强的积水能力。在降雨/灌溉能力超出土壤入渗能力时，地表虽有自由水产生，但不能形成径流，而是通过地表积水的形式存在。随着积水深度的增加，在超出地表滞蓄能力之后才开始产流。若不能形成径流，则田间的积水最终以蒸发的形式消耗。

另外，在种植水稻的过程中，返青期间农田一般需要灌水3~4cm，分蘖期间一般有1.5cm的浅水层，在孕穗到抽穗期间也一般要维持田间有3cm左右的水层。这时，田间积水的蒸发也是整个农田系统蒸散发的重要组成部分。

总的来说，田间积水的蒸发基本遵循水面蒸发的机理。水面蒸发是指在充分开阔的自由水面条件下的蒸发，即充分的供水条件下的蒸发。水面蒸发可以反映当地气候条件下的蒸发能力，即潜在蒸发。在估算水面蒸发时，一般通过建立实测的水面蒸发量与地面观测得到的气象要素的经验关系来确定水面蒸发。通常采用的是水面蒸发量与水汽压差和风速的经验公式或基于蒸发机理的彭曼（Penman）公式。

（2）作物冠层截留蒸发

作物对降水的截留和截留蒸发也是农田水循环中不可忽略的一部分。降雨经植物冠层时，一部分被截留，该水量称为植被冠层截留水量。植物冠层截留的水分最终会变成水汽进入大气，该部分蒸发称为截留蒸发。在农田水循环系统中，影响作物冠层截留的因素主要有两类：一类是作物本身的特性，如作物的品种、种植密度、生育阶段、冠层茂密度等；另一类则是水分气象条件，如降水强度或灌溉强度、气温、风速等。

作物冠层降雨截留，需要考虑作物冠层叶面截留能力对穿过水量的影响。作物对降水的最大截留能力由于一般随作物的种类和生长季节而变化，在计算中常常被视为是叶面积指数LAI的函数。降雨首先须饱和冠层的最大截留量，而后盈出的部分才能到达地面。某一时刻的实际降雨截留量应该由该时刻的降雨量和冠层潜在截留能力共同决定,即当时段内的总降雨量小于该时刻的冠层潜在截留能力时,作物冠层的实际截留量等于前者;反之,则等于冠层潜在截留能力。

当农田系统中有作物覆盖时,首先从植被冠层截留的蓄水开始蒸发。当时段末的冠层截蓄水量满足冠层的潜在蒸发能力时,则实际蒸发量等于潜在蒸散发量;当不满足时,则实际蒸发量等于该时刻的冠层截蓄水量。

综上所述,在农田水循环系统中作物冠层截留蒸发量的算式,可简化为

$$E_{冠层} = f(v)f(P, I)E_p \tag{8-7}$$

即认为作物冠层截留蒸发量是由潜在蒸发量 E_p 和与作物相关的函数 $f(v)$ 及和水分补给相关的函数 $f(P, I)$ 共同决定。其中作物相关的函数 $f(v)$ 主要与作物截留系数、植被覆盖率、叶面积指数等因素有关;水分补给相关的函数 $f(P, I)$ 主要与降雨或灌水强度等因素有关。

(3) 株间蒸发

农田系统的株间土壤蒸发是指植株间的田面土壤的水分蒸发。株间蒸发量与土壤水分有着直接与密切的关系。土壤水的蒸发过程一般分为三个阶段:①稳定蒸发阶段,又称大气蒸发能力控制阶段(蒸发率保持不变):开始时土壤表面的含水量接近饱和,蒸发量近似为一常数,其大小受到气象因子即大气蒸发能力控制。当土壤水处于饱和或接近饱和状态时,其蒸发耗水量由毛细管作用将下层土壤水向地表输送。当土壤含水量减至某一临界值,毛细管输水不能满足地表蒸发时,稳定蒸发阶段即告结束。②蒸发率显著下降阶段,又称土壤导水率控制阶段:当土壤含水量低于土壤田间持水量,随着土壤含水量的减少,毛细管逐渐断裂,某些毛细管中水分连续状态受到破坏而中断,则毛管水供给表层蒸发的水分逐渐减少,土壤水主要以薄膜形成运移,其速度越来越慢。故该阶段蒸发速率随表层土壤含水量的减少而变小。当非饱和导水系数趋于零时,这一阶段即告结束。③蒸发率微弱阶段:当表层土壤相当干燥,土壤中毛细管全部断裂,毛管水不再上升,土壤表层得不到水分供给,土壤表层干化,土壤中的液态水已不能输送到土壤表面,只能在热力作用下通过汽化,经过土壤孔隙逸出地面,这一阶段的蒸发速度极其缓慢。水分只能以气态水或薄膜水的形式向地表移动,但速率非常小,可以忽略。

一般而言,土壤水的蒸发发生在土壤的表层,其强度主要取决于两个因素:一是外界蒸发能力,即气象条件所限定的最大可能蒸发强度;二是土壤自下部土层向上的输水能力,其数值随含水量的降低而减小。在土壤的输水能力大于外界蒸发能力时,表土的蒸发强度等于外界蒸发能力(常以水面蒸发来表征),在外界蒸发能力大于土壤的输水能力时,表土的蒸发强度以土壤的输水能力为限。农田系统的株间土壤蒸发强度,还会受到作物种植密度等因素的影响。

当没有作物覆盖时,蒸发从地表开始。如果地表有积水,田间积水先进行蒸发,当田间积水已经消耗完之后,则在农田系统非作物生长面积比例上,以潜在蒸发速率蒸发。当地表没有积水或地表积水不能满足潜在蒸散发能力时,蒸发将发生在农田的土壤表面。

根据潜在蒸发率和土壤含水率可以估算土壤蒸发率,其假设前提是土壤实际蒸发率与

潜在蒸发率成正比（即 Penman 假设）：

$$E = f(\theta)E_p \tag{8-8}$$

式中，θ 为土壤含水量；E_p 为潜在蒸发率；土壤水分函数 $f(\theta)$ 主要与土壤含水量有关，由田间持水量和凋萎系数等决定。

(4) 作物蒸腾

作物蒸腾是指作物根系从土壤中吸入体内的水分，通过叶片的气孔扩散到大气中去的现象。植株蒸腾要消耗大量的水分，作物根系吸入体内的水分有 99% 以上是消耗于蒸腾，只有不足 1% 的水量是留在植物体内，成为植物体的组成部分。

其生物物理过程为作物根系从土壤中吸取的水分，经由根、茎、叶柄和叶脉送到叶面，其中约 0.01% 用于光合作用，约不到 1% 成为植物本身的组成部分，余下的近 99% 的水分为叶肉细胞所吸收，并将在太阳能的作用下，在气腔内汽化，然后通过敞开的气孔向大气中逸散。水分从叶面气孔中的扩散量可由气孔开闭程度而调节，同时也受根层的土壤含水量的影响。总的来说，它受到气象因素、土壤含水量和植物生理特性的综合调控。

当植被冠层的截留蓄水量不能满足潜在蒸散发能力时，叶面蒸腾开始。蒸腾的水量来自植被根系所在的土壤层含水。因此，蒸腾率除与植被的叶面积指数有关以外，还与植物根系的吸水能力有关，也就是与根系分布和土壤含水量相关。

作物蒸腾耗水量是通过土壤—植物—大气系统的连续传输过程，大气、土壤、作物三个组成部分中的有关因素都影响蒸腾耗水量的大小。在土壤水分充分的条件下，大气因素是影响需水量的主要因素，其余因素的影响不显著。在土壤水分不足的条件下，大气因素和其余因素对需水量都有重要影响。在土壤水分不足的条件下，大气因素和其余因素对需水量都有重要影响。作物蒸腾耗水量（E_{tr}）可以简化为

$$E_{tr} = f_2(v)f_2(\theta)E_p \tag{8-9}$$

式中，$f_2(v)$ 为与作物特性相关的函数；$f_2(\theta)$ 为与土壤含水量相关的函数；E_p 为潜在蒸散发量。其中作物相关的函数 $f_2(v)$ 主要与植被覆盖度、叶面积指数、作物根系分布等因素有关。土壤水分函数 $f_2(\theta)$ 与土壤含水量等因素有关。

在特定土壤条件下，土壤蒸发主要决定于土壤含水量和大气中的水汽压力、湿度、温度、风速等气象条件，而植物蒸腾比土壤蒸发更为复杂。首先，在植物生长时，土壤蒸发变成株间蒸发，作物群落形成了一个农田内部小环境。另外，作物根系的横向发育和纵向延伸，吸取不同层面的土壤水供植物的生理需要和通过高、低、疏、密不同的枝叶散发。因此，植物种类、耕作技术、发育阶段、生长高度、密度等，都是影响作物蒸腾的重要因素。

另外，株间土壤蒸发和作物蒸腾都受到气象因素的影响，但蒸腾作用因植株的繁茂而增减，株间土壤蒸发因植株造成的地面覆盖率加大而减小，所以，株间土壤蒸发与蒸腾一般而言是二者互为消长的。一般作物生育初期植株小，地面裸露大，以株间蒸发为主；随着植株增大，叶面覆盖率增大，植株蒸腾株间大于株间蒸发，到作物生育后期，作物的生理活动减弱，蒸腾耗水又逐渐减小，株间土壤蒸发又相对增加。

8.3.1.5 深层渗漏

深层渗漏是指当旱田中由于降雨量或灌溉水量太多，使土壤水分超过了田间持水率，

向根系活动层以下的土层产生渗漏的现象。即使在平均灌水深度不超过田间持水量时，由于灌溉水在田间分布的不均匀性，仍有部分面积上的灌水深度超过田间持水量而发生深层渗漏。当土壤含水量超过田间持水量时即产生深层渗漏，因此可以将田间持水量作为判别是否发生深层渗漏的指标。

深层渗漏对于旱作物来说是无益的，且会造成水分和养分的流失，合理的灌溉应尽可能地避免深层渗漏。但由于水稻田经常保持一定的水层，所以深层渗漏是不可避免的，适当的渗漏，可以促进土壤通气，改善还原条件，消除有毒物质，有利于作物生长。但是渗漏量过大，会造成水量和肥料的流失，与开展节水灌溉有一定矛盾。

8.3.2 海河流域农田水分迁移转化特征

8.3.2.1 海河流域农作物耗水规律

海河流域年降水量在 500~600mm，多年平均降水量 535mm，其中 60%的降水量集中在夏末秋初，而冬、春干旱少雨，造成早春和夏季作物必须补充灌溉才可以获得理想产量。海河流域现有耕地 1065.4 万 hm^2，复种指数为 145%左右。海河流域耗水农作物的主要种类有：①小麦、玉米；②蔬菜，包括落地蔬菜、设施蔬菜；③耗水型果林、观光果园，苹果、梨、葡萄、桃子等。其中，海河流域的主要种植作物为小麦、玉米和棉花，此外在滦河平原及冀东沿海有少量的水稻。海河流域最主要的两种作物有冬小麦和夏玉米。冬小麦是冬季播种夏季收割，在生长过程中抗寒的能力极强，其幼苗能够过冬，春天来临时幼苗分蘖很快。海河流域播种夏玉米一般是在收获小麦之后，也有少部分地区采用麦田套种玉米的种植方式。目前河北省夏玉米的播种方式基本上都是麦茬免耕直播，也就是在收完小麦以后不进行耕地和整地作业，而是用免耕播种机直接在麦茬地上播种夏玉米。麦田套种玉米仍然采用比较传统的人工点播的方式，但这种方式劳动强度大、工作效率低，播种质量也不容易保证。海河流域冬小麦和夏玉米的种植比例分别为 53%和 54%，其他还有豆类、高粱、谷子、甘薯、花生、芝麻、向日葵、棉花、蔬菜、果树等，见图 8-18。

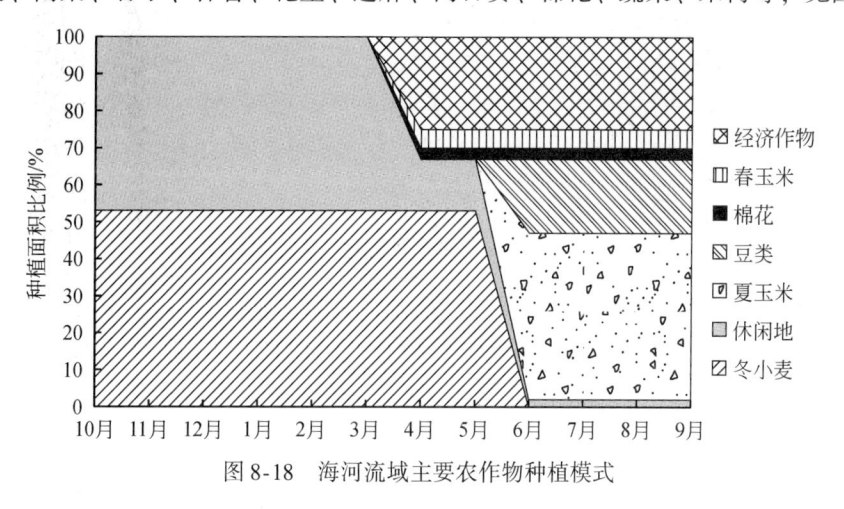

图 8-18 海河流域主要农作物种植模式

根据华北地区作物生长及气象状况，可将一年（从冬小麦播种到夏玉米收获的农业生产年度）划分为四个阶段，包括冬小麦越冬前生长期、越冬期、返青后生长期和夏玉米生长期（表8-31）。

表8-31 冬小麦、夏玉米作物生长期及冬小麦越冬期划分

日期	冬小麦冬前生长期	冬小麦越冬期	冬小麦返青后生长期	夏玉米生长期
起始日	10月1日	12月1日	3月10日	6月16日
结束日	11月30日	3月9日	6月15日	9月30日

作为农田主要的水分消耗项，农田的蒸散发量（腾发量）主要取决于大气蒸发能力（以参考作物腾发量ET_0表示）、作物类型、生育阶段即生长状况（以作物系数K_c表示）、土壤供水情况（以土壤水分胁迫系数K_s表示）。采用作物系数计算腾发量的公式为

$$ET = K_c \cdot K_s \cdot ET_0 \tag{8-10}$$

作物系数K_c的取值与作物生长阶段与生长状况、气象条件等因素有关，有一定的时空变异性。在作物正常生长条件下，作物系数随生育阶段变化较大，而同一阶段的作物系数年际变化相对较小，因此忽略作物系数的年际变化（表8-32）。

表8-32 冬小麦、夏玉米各生育阶段作物系数K_c值

作物	冬小麦					夏玉米			
生育期	播种—出苗	越冬期	返青—拔节	抽穗	灌浆—收割	播种—出苗	拔节	抽穗	灌浆—收割
K_c	0.7	0.4	0.4~1.1	1.1	1.1~0.6	0.36	0.36~1.1	1.1	1.1~0.5

华北地区山前平原粮食生产过程中，小麦玉米一年两季耗水量850mm；而年平均降水量480mm，年灌溉用水量300~350mm，当地地下水补给200mm；每年约超采地下水100mm以上。华北平原冬小麦和夏玉米生长期间土壤蒸发（E）和作物蒸腾（T）分别占总蒸散发（ET）的比例见表8-33和表8-34。可见，在冬小麦和夏玉米生长期间，棵间非生产性蒸发（E）占蒸散发的比例在1/4~1/3，一年中大约有200mm的水量消耗是无效耗水，减少这部分耗水对提高农田水分利用效率将产生重要影响。通过农田节水技术，可以减少农田地面无效蒸发，降低农田低效蒸腾和减少灌溉水量，提高农田水分利用效率和生产效益。

表8-33 冬小麦生长期间土壤蒸发占总蒸散发的比例

项目	10月	11月	12月	1月	2月	3月	4月	5月	6月	总计
ET/mm	59.2	36.9	19.5	8.2	8.1	28.3	104.8	163.5	33.3	461.8
(T/ET)/%	51.2	63.6	41.7	3.1	35.2	69.0	73.1	82.5	81.7	70.3
(E/ET)/%	48.8	36.4	58.3	96.9	64.8	31.0	26.9	17.5	18.3	29.7

表 8-34　夏玉米生长期间土壤蒸发占总蒸散发的比例

项目	6月（11~30日）	7月	8月	9月（1~20日）	总计
ET/mm	56.2	159.7	165.0	53.3	434.2
(T/ET)/%	35.1	71.8	77.9	75.2	69.8
(E/ET)/%	64.9	28.2	22.1	24.8	30.2

有研究针对海河流域的农作物耗水规律，指出冬小麦全生育期需水量最大时期是拔节至成熟期，占总需水量的75.1%。需水临界期在孕穗至灌浆期，占总需量的40%。棉花生长期一般年份有效降雨量能满足其正常生长的需求，但年际降水量差异大，遇伏旱时也需要浇一次蕾期水或铃水。浇水量不宜过大，一般浇 450~600m³/hm²，避免土壤水分过多而使蕾铃脱落，麦棉套种的棉花 5 月上旬的移栽期正值小麦灌浆期，棉花营养钵移栽结合浇水，一水两用，对小麦灌浆和棉苗成活都很有利。花铃期再浇一水，灌溉定额为 900~1200m³/hm²。夏玉米生长期年均有效降水量一般相当于需水量的 75%，尚缺水。6 月上旬常因降雨来迟而延误播期，播种前后浇水是确保适时播种、苗全苗壮的关键。抽雄至灌浆期是夏玉米需水量最多时期，此期若遇干旱会造成"卡脖旱"，对产量有严重影响。因此一般年份夏玉米需要浇二水，即抽雄水和灌浆水，灌溉定额 1200m³/hm²，干旱年需增加一次播期水，湿润年在灌浆期浇一水即可。

另外，经 2003~2005 年的统计，海河流域各水资源三级区的旱地农田的蒸散发量 ET 见表 8-35。

表 8-35　海河流域水资源三级区 2003~2005 年旱地 ET 表　　（单位：mm）

序号	名称	2003年	2004年	2005年	平均
1	永定河册田水库以上	403	353	344	367
2	子牙河山区	494	433	411	446
3	漳卫河山区	518	423	400	447
4	滦河山区	574	519	504	532
5	滦河平原及冀东沿海诸河	569	533	506	536
6	北四河下游平原	612	561	528	567
7	大清河山区	586	615	602	601
8	永定河册田水库至三家店区间	688	578	568	611
9	大清河淀东平原	663	602	597	620
10	北三河山区	672	605	606	628
11	漳卫河平原	692	684	670	682
12	徒骇马颊河	747	635	666	683
13	黑龙港及运东平原	739	647	694	693
14	子牙河平原	766	649	681	699
15	大清河淀西平原	797	665	682	715

研究表明，海河流域平原区的旱地的蒸散发量 ET 大于山区的旱地 ET；南系平原区的旱地 ET 大于北系平原区的旱地 ET。究其原因，一是平原区的耕地面积大于山区；二是平原区的土壤条件优于山区，其利用率高、复种指数较高，灌溉条件好；三是连续三年，南系的降水偏丰；四是河北山前平原、鲁北、豫北地区是主要产粮区。旱地 ET 较高的区主要分布在海河南系，这主要与近年来南系降雨偏丰有关。大清河淀东和淀西平原地理位置接近，耕地面积相当，但淀西的旱地 ET 高于淀东 95mm，主要是因为淀西平原的灌溉率和复种指数均高于淀东平原，水资源条件也比淀东好的缘故。

8.3.2.2 自然因素对主要作物耗水规律影响

（1）降水的影响

利用石家庄站点 1955~2008 年、沧州站点 1954~2008 年的逐日气象观测数据。采用 Penman-Monteith 模型模拟了各种作物生长发育期的需水量，并统计出了作物生育期间的平均降水量，运用耦合度模型衡量作物生育期降水对需水量的满足程度（表 8-36）。其研究指出：①在冬小麦生长发育各个阶段，两区降水-需水耦合度方面，山前平原区的冬小麦需水-降水耦合度均优于黑龙港区；山前平原区冬小麦的水分生态适应性相对优于黑龙港区。②在夏玉米生长发育各个阶段，降水量都可以满足玉米的生育期需水，从降水与需水的角度考量，玉米在两大粮食主产区都有比较优势，但各时期降水分配不均。且黑龙港区降水-需水耦合度略高于山前平原区，综上，从水分生态适应性方面考量黑龙港区具有相对比较优势。③在棉花生长发育各个阶段，黑龙港区降水-需水耦合度优于于山前平原区，因此从棉花的水分生态适应性方面来看黑龙港区要好于山前平原区。④在蔬菜全生育期，黑龙港区降水-需水耦合度略高于山前平原区，从各个阶段来看二者有交替优势；但考虑到蔬菜生育期不仅有生长性需水，更需要环境性需水，两区蔬菜的水分生态适应性均较差。⑤在果树全生育期，黑龙港区与山前平原区大致相当；从各个生育期来看二者差异也不大，综上两区果树的水分生态适应性基本一致。

表 8-36 华北平原各种作物降水-需水耦合度关系

区域	作物	初始生长期	快速发育期	生长中期	成熟期	全生育期
山前平原区	冬小麦	0.44	0.57	0.29	0.73	0.46
	夏玉米	0.00	2.16	1.71	0.50	1.15
	棉花	0.10	0.34	2.23	0.45	0.76
	蔬菜	0.50	0.12	1.07	1.42	0.76
	果树	0.33	0.29	1.48	0.17	0.70
黑龙港区	冬小麦	0.32	0.34	0.19	0.24	0.29
	夏玉米	0.37	2.32	2.54	0.34	1.43
	棉花	0.28	0.53	2.37	0.14	0.85
	蔬菜	0.13	0.21	1.05	2.6	0.87
	果树	0.11	0.22	1.79	0.16	0.74

(2) 净辐射的影响

采用波文比观测系统连续定点定位,研究了华北平原夏玉米农田生态系统的蒸散发规律,指出夏玉米农田蒸散发量的日变化规律明显,蒸散速率正午13：00 达最大值,上午的蒸散发量要小于下午的蒸散发量,其原因是由于日出后农田相对湿度较大,空气的饱和差较小限制了作物的蒸腾和土壤蒸发,而下午湍流传输相对强烈,农田蒸散发也相对较强。夏玉米日蒸散发量随着生育期的变化而变化,净辐射、土壤水分和叶面积指数影响夏玉米日蒸散发量的变化。农田土壤水分状况直接决定了日蒸散发量的变化趋势,灌溉和降水后蒸散发量增大,根据其研究,若7月24日、8月14日分别进行灌溉,则7月26日蒸散发量达全生育期的最高值。夏玉米的农田蒸散发量随着生育期的变化而变化,其变化规律与净辐射的变化规律非常一致,这表明净辐射是蒸散发的能量来源和农田蒸散发的驱动力。根据观测资料建立夏玉米净辐射与蒸散发量的回归方程：

$$E = 0.9448R_n - 37.202 \tag{8-11}$$

式中,E 为农田蒸散发量（mm）；R_n 为农田净辐射（W/m²）。夏玉米农田蒸散发速率与净辐射呈正相关关系,随着净辐射的降低而农田蒸散速率同步降低；当净辐射降至 39.38W/m² 时农田蒸散发为 0,农田蒸散发濒于停止,这一数值被认为是蒸散发热力驱动的阈值。

(3) 作物生育周期的影响

利用大型称重式蒸渗仪与小型（棵间）蒸发器相结合的方法研究发现,在夏玉米不同生育阶段,株间土壤蒸发 E 与叶面蒸腾量 T 之间的比值变化很大。从播种到拔节（6月中旬至7月上旬）,气温高,大气干燥,此时植株矮小,叶面积指数小,叶面蒸腾量很低,株间土壤蒸发量 E 占蒸发蒸腾量的比例较大,达80%以上,而株间蒸发量对产量形成基本上无影响,应当采取适当的栽培措施,尽量降低它所占的比例。拔节—抽穗期间,株间土壤蒸发 E 与叶面蒸腾量 T 基本相同；抽穗后以蒸腾耗水 T 为主,蒸腾量占蒸发蒸腾量的比值达70%左右。从全生育期看,2003年和2005年夏玉米株间蒸发量占总需水量的43%和48%；蒸腾耗水量占总蒸发蒸腾的比例分别为56%和51%。非充分供水比充分供水时降低了总蒸发蒸腾量和总蒸腾量,但产量并未降低,其节水效果明显。充分供水对总的株间蒸发量影响较小。

8.3.2.3 人为因素对主要作物耗水规律影响

(1) 灌水时间的影响

对冬小麦节水高产灌水调控技术进行研究,发现拔节前水分胁迫,拔节后优化供水可以实现小麦的节水高产。指出冬小麦阶段控水及足水的阶段耗水特征不同,前期控水使前期耗水明显降低。前期、中期和后期控水及足水的拔节前后耗水比例分别为1∶3.8、1∶1.9、1∶1.8 和 1∶2.6,前控明显减少前期耗水比例,而提高中后期耗水比例,即耗水重点后移,顺应小麦产量形成期对水分需求而节水高产（表8-37）。

表 8-37　冬小麦年度平均阶段耗水比例

处理	灌水量/mm	阶段耗水系数/% 前期	阶段耗水系数/% 中期	阶段耗水系数/% 后期	总耗水量/mm
前期控水	228	21	46	33	448
中期控水	229	35	29	36	449
后期控水	233	36	42	22	480
充足供水	408	28	35	37	596

前控的相对蒸发量比率拔节前仅为前供足水的33%~51%，首次供水后增至109%，与前控复水后小麦植株腾发、根系吸水等生理活动迅速恢复，甚至可超过前供的测定结果一致。另从前期供水和控水的耗水关系比较分析，到拔节初冬前供水年均耗用率97.5%；返青首次灌水到拔节耗用97.5%；起身首水至拔节消耗46%；冬灌、返青两水道拔节年均耗用57.4%，耗水增加75mm。与供水深度试验结果吻合，即前期控水保持表土疏松干燥有效降低前期土壤蒸发是节水关键之一。

总的来说，冬小麦的供水量与总耗水量线性相关，与土壤耗水量负相关。回归分析表明70%的生育期供水被利用。前控、足水和旱区土壤水站总耗水比例因水文年型而不同。增加灌水次数蒸发量增加显著，适度水分亏缺有利于蒸发耗水减少。冬小麦和夏玉米各生育阶段适宜的灌水控制指标分别见表8-38和表8-39。

表 8-38　冬小麦各生育阶段适宜灌水控制指标下限

生育阶段	播种—越冬	越冬—返青	返青—拔节	拔节—抽穗	抽穗—灌浆	灌浆—成熟
计划湿润层/cm	40	40	40	60	80	80
土壤水分灌水下限指标（占田持%）	65	65	65	65~70	60~55	50

表 8-39　夏玉米各生育阶段适宜灌水控制指标下限

生育阶段	播种—拔节	拔节—抽穗	抽穗—9月15日	9月15日—成熟
计划湿润层/cm	40	60	80	80
土壤水分灌水下限指标（占田持%）	60	65	60	50

（2）灌溉方式的影响

对蔬菜生产地面蒸发严重问题，筛选出地膜全覆盖膜下沟灌和膜下隔沟灌溉关键技术，实现了蔬菜低蒸发生产。研究了黄瓜和番茄全覆盖微灌（简称微灌）、全覆盖膜下沟灌、秸秆覆盖沟灌、隔沟灌溉、常规灌溉方式下的耗水特征，表明：与常规灌溉相比，黄瓜减蒸节水可达25%~27%，番茄达到40.9%~42.4%。

（3）耕作方式的影响

不同的耕作模式，其农田系统的耗水规律不一样，如水田，则水面蒸发占了大部分总蒸散发的比例；而对于普通的补充灌溉农田，则土壤蒸发和作物的蒸散占了总的蒸散发的绝大部分比例。

在华北平原冬小麦播种后对冬小麦各生育期株间蒸发日变化进行观测,结果显示在小麦出土以后到冬前一段时间,地表属于不同表土耕作状态。从 2002 年 10 月 21 日~11 月 16 日的结果看,全免耕处理蒸发强度是传统深耕的 1.3~1.6 倍,这主要是由于地面无植被覆盖时,免耕为开沟起垄播种,可增加表土总面积,且垄作条件下低温提高,土壤通气性增大,水分蒸发强烈。研究结果表明,华北平原的山前平原区不同耕作方式下,传统深耕、旋耕、全免耕、秸秆粉碎免耕四种耕作方式对棵间蒸发的影响显著。秸秆覆盖免耕对抑制小麦棵间蒸发效果明显,其日蒸发强度仅为传统耕作的 59% 和旋耕的 74%。

(4) 农艺措施的影响

现在采用的一些农艺措施,如作物品种的改良、秸秆还田、设施农业等技术,对农田系统的水循环也产生了一系列的影响。

秸秆覆盖在大气与土壤之间形成隔离层,隔断蒸发层与下层土壤的毛管联系,减弱土壤、空气、大气之间的湍流交换强度,有效地抑制土壤水分蒸发。同时,秸秆覆盖可以阻挡日光直接曝晒地面,在春夏高温季节便能降低土壤温度,减缓土壤水分汽化速度、降低土壤水分散失,因而能够起到良好的保墒效果。覆盖秸秆的数量,不论是多还是少,也不论是夏季、冬季或春季,均有减少土壤水分蒸发的效果,即覆盖秸秆不同层的土壤含水量一般均高于不覆盖;减少蒸发的效果随着秸秆覆盖量的增加而愈来愈好。秸秆覆盖于农田,特别是在坡耕地上,还具有显著水土保持性能。这是因为秸秆在农田表面形成覆盖层,一方面可免除暴雨对地面的直接打击,减轻地表受降雨冲击的强度,保持耕层疏松,增加降水入渗;另一方面可使径流延缓产生,稳定提高入渗率,减少径流量,有效控制水土流失。研究表明,秸秆覆盖率越高,地表产生径流的时间和土壤含水量达到饱和的时间就越晚,而且稳定入渗率也越高。

设施农业是在不适宜生物生长发育的环境条件下,通过维护结构设施,把一定的空间与外界环境隔离开来,形成具有一定程度的封闭性系统,在充分利用自然环境条件的基础上,人为地创造生物生长发育的生境条件,实现高产、高效生产的现代化农业生产方式。通常所说的设施农业一般指的是狭义的设施农业,即作物的设施栽培。设施栽培是常采用地膜覆盖、塑料中小拱棚、塑料大棚、日光温室、温室或连栋温室等人工设施。对于设施农业,灌溉是设施农业温室作物栽培中唯一水分来源,灌溉用水消耗量大。温室设施是一个半封闭体系,与大田作物栽培相比较,湿度高,室内风速度较低,水分—土壤—植物—空气有着独特的封闭性特点。一般而言,广泛用于大田生产的地膜覆盖,可以在很大范围内使土壤水分无谓的物理蒸发化为有效的植物蒸腾,以提高水分利用效率;同时由于地膜覆盖也使耕层土壤的水、热状况有了改善,根际微生物得以活化,增强了根系的吸收能力,提高了肥料利用效率。塑料棚、室之类栽培设施,由于薄膜的阻隔,将田间传统生产条件下大气范围的"五水循环",约束于设施内成为小范围的"五水循环",水分利用效率显著提高。

研究结果显示小麦玉米土壤蒸发约 200mm,占农田总耗水量的 23%~25%。通过秸秆覆盖可以减少棵间蒸发 50~70mm。小麦缩行和玉米匀株增密减少棵间蒸发 20mm。小麦玉米全程秸秆覆盖与玉米匀播、小麦缩行相结合,可减少棵间蒸发 60~80mm,使蒸发在蒸散发中的比例降低到17%~20%。表8-40为主要农艺措施对冬小麦和和夏玉米的蒸发蒸腾和产量的效应。

表8-40 主要技术措施对蒸发蒸腾和产量的效应

作物	技术	影响蒸发	影响蒸腾	影响耗水	影响产量
冬小麦	晚播	---	-	----	-
	增加播量	--	+	-	+
	缩行	--	+	-	+
	减灌	-	---	----	+或-
	推迟春浇水时间	-	--	---	+
	配肥限氮		-	--	+
	提高播种质量	-		--	+
夏玉米	增密	--	+	-	+
	蹲苗	--		---	+
	控冠				+
	晚追肥或缓控肥	-	-	--	+
	晚收	+	+	+	+
综合技术		减蒸	降耗	节水	增产

注："-，--，---"代表影响程度由小到大；-表示减，+表示增

8.4 海河流域农业用水对水循环的影响及其调控

8.4.1 海河流域农业格局的变迁对水分迁移转化的影响

前文提到，海河流域农业人工补充水量近几十年来正在悄然发生着变化。1980~2005年，人工补充灌溉水量呈现稳定下降趋势，这是因为海河流域农业节水技术的逐步实施。目前，海河流域经过研究示范的农业节水技术很多，如低压管道、地面闸管、喷灌、微灌、小畦灌、秸秆覆盖、调亏灌溉、节水品种、水肥耦合、保水剂、少免耕技术及一些新型节水技术如激光平地、波涌灌和3S技术等。但纵观海河流域农业格局的变迁，这些节水措施主要在保障粮食安全的前提下，结合区域经济条件、投入回报与生产习惯等，致力于减少用水的补给量或减少农田的耗水量（即减少蒸散发量）。下面根据海河流域多年的节水示范成果，介绍节水灌溉制度和农、水结合技术对海河流域水分迁移转化的影响。这些措施的发展和采用对于降低海河流域作物蒸腾蒸发量具有明显的效果，且具有较为广泛的适用性和较好的经济收益。

8.4.1.1 节水灌溉制度下的农田水分消耗

海河流域主要可以采用非充分灌溉制度和调亏灌溉制度，尤其是后者，可以促进节水

高效农业的发展。非充分灌溉制度是放弃单产最高,追求一个地区总体增产,即在水分限制的条件下,舍弃部分单产量,追求总产量;调亏灌溉是舍弃生物产量总量,追求经济产量(籽粒或果实)最高。

调亏灌溉是通过控制土壤的水分供应对根系的生长发育进行调控,从而影响地上部分的生长来实现的。海河流域于20世纪90年代后期开始在大田作物上进行试验,且初见成效。调亏灌溉从生物的生理角度出发,根据作物对水分亏缺的反应,人为主动地施加一定程度的水分胁迫,以影响作物的生理和生化过程,即通过作物自身的变化实现水分高利用率。

减少棵间蒸发是调亏节水灌溉的一条有效途径。一般情况下,冬小麦、夏玉米等的棵间蒸发损失要占总需水量的30%左右,在苗期比例更大。相比之下,调亏灌溉减少了棵间蒸发,提高了水分利用效率。

中国科学院石家庄农业现代化研究所于河北省三河市,在冬小麦—夏玉米两熟条件下实施了多年的调亏灌溉技术,研究了作物不同生育阶段,不同程度水分胁迫与产量的关系,确定了冬小麦、夏玉米关键需水期及土壤水分控制指标、需水敏感指数等定量指标。同时在河北省的栾城县、三河市、深州市等地进行了示范推广。综合各推广地的实际测定结果,采取调亏灌溉,可以降低蒸腾蒸发量59mm左右。

8.4.1.2 农、水结合技术下的农田水分消耗

农、水结合技术的基本概念是:农艺措施与节水灌溉制度有机结合,实现节约灌溉用水、减少土壤水分蒸发和抑制作物奢侈蒸腾,增加产量,进而提高作物水分利用效率的目标。

农水结合技术中的农艺措施主要包括秸秆和地膜覆盖、耕作栽培、合理密植和化学调控等;节水灌溉技术主要包括间歇灌和膜上灌及喷、微灌。试验研究和生产实践证明,间歇灌是一种先进的节水地面灌溉技术,具有节水、灌水速度快、灌水均匀度高等优点,在灌水量 $375\sim525\text{m}^3/\text{hm}^2$ 的范围内能完成一次灌水作业,是一般地面灌水技术所不能做到的。但每次灌水量少,缩短了灌水间隔时间,增加了灌水次数,也就相应增大了土壤水分蒸发量。这一缺点的存在,限制了其节水增产效应的充分发挥。针对这一问题,在间歇灌的技术系统中加上小麦和玉米秸秆覆盖措施,或中耕松土,可抑制灌后土壤水分蒸发,促进灌溉水入渗与储存,延长灌水间隔时间,减少灌水次数,不仅灌水定额减少,灌溉量也减少,节水增产效应更加显著。又如膜上灌也是一种先进的节水地面灌溉技术,将其与麦棉套种地膜覆盖的种植方式相结合,既经济高效又简便易行,是一项麦棉双增产极为显著的措施。利用地膜防渗输水,通过放苗孔渗水灌溉棉花和从膜侧过水灌溉小麦,起一水二用之效。同时,膜上输水,棉花苗期可壮苗早发,中后期保温、保墒和灌水,一膜二用。小麦、玉米秸秆覆盖和麦棉套种地膜覆盖技术在海河流域平原推广应用的面积越来越大,因此以间歇灌加秸秆覆盖和膜上灌加麦棉套种地膜覆盖为关键内容的农水结合技术的试验研究和推广应用,越来越有重大意义和广阔前景。喷灌、微灌是先进的灌水技术,对小麦生育前期灌水十分有利,但后期易引起小麦倒伏,水量不足,灌浆不饱满,而应采取小麦

前期喷灌、后期管灌相结合。

8.4.2 海河流域农业水循环调控目标

  我国北方地区耕地面积占全国的45%，但水资源仅占全国总量的9.7%。以河北为例，作为全国第三产粮大省，其用只占全国0.7%的水生产了全国6%的粮食，养育了全国5%的人口。但这是以严重超采地下水为代价换来的。另外，海河流域的农业用水作为用水大户，在水资源日益短缺的今天，其与生产用水、生活用水和生态用水的竞争日趋激烈。所以发展节水农业意义重大，从而才能促进农业科技进步，增强农业综合生产能力，确保国家粮食安全。科技的不断进步，促进了我国农业水循环从有效用水向高效用水发展。海河流域要建设节水高效农业，就必须提高水分（包括降水和灌水）的利用效率。

  水分生产率是评价区域水分利用效率的最重要最客观的指标，它不仅反映出水分消耗与作物产量的关系，而且还反映出作物的水分利用情况。水分生产率是指单位水资源量在一定的作物品种和耕作栽培条件下所获得的产量或产值，单位为 kg/m^3。它是衡量农业生产水平和农业用水科学性与合理性的综合指标。近年来，水分生产率常被用来衡量水资源利用状况与灌区的用水管理水平。根据文献资料查阅，在当前技术条件下，海河流域主要作物可达到的平均水分生产率（kg/m^3）为水稻0.65、冬小麦1.45、春玉米2.42、夏玉米2.46、春谷1.13、棉花0.65。

  高效利用农田水分是海河流域农业水资源利用的发展方向。高效用水农业是高标准的节水农业。就一个国家或一个地区而言，可以根据国情和地域情况制定一个节水农业的标准，如井灌区水的利用率为0.70，水的利用效率为 $1.2kg/m^3$ 以上，可称为节水农业；水的利用率为0.85以上，水的利用效率达 $1.8kg/m^3$ 以上，可称为高效用水农业。以色列水的利用率为0.90，粮食生产中水的利用效率为 $2.32kg/m^3$，即为高效用水农业的模式。

  农业水循环过程主要通过抑制土壤蒸发和作物不必要的蒸腾，来提高作物的水分利用效率。按照前文所述，海河流域农业水循环的消耗主要包括灌溉农业、雨养农业等产生的蒸散发量ET。若将ET分为可控和不可控，则海河流域农业ET中灌溉农业的ET为可控ET。海河流域的农业种植区主要分布在平原区和山间盆地，是用水大户，节水潜力很大。灌溉农业产生的可控ET是农业节水和高效用水的重点，可在不降低粮食产出的基础上，研究通过各种措施进行有效的调控，包括节水措施，调整种植结构等方式，减少ET。另外，对于雨养农业，也可以通过农业措施来减少作物生长季节的蒸腾蒸发量。

  海河流域农业实现节水与高效用水的基本思路主要如下：

1）在地下水已超采的井灌区，采用节水灌溉制度（调亏灌溉）和综合节水措施，尽可能降低作物实际耗水量，并保证农作物基本不减产，甚至增产。

2）在地下水尚有开采潜力的渠灌区，如徒骇马颊河平原，结合灌区改造，推广井渠结合，这既可以减少地下水的潜水蒸发（无效ET），有利于防治土壤盐碱化，又可以减少地表水使用量，改善河道水生态环境。

3）在地表水资源贫乏，又缺少浅层淡水资源的地区，如黑龙港运东平原，适量开采浅层微咸水，推广咸淡混浇技术，减少地表水和深层承压水的使用量，以降低 ET，保证农作物产量稳定。

4）海河流域山区面积占总面积的 53%，针对山区水资源"散而少"的特点，为稳定山区农业生产条件，积极提倡道路集蓄径流与自流微灌、沟道截潜引蓄集蓄径流与微灌、经济树种穴集雨水与覆盖、沟道分段拦截集蓄径流与自流膜上灌、水池集蓄雨水技术与隔沟灌等技术。有条件的地方可以退耕还草、还果，减少低效 ET。

5）因地制宜调整作物种植结构，适当压缩冬小麦播种面积。小麦的灌溉用水量很大，而目前冬小麦的播种面积又占耕地面积的 40%，占灌溉面积的 65% 以上。为了保持区域水土平衡，压缩冬小麦的播种面积是农业节水的重要途径之一。此外，海河流域现有旱地 1048 万 hm^2，多年平均降水量 535mm，采取综合农业措施的情况下，利用天然降水发展旱地农业仍具有很大潜力。

6）在大中城市郊区、经济条件较好的井灌区和蔬菜、果树经济作物区，有条件推广喷灌、微灌等先进灌溉技术。

8.4.3 海河流域农业水循环调控途径

8.4.3.1 海河流域农田节水保产措施

海河流域为适应水资源短缺形式，保障粮食安全，通过其他途径使农业生产在灌溉用水量更小的情况下获得更多的产出。据相关研究统计，海河流域多采用 10 种措施节水、保产措施，包括：①抗、耐旱作物和品种的选育及配套栽培技术；②秸秆或薄膜覆盖栽培技术；③机械化秸秆还田技术；④培肥地力，以肥调水技术；⑤深耕蓄水保墒及农机农艺综合的耕作技术；⑥丰产坑、丰产沟栽培技术；⑦机械化宽带梯田建设与综合治理技术；⑧山区集经蓄水补溉技术；⑨错季适应栽培技术；⑩节水灌溉技术。

1）抗、耐旱作物和品种的选育及配套栽培技术。抗、耐旱作物和品种的选育是以遗传学为理论基础，并综合应用植物生态、植物生理、生物化学、植物病理和生物统计等多种学科知识，以培育高产优质品种的技术。

2）秸秆或薄膜覆盖栽培技术。①地膜覆盖栽培模式。以地膜覆盖为骨干措施，配套优良品种、深耕改土、平衡施肥及立体种植、合理密植、化学调控等措施，种植玉米、小麦及谷子、马铃薯等高产高效作物。②秸秆覆盖栽培模式。以秸秆覆盖还田为骨干措施，配套免耕、少耕、平衡施肥、优良品种、宽窄行种植、轮作间套等技术，以玉米、小麦及果园为主。③地膜秸秆二元覆盖模式。有地膜、秸秆重叠覆盖和分垄覆盖两种形式，配套保护性耕作、平衡施肥、优良品种、宽窄行种植等措施。

3）机械化秸秆还田模式。以机械化翻压秸秆，增加土壤有机物归还量为主要措施，配套合理的耕翻、镇压、耙糖保墒耕作措施及优种、密植、平衡施肥等技术，达到培肥改土、高产高效之目的。

4）培肥地力，以肥调水技术。例如，秋耕施肥配套春免耕、少耕及地膜覆盖、优良品种等措施，可有效解决春播难、捉苗难的问题，增产培肥效果显著。

5）深耕蓄水保墒及农机农艺综合的耕作技术。

6）丰产坑、丰产沟栽培技术。"沟垄等高"种植模式分为丰产沟、丰产垄、反坡梯田、等高带状耕作等多种形式，既增产增效，又改土培肥。

7）机械化宽带梯田建设与综合治理技术。在坡改梯的基础上，通过增施有机肥料和化学改良剂，配套保护性耕作、地膜覆盖、优良品种等措施。

8）山区集经蓄水补溉技术。

9）错季适应栽培技术。采用现代农业新技术手段，实现农产品成熟期较常规栽培提早或者错后。

10）节水灌溉模式。在修建旱井、水窖（窨）和充分利用小水小泉的基础上，发展管灌、渗灌、滴灌、喷灌等节水灌溉技术并配套地膜覆盖、立体种植等技术。

"GEF 海河流域水资源与水环境综合管理项目战略研究之四——海河流域节水和高效用水战略研究"中对各节水措施的主要特征指标进行了分析，详见表8-41。本次研究将在下一节详细阐述关于主要农艺措施对农田水循环的影响。

表8-41　各单项节水保产措施主要特征指标

节水措施	作用	适宜作物	节约水量 减少ET/(mm/亩)	节约水量 减少取用水量/(m³/亩)	增产百分数	投资/(元/亩)	使用年限	备注
调亏灌溉	减少棵间蒸发，提高水分生产率	小麦、玉米、棉花	59	50~100	8%~12%	300	3~4	投资含水分测量仪费用；需要专职人员监测土壤含水量
秸秆覆盖	保水、保墒	玉米、小麦	17~32	10%~15%（灌水定额）	8%~20%	330	1~2	
低压管道	减少输水损失	小麦	24.4	10%~15%（灌水定额）	6%~10%	265	2.5~4.5	PVC管
地面闸管+小畦灌溉	提高输水效率，减少输水过程中的损失，提高灌水的均匀度	小麦	38.6	30		2000~2100	4~5	方畦：宽5.5m，长6.0m；长畦：宽3.5m，长45m
选择优良品种	提高水分生产率，抗倒伏	小麦	比普通品种节水10%		40%~60%	比普通品种贵10%	1	需要良种研究部门做好宣传推广
		玉米			15%~18%		1	
科学平衡施肥	提高产量、减少环境污染、减少取用水量	小麦、玉米、棉花			5%~20%	250~400	1~2	需要有农业科研人员指导

8.4.3.2 主要措施对农田水循环的影响

(1) 品种改良对农田水循环的影响

1) 不同小麦品种的用耗水需求分析。海河流域农作物相关研究人员一直致力于进行抗旱、耐旱、增产农作物、品种的选育。至今，全国重要粮食产区河北省已经召开了 37 次 "河北省农作物品种审定会"，仅通过审定定名的小麦品种就有几十种，目前河北省小麦玉米平均单产较 20 世纪 80 年代增加了近 1 倍。

不同作物品种由于作物生长条件与作物水分利用效率存在较大差异，导致农田用水和耗水需求与特点发生改变。品种改良是作物产量增加和作物水分利用效率提高的重要影响因素。不仅不同年代品种水分利用效率和产量有很大差异，现代品种间也存在着不同。现代冬小麦品种水分利用效率与开花日期、叶片光合效率存在显著的正关性，因为华北冬小麦灌浆时间短，开花早的品种有更有利的条件把更多的干物质转移到籽粒，提高收获指数，水分利用效率比较高。冬小麦目前大面积推广的品种在不同年型下产量和水分利用效率相差 10% 以上（图 8-19），产量高的品种，水分利用效率也较高。

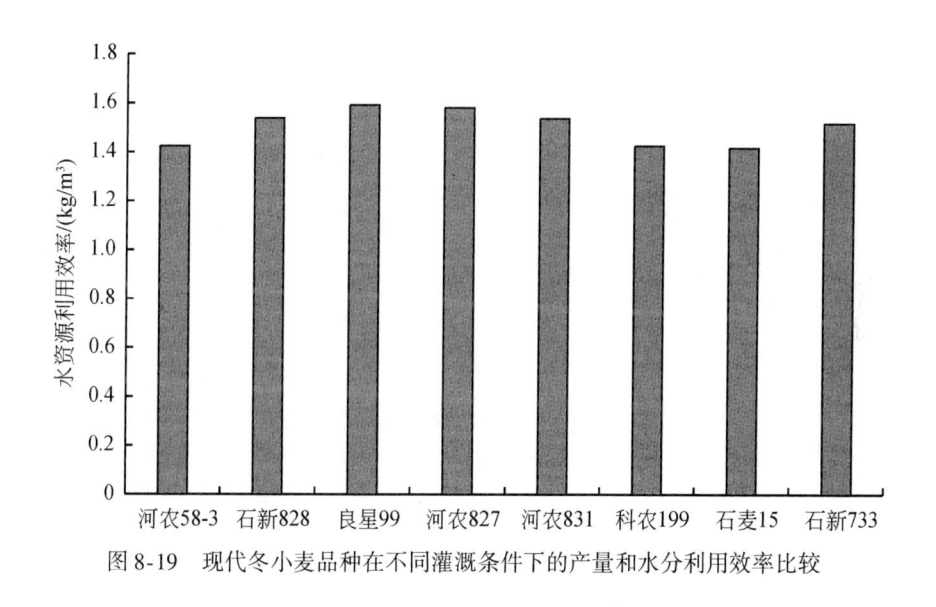

图 8-19 现代冬小麦品种在不同灌溉条件下的产量和水分利用效率比较

如图 8-20 所示，河北省大面积种植的冬小麦品种种植在现在相同条件下，在灌溉 1 水、2 水和 3 水的产量和耗水量表现，从过去品种到现在品种，产量明显提高，而耗水量基本维持稳定。小麦品种的改良带来了产量和水分利用效率提高，在低耗水状态下，保障了粮食产量。

2) 小麦品种生长期变化导致用水水源与结构变化。由于海河流域农田耕种集中于平原区，目前大部分小麦播种完全实现了机械化作业，较以往大大提高了作业效率，缩短了播种、收割农时。如果仍然沿用传统的播种时间，容易造成小麦冬前的过旺生长。所以，

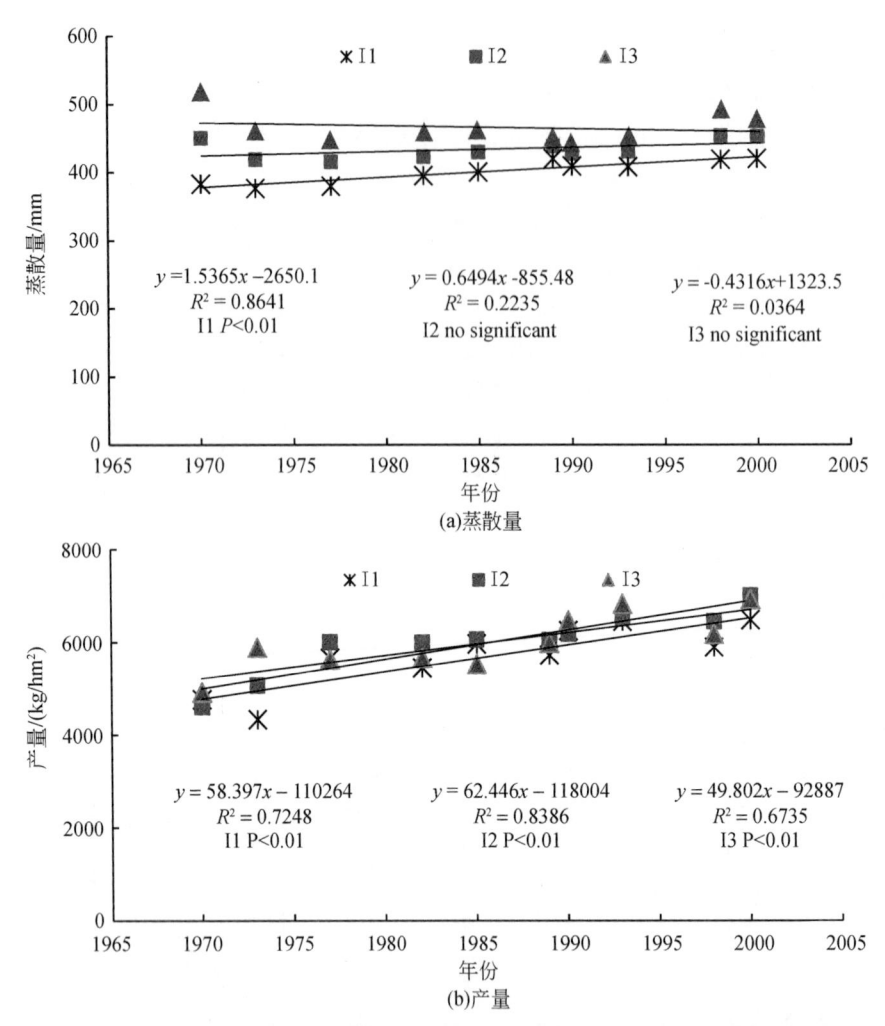

图 8-20 河北平原不同年代大面积种植的品种种植在现在相同条件下产量和耗水量表现
资料来源：国家科技支撑计划课题"太行山前平原区小麦玉米减蒸降耗节水技术集成与示范"研究成果

适当推迟冬小麦的播种时间，延长夏玉米的生育期，对缓和一年两作区上下茬作物争时间的矛盾，实现两茬作物的均衡增产具有重要意义。

小麦前期适当胁迫，减蒸促根，后期高效利用土壤深层水，腾空土壤水库容；小定额灌溉玉米出苗水，前期蹲苗减蒸，雨季保蓄土壤水，玉米后期灌溉一水多用，提高玉米产量、品质和秸秆还田质量，同时为小麦播种造墒，实现全年农田人工灌溉用水的减少和有效降雨直接利用量的增加。

（2）栽培模式对农田水循环的影响

1）不同播种密度。海河流域山前平原冬小麦播种行距一般为 15~25cm，在这种行距播种条件下，苗期冠层覆盖度低，土壤裸露大，棵间蒸发失水多。冬小麦通过缩行播种可以增加苗期冠层覆盖度而减少棵间蒸发，提高土壤水利用效率。相关试验结果表明，提高玉米种植均匀度，使冠层的光截获量也明显增加，从而提高冠层内植株对光能的利用并降低棵间蒸发，图 8-21 为中国科学院遗传与发育生物学研究所进行的玉米株行距均匀度试验结果。

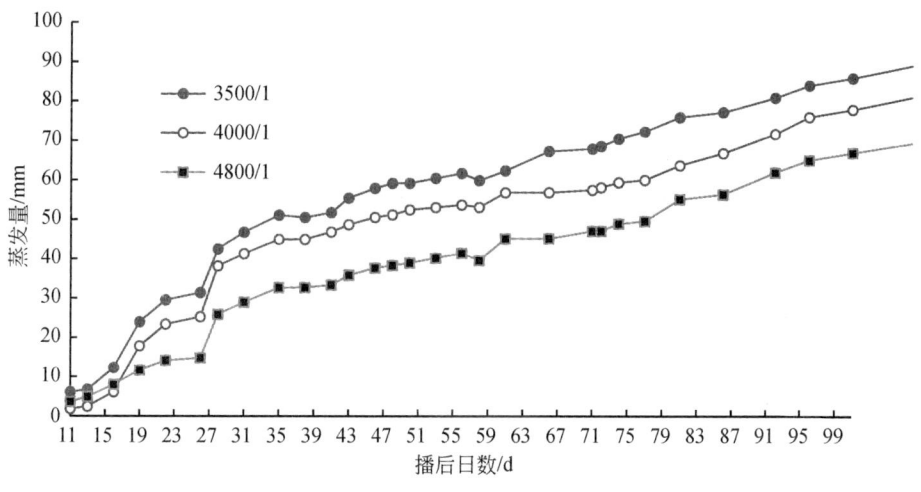

图 8-21 不同种植密度下田间蒸发量
资料来源：国家科技支撑计划课题"太行山前平原区小麦玉米减蒸降耗节水技术集成与示范"研究成果

2）秸秆覆盖栽培。海河平原区冬小麦—夏玉米农田棵间蒸发占蒸散比例为 20%~30%，减少这部分棵间蒸发对减少灌溉水用量、提高农田土壤水利用效率会有极大的促进作用。华北平原冬小麦—夏玉米一年两作的秸秆资源非常丰富，可以充分利用秸秆资源进行秸秆覆盖，来抑制土壤蒸发无效耗水。多年的实验结果充分显示秸秆覆盖可以明显抑制棵间蒸发，并且随着覆盖量的加大抑制效果越加明显，这种抑制作用主要发生在作物生长前期。

秸秆覆盖使农田地表温度和棵间蒸发强度降低，冬小麦棵间蒸发强度的变化为少覆盖和多覆盖比不覆盖处理分别降低 27.4% 和 74.1%，多覆盖比少覆盖降低 31.5%。不同覆盖量处理下，作物阶段蒸散顺序均为：不覆盖>少覆盖>多覆盖，说明秸秆覆盖表现出了明显的保墒作用。

（3）灌溉模式对农田水循环的影响

海河流域冬小麦种植，水分适度亏缺条件下，生长发育过程提前，灌浆期适度延长，更有利于花后干物质积累和向籽粒产量的转移。图 8-22 显示 2006~2007 年、2007~2008 年和 2008~2009 年三个冬小麦生长季不同灌水次数下的冬小麦产量和水分利用效率，这三个生长季节降水都比常年偏高，属于湿润年型，灌溉一水或二水就能取得最高产量。图 8-23 为冬小麦在最小灌溉（MI）、充分灌溉（FI）、关键期补水灌溉（CI）11 个生长季平均总耗水量和产量的比较。水分适度亏缺，降低土壤蒸发和作物低效蒸腾，水分利用效率较高。

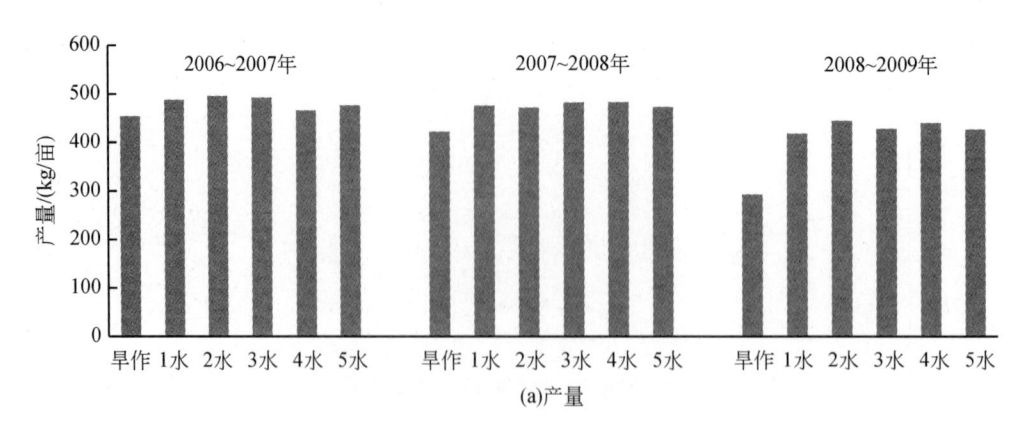

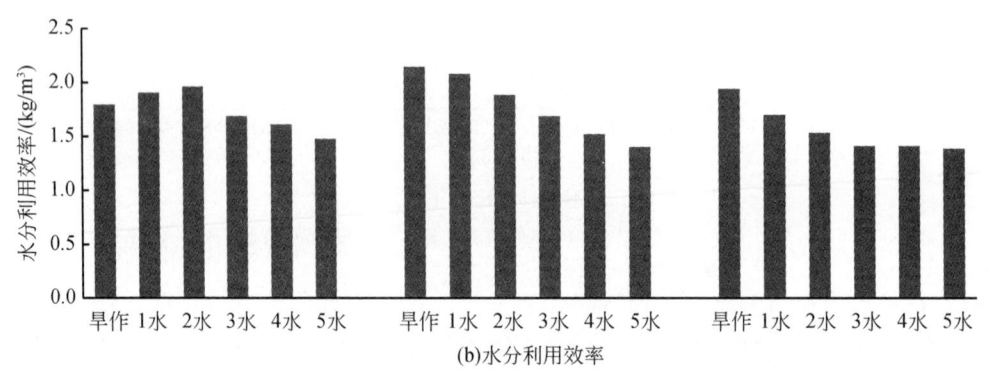

图 8-22　冬小麦不同灌溉次数下产量和水分利用效率

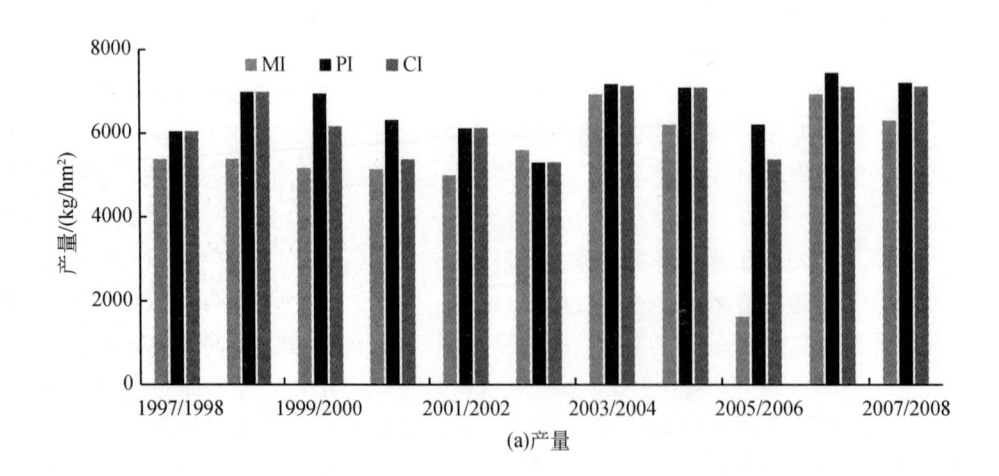

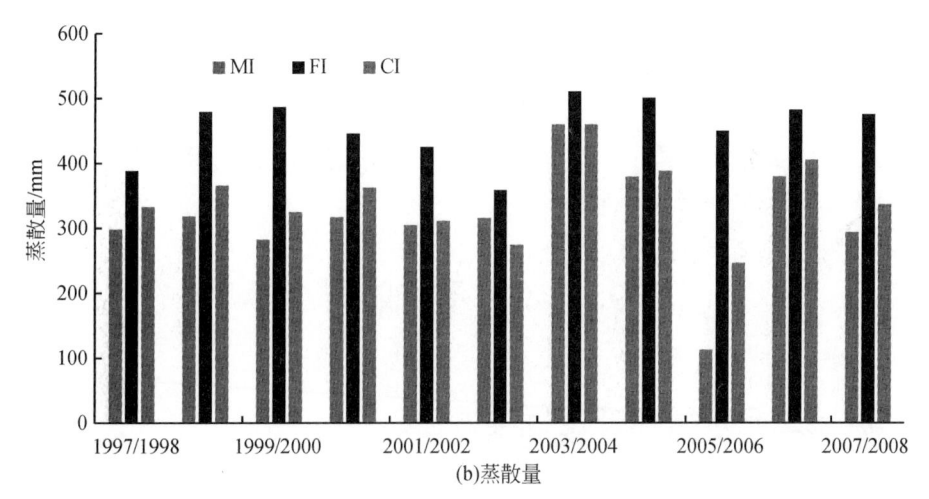

图 8-23　冬小麦在最小灌溉（MI）、充分灌溉（FI）、关键期补水灌溉（CI）11 个生长季平均总耗水量和产量的比较

8.5　本章小结

农业水循环受到自然和人工的双重驱动。在海河流域，虽然自然降水是农田系统水分的主要补给来源，但是由于海河流域是半湿润半干旱地区，为了使土壤保持适宜的含水量，人工灌溉也是农业水循环系统的重要水分来源，同时人工灌溉和排水的方式改变了原有的天然水循环系统。

2005 年海河流域农业总供水量为 663 亿 m³，其中有效利用降水总量为 414 亿 m³，农田人工灌溉补水量为 244 亿 m³，潜水蒸发量为 5 亿 m³。有效降水直接利用量、灌溉补水量和潜水蒸发量分别占总供水的 62.4%、36.8% 和 0.8%。经定量计算，节水灌溉制度和农、水结合技术等措施的发展和采用对于降低海河流域作物蒸腾蒸发量具有明显的效果，这是 1980～2005 年，海河流域人工补充灌溉水量呈现稳定下降趋势的重要原因。未来，品种改良、栽培模式与灌溉模式的优化，仍将是海河流域农业水循环调控的重要手段。

第 9 章　主要成果与研究展望

9.1 主要成果

9.1.1 流域二元水循环理论框架方面

1）随着人类经济社会的发展，流域水循环已经呈现明显的二元化特征。水循环的二元化特性使得原有的一元模式理论不能科学地解释现有状况下的水循环过程。在当前的流域水循环研究中必须从自然-社会二元水循环模式的视角出发才能系统科学地认识流域水循环过程。

2）二元水循环的发展主脉络为"人类发展—人类经济社会对水循环的支撑作用需求和人工驱动力同时增强—水循环的二元化变复杂—对人类经济社会的支撑作用增强—促进人类社会发展"。从采食经济阶段、农耕经济阶段、大规模农田灌溉及工业化起步阶段、大规模工业化和城市化阶段对各个阶段二元水循环的主要因子进行了系统分析，总结归纳了流域二元水循环演化的三大后效，明确阐释了水循环发生二元演化的历史，即是人类生产、生活用水逐步侵入自然水循环的历史。流域水循环二元演化的深度与人类社会的发展阶段密切相关，迄今为止的演化过程以社会水循环通量的加大和自然水循环通量的减弱为主要标志，其后果是流域综合承载能力的逐步衰竭。

3）本书在对流域二元水循环演进历程的深刻把握的基础上，从水循环发生二元演化的本质阐述了流域二元水循环的科学内涵，即四个二元化：服务功能的二元化、驱动力的二元化、结构和参数的二元化、循环路径的二元化。水循环的二元特性深刻揭示了流域二元水循环的科学内涵。以四个"二元化"为核心的流域"自然—社会"二元水循环理论框架的提出，可以辩证地认识人类经济社会系统发展和生态环境系统持续发展的相互关系，为协调人类社会用水和生态环境系统用水提供科学依据，为水资源的开发利用提供理论基础。

4）通过流域二元水循环研究明晰人类经济社会与自然水循环系统之间的互动关系和作用机制，可指导人类对水资源进行合理的开发利用，辩证地认识生态环境系统用水和人类经济社会用水之间的关系，保护生态环境系统。同时水循环的二元理论也能够运用到城市规划、重大水问题的决策中，为这些领域水问题的科学决策提供理论指导。

9.1.2 海河流域不同时间尺度水循环演化规律方面

1) 在万年时间尺度上，海河流域水循环的主要影响因素为温度和水系变迁，第四纪温暖湿润气候期的水文过程为平原的深层地下水提供了淡化的水环境条件。① 温度和水循环系统之间能量交换与水分转移通量值呈正相关，黄河的向南改道使海河水系得以独立，在黄河河道的南北迁移过程中，洪水对平原的冲积，一方面形成了多条河道，为流域水系改变创造条件，另一方面，洪水的泥沙在入海口不断沉积，形成滨海平原并不断扩大。② 沧州地区同位素方法研究表明，埋深 $5\sim15m$ 水样代表全新世当地降水补给，埋深 $10\sim50m$ 的水样主要为全新世黄河河水补给，埋深 $300\sim450m$ 的水样为晚更新世冰期古水，地下水滞留时间约在距今 2.5 万年前。

2) 在千年时间尺度上，一是流域气温变化呈现冷暖交替的现象。到 1660 年达到寒冷的极点，气温开始回升，目前海河流域处在升温期；二是海河流域的下垫面条件在几千年中变化剧烈，流域植被覆盖率由最初的浓密落叶阔叶林植被演变成当今森林覆盖率不足 15%，海河流域的湖泊洼淀基本上呈萎缩、消亡的发展趋势；三是海河流域 1000 年以内的典型水旱灾害及极端水旱灾害的分析表明，在 17 世纪和 18 世纪之间，海河流域经历了从旱型到涝型的转变过程，进入 21 世纪，有再向旱型转变的趋势；四是流域人口经过了数次变迁，能在一定程度上反映流域水资源数量。

3) 在百年时间尺度上，海河流域年降水量整体上可能呈缓慢上升趋势，但趋势检验并不显著，降水的季节分布从 1979 年开始呈现主汛期（$7\sim9$ 月）持续减少，春季（$3\sim5$ 月）降雨持续增多的趋势。近百年来，海河流域天然径流和入海水量整体上呈衰减趋势，这主要是由在强烈人类活动影响下流域下垫面条件发生剧烈变化引起的，即使未来海河流域降水可能会有一定幅度的增加，但天然径流和入海水量很难再恢复到历史平均水平。

9.1.3 海河流域二元水循环模式方面

1) 海河流域海陆水汽循环来源于多股气流的交汇带，主要有东南太平洋的低空暖湿气流和西南大西洋的高空暖湿气流，也有少量随西风带来的北冰洋和大西洋的水汽。自 20 世纪 50 年代至今，海河流域海陆水汽循环的演变呈"海弱陆强"的趋势。夏季海洋水汽输送通量减少，强度减弱，由海洋向陆地的水汽净输入量从 20 世纪 60 年代的 1396 亿 m^3 减少到目前的 272 亿 m^3；陆地内循环通量大大增强，循环通量由 20 世纪 60 年代占总降水的 23%，增加到目前的 83%。

2) 近 50 年来海河流域环流形势的演变以南北径向风减弱为主要标志，导致夏季从南部边界进入的太平洋水汽减少，水汽净输入量衰减。径向风的减弱的演变原因可能与全球气候变化，两级升温，极地效应减弱有关。

3) 在人类活动参与下，海河流域社会经济系统与天然水循环过程是两个不可分割的整体，它们相互依存、相互影响，共同发展。目前的水循环研究必须纳入天然和人类社会综合驱动因素作用下的模式。其中城市水循环模式和农业水循环模式是人类社会参与水循环系统过程的关键形式。天然形态下的林草、荒地、湖泊水域等水循环过程，也不同程度的受人类活动扰动影响。

4）城市水循环是人类社会参与自然水循环过程的高级形式，具有水循环通量集中、人工控制程度高、通量过程受气象影响小、通量具有持续性等特点。根据人口规模、产业特征、用水规模和结构、水资源条件等指标量对海河流域20个典型城市进行发展模式分析，可将海河流域内的城市水循环模式分为四大类，分别为中心都市型城市、传统工业型城市、高效工业型城市、特色产业型城市。

5）农业水循环是人类社会参与自然水循环过程的传统形式，具有影响范围广、水循环绝对通量大、单位面积通量低、与气候和作物生长特点相关性强、通量过程具有频率性等特点。在水分流通过程方面，农业水循环大致可以分为垂向水循环和水平水循环两个过程，水平过程主要为农业水分的传输过程和排水过程，垂向过程为农业水分的用水和消耗过程。

9.1.4 人类活动对水循环的影响及演化规律研究方面

1）城市化发展对海河流域水循环的影响表现：一是城市用水通量不断增大，减少了流域地表水和地下水的蓄存量，带来河道断流、湖库萎缩及地下水漏斗等问题。二是城市给排水管网的建设减少了地下渗漏量，增大了汇流的水力效率，再生水的利用促进了供水水源多样化与污水减量化。三是城市硬化地面导致径流响应快、峰值高和流速更快，短时强暴雨情况下带来城市内涝。四是城市化减少了实际蒸发量，带来冬季热岛效应和夏季强降雨过程。

2）农业对海河流域水循环的影响表现为：一是农业用水改变自然水循环通量，农业用水量约占用水总量的70%，由于本底水资源条件不足，农业水循环得以维持的代价是流域地下水的长期超采；二是农业生产过程强化了流域下垫面的蒸散发过程，使流域垂直通量的比例增加；三是农田环境对下垫面地形地貌的改造，田埂、渠道等农田工程设施对流域产汇流过程产生深刻影响，大大增强了地表的蓄滞能力，多数地表产流被限制在农田范围内，局部循环加大，水量的水平传输距离和水量减少。

3）通过对潮白河流域的分析表明，潮白河不同土地利用对流域产汇流影响不同。例如，水田对流域的产流能力影响甚小，而旱地会增加天然降水消耗，因而降低了产流能力，林地林冠面积的减少一般会增加产流能力，草地的增加会增加耗水量，降低产流能力。由于不同土地利用具有不同的水循环响应特征，流域下垫面的变化将会显著影响水循环的产汇流过程。通过模型对潮白河流域20世纪90年代和21世纪初两期下垫面的研究表明，土地利用的改变使得流域总产流发生了比较显著的变化，20世纪90年代潮白河下垫面多年平均地表水资源量为10.59亿 m^3，到21世纪初，这一数字下降为10.32亿 m^3，潮白河密云水库以上流域在改变下垫面后，多年平均地表水资源量减少了0.27亿 m^3。

9.2 研究展望

变化环境下的水文循环及水资源演化过程、人–地关系的影响研究，是国际地球科学积极鼓励的创新前沿领域。本书在"973"项目的支持下开展了一定程度的工作，取得了部分成果，但限于水循环演变和水资源研究的复杂性，还有很多问题值得深入研究探讨。

（1）开展二元水循环理论公式统一研究

由于自然–社会的二元水循环是一个巨复杂系统，从当前经典公式来看，自然水动力的 HORTON 产流、超渗产流、达西公式等，并不适用于描述社会水循环主要环节，也就无法定量刻画和模拟"自然—社会"二元水循环，目前一般多采用模型群互相嵌套组合的方法来实现二元水循环的模拟。从学科交叉的延伸角度，进一步采用"还原论"的方法研究二元水循环，提出一个整体简洁的理论和公式来描述二元水循环的主要问题，是今后二元水循环研究的重点。

（2）二元水循环概念模型的进一步开发

本次在海河流域二元水循环模式及其概念模型的研究中，构建了海陆、流域、城市、农业等二元水循环模式，进行了相关过程的数学表达，并在基础上构建了海河流域二元水循环概念模型，其间虽然开展了大量工作并取得了一定的成果，但还需要继续完善，如进一步提高和细化模型对人类活动的描述能力、在模拟方法上吸收当前及今后的水循环机理研究成果改进模拟精度、在模型的物理性上进行增强、模型不同尺度的同化和匹配等。

（3）加强与水资源相关领域的交叉研究

水循环过程作为地球物质循环中的重要一环，存在着与其他循环过程之间的密切联系，如大气循环、生态循环、碳循环、污染物循环等。21 世纪水科学研究的趋势是多学科之间的交叉融合，强调综合研究。未来在深化水循环研究的同时，与其他学科之间的综合集成和协同互补将是重要的前进方向。二元水循环模型与流域生态模型、流域物质运移循环等的结合，都将有利于更加合理精确的分析水循环系统与其他系统之间的相互联系和制约，以解决单一研究时的局限性，将使研究的基础更加坚实，同时也更有利于在水资源综合管理中的应用。

参考文献

北京市统计局，国家统计局北京调查总队．1980—2011．北京统计年鉴．北京：中国统计出版社．

卞建民，王世杰，林年丰．2004．半干旱地区霍林河流域径流演变及其影响机制研究．干旱区资源与环境，18（4）：105-108.

曹永强，姜莉，张伟娜，等．2010．海河流域京津冀地区农产品虚拟水实证研究．水利经济，28（5）：11-14.

岑国平，沈晋，范荣生．1996．城市暴雨径流计算模型的建立和检验．西安理工大学学报，12（3）：184-190，225.

陈桂亚，Clarke D．2007．气候变化对嘉陵江流域水资源量的影响分析．长江科学院院报，24（4）：14-18.

陈宗宇．2001．从华北平原地下水系统中古环境信息研究地下水资源演化．长春：吉林大学博士学位论文．

程海云，葛守西，闵要武．1999．人类活动对长江洪水影响初析．人民长江，30（2）：38-40.

褚俊英，陈吉宁，王灿．2007．城市居民家庭用水规律模拟与分析．中国环境科学，27（2）：273-278.

丛振涛，姚本智，倪广恒．2011．SRA1B情景下中国主要作物需水预测．水科学进展，22（1）：38-43.

崔玉川，董辅祥．2002．城市与工业节约用水理论．北京：建筑工业出版社．

崔远来，白宪台，刘毓川，等．1996．北京城市雨洪系统产流模型研究．北京水利，（6）：42-44，49.

傅抱璞．1981a．论陆面蒸发的计算．大气科学，5（1）：23-31.

傅抱璞．1981b．土壤蒸发的计算．气象学报，39（2）：226-236.

高峰，刘毓氚，雷声隆．1997．北京市城区洪水预报模型研究．海河水利，（5）：15-18.

高军省，姚崇仁．1998．节水灌溉对区域水资源系统的影响浅析．西北水资源与水工程，9（4）：27-30，35.

高学睿，陆垂裕，秦大庸，等．2012．基于URMOD模型的市区蒸散发模拟与遥感验证．农业工程学报，28（Z1）：117-123.

龚志强，封国林．2008．中国近1000年旱涝的持续性特征研究．物理学报，57（6）：3920-3925.

郭瑞萍，莫兴国．2007．森林、草地和农田典型植被蒸散量的差异．应用生态学报，18（8）：1751-1757.

郭盛乔，王玉海，杨丽娟，等．2000．宁晋泊地区冰消期以来的气候变化．第四纪研究，20：490.

韩瑞光，冯平．2010．流域下垫面变化对洪水径流影响的研究．干旱区资源与环境，24（8）：27-30.

郝春沣，贾仰文，龚家国，等．2010．海河流域近50年气候变化特征及规律分析．中国水利水电科学研究院学报，（8）：39-43.

郝振纯，李丽，王加虎，等．2007．气候变化对地表水资源量的影响．中国地质大学学报，32（3）：425-432.

何道清，何涛，丁宏林．2012．太阳能光伏发电系统原理与应用技术．北京：化学工业出版社．

河北省旱涝预报课题组．1985．海河流域历代自然灾害史料．北京：气象出版社．

贾宝全，张志强，张红旗，等．2002．生态环境用水研究现状、问题分析与基本构架探索．生态学报，22（10）：1734-1740.

江善虎，任立良，雍斌，等．2010．气候变化和人类活动对老哈河流域径流的影响．水资源保护，26（6）：1-4.

江涛，陈永勤，陈俊令．2000．未来气候变化对我国水文水资源影响的研究．中山大学学报（自然科学版),39,增刊(2):151-157.

蒋晓辉,刘昌明,黄强. 2003. 黄河上中游天然径流多时间尺度变化及动因分析. 自然资源学报,18(2):142-147.

靳英华,廉士欢,周道玮,等. 2008. 全球气候变化下的半干旱区相对湿度变化研究. 东北师大学报(自然科学版),(5):145-151.

可素娟,王玲,董雪娜. 1997. 黄河流域降水变化规律分析. 人民黄河,(7):18-22.

雷时忠. 1984. 一阶土壤蒸发模型的理论分析. 四川大学学报(工程科学版),(3):135-138.

雷万达,罗玉峰,缴锡云. 2009. 黄河下游侧渗研究进展. 人民黄河,39:61-64.

李晨,秦大军. 2009. 利用CFC研究地下水混合作用——以关中盆地浅层地下水为例. 地下水,31(3):4-6.

李晨,秦大军. 2009. 关中盆地浅层地下水CFC年龄的计算. 工程勘察,(9):39-43.

李亚龙,张平仓,程冬兵,等. 2012. 坡改梯对水源区坡面产汇流过程的影响研究综述. 灌溉排水学报,31(4):111-114.

李英华,崔保山,杨志峰. 2004. 白洋淀水文特征变化对湿地生态环境的影响. 自然资源学报,19(1):62-68.

李勇,杨晓光,叶清,黄晚华. 2011. 1961-2007年长江中下游地区水稻需水量的变化特征. 农业工程学报,27(9):175-183.

廉士欢,靳英华,彭聪. 2009. 吉林省太阳辐射变化规律及太阳能资源利用研究. 气象与环境学报,25(3):30-34.

刘昌明. 2004. 黄河流域水循环演变若干问题的研究. 水科学进展,15(5):608-614.

刘昌明,郑红星. 2003. 黄河流域水循环要素变化趋势分析. 自然资源学报,18(2):129-135.

刘昌明,张喜英,由懋正. 1998. 大型蒸渗仪与小型棵间蒸发器结合测定冬小麦蒸散的研究. 水利学报,(10):36-39.

刘春蓁,刘志雨,谢正辉. 2004. 近50年华北地区径流的变化趋势研究. 应用气象学报,15(4):386-393.

刘家宏,秦大庸,李海红,等. 2010. 强人类活动平原地区河网提取中的流路强化方法. 中国水利水电科学研究院学报,8(2):128-137.

刘家宏,秦大庸,王浩,等. 2010. 海河流域二元水循环模式及其演化规律. 科学通报,(6):512-521.

刘克岩,张橹,张光辉,等. 2007. 人类活动对华北白洋淀流域径流影响的识别研究. 水文,27(6),6-10.

刘宁,王建华,赵建世. 2010. 现代水资源系统解析与决策方法研究. 北京:科学出版社.

刘群昌,谢森传. 1998. 华北地区夏玉米田间水分转化规律研究. 水利学报,(1):62-68.

刘晓敏,张喜英,王慧君. 2011. 太行山前平原区小麦玉米农艺节水技术集成模式综合评价. 中国生态农业学报,(19):421-428.

陆垂裕,秦大庸,张俊娥,等. 2012. 面向对象模块化的分布式水文模型MODCYCLE Ⅰ:模型原理与开发篇. 水利学报,43(10):1135-1145.

栾兆擎,邓伟. 2003. 三江平原人类活动的水文效应. 水土保持通报,23(5):11-14.

马文奎,王建刚,阎永军. 2009. 海河流域防汛抗旱减灾体系建设. 中国防汛抗旱,(19):117-124.

孟春雷. 2007. 土壤蒸发及水热传输研究综述. 土壤通报,38(2):374-378.

缪启龙,江志红,陈海山. 2010. 现代气候学. 北京:气象出版社.

裴源生，赵勇，陆垂裕，等．2006．经济生态系统广义水资源合理配置．郑州：黄河水利出版社．

裴源生，赵勇，张金萍，等．2008．广义水资源高效利用理论与核算．郑州：黄河水利出版社．

邱新法，刘昌明，曾燕．2003．黄河流域近40年蒸发皿蒸发量的气候变化特征．自然资源学报，18（4）：437-442．

冉大川．1998．泾河流域人类活动对地表径流量的影响分析．西北水资源与水工程，9（1）：32-36．

任立良，张炜，李春红．2001．中国北方地区人类活动对地表水资源的影响研究．河海大学学报，29（4）：13-18．

任宪韶，户作亮，等．2007．海河流域水资源评价．北京：中国水利水电出版社．

荣艳淑，屠其璞．2004．华北地区500年滑动平均降水场序列重建．气象科技，32（3）：163-167．

邵改群．2001．山西煤矿开采对地下水资源影响评价．中国煤田地质，13（1）：41-43．

施雅风，孙昭宸．1992．中国全新世大暖期气候与环境．北京：海洋出版社．

水利部海河水利委员会．2009．海河流域水旱灾害．天津：天津科学技术出版社．

宋献方，夏军，于静洁，等．2002．应用环境同位素技术研究华北典型流域水循环机理的展望．地理科学进展，21（6），527-537．

宋献方，李发东，于静洁，等．2007．基于氢氧同位素与水化学的潮白河流域地下水水循环特征．地理研究，26（1）：11-21．

苏桂武．1999．华北地区500年来旱涝区域分异演变的研究．第四纪研究，5：430-432．

苏同卫，李可军，李启秀，等．2007．天津市及周围地区近500a旱涝变化分析．干旱气象，25（1）：21-24．

孙博．2009．社会经济特征变化对城市给水管网的影响研究．清华大学博士后出站报告．

孙仕军，丁跃元，曹波，等．2002．平原井灌区土壤水库调蓄能力分析．自然资源学报，17（1）：42-47．

天津市中水科技咨询有限责任公司．2008．海河流域节水和高效用水战略研究报告．43-45．

童国榜．张俊牌，严富华，等．1991．华北平原东部地区晚更新世以来的孢粉序列与气候分期．地震地质，13：259-268．

王根绪，程国栋．1998．近50a来黑河流域水文及生态环境的变化．中国沙漠，18（3）：233-238．

王国庆，贾西安，陈江南．2001．人类活动对水文序列的显著影响干扰点分析——以黄河中游无定河流域为例．西北水资源与水工程，12（3）：13-15．

王国庆，张建云，贺瑞敏．2006．环境变化对黄河中游汾河径流情势的影响研究．水科学进展，17（6）：853-858．

王浩，汪党献，倪红珍．2004．中国工业发展对水资源的需求．水利学报，（4）：109-113．

王浩，王建华，秦大庸，等．2006．基于二元水循环模式的水资源评价理论方法．水利学报，37（12）：1496-1502．

王金哲，张光辉，聂振龙，等．2009．滹沱河流域平原区人类活动强度的定量评价．干旱区资源与环境，23（2），6-11．

王绍武，赵宗慈．1979．近五百年我国旱涝史料的分析．地理学报，34（4）：329-339．

王西琴，刘昌明，张远，等．2006．基于二元水循环的河流生态需水水量与水质综合评价方法——以辽河流域为例．地理学报，61（11）：1132-1140．

王晓霞，徐宗学，纪一鸣，等．2010．海河流域降水量长期变化趋势的时空分布特征．水利规划与设计，（1）：35-38．

王艳．2000．渤海湾曹妃甸晚更新世末期以来古植被与古气候演变序列．海洋地质与第四系地质，20：

87-92.

王玉明, 张学成, 王玲, 等. 2002. 黄河流域20世纪90年代天然径流量变化分析. 人民黄河, (3): 9-11.

王政发. 1998. 黄河中上游水文周期分析. 西北水电, (2): 1-5.

卫文. 2007. 华北平原第四系含水层地下水年龄与补给温度. 北京: 中国地质科学院硕士学位论文.

廉士欢, 靳英华, 彭聪. 2009. 吉林省太阳辐射变化规律及太阳能资源利用研究. 气象与环境学报, 25 (3): 30-34.

魏凤英. 2004. 华北地区干旱强度的表征形式及其气候变异. 自然灾害学报, 13 (2): 32-38.

魏凤英, 张先恭. 2010. 1991—2000年中国旱涝等级资料. 气象, 27 (3): 46-50.

翁建武, 蒋艳灵, 陈远生. 2007. 北京市公共生活用水现状、问题及对策. 中国给水排水, 23 (14): 77-82.

吴忱. 1991. 华北平原古河道研究. 北京: 中国科学技术出版社.

吴忱. 2008. 华北地貌环境及其形成演化. 北京: 科学出版社.

吴豪, 虞孝感, 许刚, 等. 2001. 长江源区冰川对全球气候变化的响应. 地理与国土研究, 17 (4): 1-5.

吴增祥. 1999. 北京地区近代气象观测记载. 气象科技, (1): 60-64.

邢大韦, 张卫, 王百群. 1994. 神府-东胜矿区采煤对水资源影响的初步评价. 水土保持研究, 1 (4): 92-99.

徐彦泽, 田小伟, 郑跃军, 等. 2009. 沧州小山地区地下水的补给研究. 水文地质工程地质, (3): 51-54.

许炯心. 2007. 基于大样本^{14}C测年资料的华北平原沉积速率研究. 第四纪研究, 27: 437-443.

许清海, 阳小兰, 郑振华, 等. 2004. 黄河下游河道变迁与河道治理. 地理与地理信息科学, 20: 77-80.

严力蛟, 蒋莹, 李华斌. 2013. 气候模式研究进展. 安徽农业科学, 41 (13): 5867-5871.

严中伟. 1994. 历史旱涝振荡谱的演变. 科学通报, 39 (5): 431-434.

杨怀仁, 陈西庆. 1985. 中国东部第四纪海面升降、海侵海退与岸线变迁. 海洋地质与第四纪地质, 5 (4): 59~80.

杨士荣, 戴少辉, 王英凯. 1997. 山西省大中型水库年径流变化趋势分析. 山西水利科技, (3): 37-42.

杨志峰, 李春晖. 2004. 黄河流域天然径流量突变性与周期性特征. 山地学报, 22 (2): 140-146.

袁飞, 谢正辉, 任立良, 等. 2005. 气候变化对海河流域水文特性的影响. 水利学报, 36 (3): 274-279.

张翠莲, 段宏振. 2011. 太行山东麓地区文明化进程研究//中国古代文明与国家起源学术研讨会论文集. 北京: 科学出版社.

张德二. 2000. 相对温暖气候背景下的历史旱灾. 地理学报, 11 (55): 106-109.

张德二, 刘传志. 1993. 中国近五百年旱涝分布图集续补 (1980—1992). 气象, 19 (11): 41-45.

张光辉, 陈宗宇, 费宇红. 2000. 华北平原地下水形成与区域水文循环演化的关系. 水科学进展, 11: 415-420.

张光辉, 郝明亮, 杨丽芝, 等. 2006. 中国大尺度区域地下水演化研究起源与进展. 地质论评, 52 (6): 771-776.

张光辉, 费宇红, 杨丽芝, 等. 2006. 地下水补给与开采量对降水变化响应特征——以京津以南河北平原为例. 地球科学——中国地质大学学报, 31 (6): 879-884.

张光辉, 杨丽芝, 聂振龙, 等. 2009a. 华北平原地下水的功能特征与功能评价. 资源科学, 31: 368-374.

张光辉, 刘中培, 连英立, 等. 2009b. 华北平原地下水演化地史特征与时空差异性研究. 地球学报, 30 (6): 848~854.

张建云,章四龙,王金星,等.2007.近50年来中国六大流域年际径流变化趋势研究.水科学进展,18(2):230-234.

张少文,丁晶.2004.基于小波的黄河上游天然年径流变化特性分析.四川大学学报(工程科学版),36(3):32-37.

张士锋,贾绍凤,刘昌明,等.2004.黄河源区水循环变化规律及其影响.中国科学E辑:技术科学,34(增刊Ⅰ):117-125.

张伟兵.2009.水旱灾害网络共享数据库.中国水利,(5):66.

张永涛,王洪刚,李增印,等.2001.坡改梯的水土保持效益研究.水土保持研究,8(3):9-11,21.

郑红星,刘昌明.2003.黄河源区径流年内分配变化规律分析.地理科学进展,22(6):585-590.

郑景云,邵雪梅,郝志新,等.2010.过去2000年中国气候变化研究.地理研究,29:1561-1570.

周林飞,许士国,刘大庆.2008.扎龙湿地水循环要素变化特征与水资源管理.水力发电学报,(12):56-61.

周祖昊,王浩,秦大庸,等.2009.基于广义ET的水资源与水环境综合规划研究Ⅰ:理论.水利学报,40(9):1025-1032.

朱厚华,秦大庸,周祖昊,等.2004.黄河流域降雨时间演变规律分析//中国自然资源学会2004年学术年会论文集.516-523.

朱琳,刘畅,李小娟,等.2013.城市扩张下的北京平原区降雨入渗补给量变化.地球科学(中国地质大学学报),38(5):1065-1072.

朱晓园,张学成.1999.黄河水资源变化研究.郑州:黄河水利出版社.

竺可桢.1972.中国近5000年来气候变迁的初步研究.考古学报,(1):168-189.

Arora V K. 2002. The use of the aridity index to assess climate change effect on annual runoff. Journal of Hydrology, 265(1): 164-177.

Bao Z, Zhang J, Liu J, et al. 2012. Sensitivity of hydrological variables to climate change in the Haihe River basin. Hydrological Processes, 26(15): 2294-2306.

Benton G S, Estoque M A. 1954. Water-vapor transfer over the north american continent. J. Meteor., 11: 462-477.

Benton G S, Blackburn R T, Snead V O. 1950. The role of the atmosphere in the hydrologic Cycle. Transactions, American Geophysical Union, 31(1): 61-73.

Beven K J, O'Connell P E. 1979. On the role of distributed modelling in hydrology. SHE Report no. 2.

Beven K J, Kirkby M J, Schofield N, et al. 1984. Testing a physicallybased flood forecasting model (TOPMODEL) for three U. K. catchments. Journal of Hydrology, 69(1-4): 119-143.

Bronstert A, Niehoff D, Burger G. 2002. Effects of climate and land-use change on storm runoff generation: present knowledge and modelling capabilities. Hydrological Process. 16: 509-529.

Brutsaert W, Parlange M B. 1998. Hydrologic cycle explains the evaporation paradox. Nature, 396: 30.

Calder I R. 1993. Hydrologic effects of land-use change. Chapter I3 // Maidment D R. Handbook of hydrology. New York: McCraw-Hill.

Chattopadhyay N, Hulme M. 1997. Evaporation and potential evapotranspiration in India under conditions of recent and future climate change. Agricultural and Forest Meteorology, 87(1): 55-73.

Davis M. 2000. Palynology after Y2K—understanding the source area of pollen in sediments. Annu Rev Earth Planet Science, 28: 1-28.

Dunn S M, Mackay R. 1995. Spatial variation in evapotranspiration and the influence of land use on catchment hydrology. Journal of Hydrology, 171 (1-2): 49-73.

Eckhardt K, Ulbrich U. 2003. Potential impacts of climate change on groundwater recharge and streamflow in a central European low mountain range. Journal of Hydrology, 284 (1-4): 244-252.

Fairall, C W, Bradley E F, Rogers D P, et al. 1996. Bulk parameterization of air-sea fluxes for Tropical Ocean-Global Atmosphere Coupled-Ocean Atmosphere Response Experiment. J. Geophys. Res., 101: 3747-3764.

Fohrer N, Moller D, Steiner N. 2002. An interdisciplinary modelling approach to evaluate the effects of land use change. Phys. Chem. Earth, (27): 655-662.

Gleick P H. 1989. Climate change, hydrology, and water resources. Reviews of Geophysics, 27 (3): 329-344.

Hao X, Chen Y, Xu C, et al. 2008. Impacts of climate change and human activities on the surface runoff in the Tarim River Basin over the last fifty years. Water Resources Management, 22 (9): 1159-1171.

Hasegawa I, Mitomi Y, Nakayarna Y, et al. 1998. Land cover analysis using multi seasonal NOAA AVHRR mosaicked image for hydrological applications. Advances in Space Research, 22 (5): 677-680.

Heusser L. 1986. Pollen in marine cores: evidence of past climate. Oceans, 29: 64-70.

Huntington T G. 2006. Evidence for intensification of the global water cycle: review and synthesis. Journal of Hydrology, 319 (1-4): 83-95.

Hutchings J W. 1957. Water-vapour flux and flux-divergence over Southern England: Summer 1954. Quarterly Journal of the Royal Meteorological Society, 83 (355): 30-48.

James Z, Mark P, Lisa S, et al. 2001. Trends, rhythms, and aberrations in global climate 65 Ma to present. Science, 292: 686-693.

Jia Y W, Wang H, Zhou Z H, et al. 2006. Development of the WEP-L distributed hydrological model and dynamic assessment of water resources in the Yellow River basin. Journal of Hydrology, 331 (3-4): 606-629.

Jin G Y, Liu D S. 2002. Mid-Holocene climate change in North China and the effect on cultural development. Chin. Sci. Bull., 47: 408-413.

Kershaw A P, Hyland B P M. 1975. Pollen transport and periodicity in a marginal rainforest situation. Rev Palaeobot Palyno, 19: 129-138.

Kondoh A. 1995. Relationship between the Global Vegetation Index and the evapotranspirations derived from climatological estimation methods. Journal the Japan Society of Photoprammetry and Remote Sensing, 34: 2.

Krause P. 2002. Quantifying the impact of land use changes on the water balance of large catchments using the J2000 mode. Physics and Chemistry of The Earth, 27 (9-10): 663-673.

Li L, Zhang L, Wang H, et al. 2007. Assessing the impact of climate variability and human activities on streamflow from the Wuding River basin in China. Hydrological Processes, 21 (25): 3485-3491.

Liu M, Shen Y J, Zeng Y, et al. 2010. Trends of panevaporation in China in recent 50 years in China. Journal of Geographical Sciences, 20 (4): 557-568.

Liu W T, Katsaros K B, Businger J A. 1979. Bulk parameterization of air-sea exchanges of heat and water vapor including the molecular constraints at the interface. J. Atmos. Sci., 36: 1722-1735.

Ma Z, Kang S, Zhang L, et al. 2008. Analysis of impacts of climate variability and human activity on streamflow for a river basin in arid region of northwest China. Journal of Hydrology, 352 (3): 239-249.

Manabe S, Wetherald R T. 1980. On the distribution of climate change resulting from an increase in CO_2 content of the atmosphere. Journal of the Atmospheric Science, 37 (1): 99-118.

Middelkoop H, Daamen K, Gellens D, et al. 2001. Impact of climate change on hydrological regimes and water resources managementin the Rhine Basin. Climatic Change, 49: 105-128.

Milly P C D, Dunne K A, Vecchia A V. 2005. Global pattern of trends in streamflow and water availability in a changing climate. Nature, 438: 347-350.

Nash J E, Sutcliffe J V. 1970. River flow forecasting through conceptual models part I — A discussion of principles. Journal of Hydrology, 10 (3): 282-290.

Nash L L, Peter H, Gleick, et al. 1990. Sensitivity of stream flow in the Colorado basin to climate change. Journal of Hydrology, 125: 221-241.

Neitsch S L, Arnold J R, Kiniry J R, et al. 2011. Soil and water assessment tool theoretical documention versian 2009. Texas A & M University. Texas, U. S. A.

Nemec J, Schanke J. 1982. Sensitivity of water resources systems to climate variation. Science, 27 (3): 327-343.

Oki T, Kanae S. 2006. Global hydrological cycles and world water resources. Science, 313 (5790): 1068-1072.

Ozdogan M, Salvucci G D. 2004. Irrigation-induced changes in potential evapotranspiration in southeastern turkey: test and application of Bouchet's complementary hypothesis. Water Resources Research, 40 (4): 1-12.

Pavel T, Jin G Y, Mayke W. 2006. Mid-Holocene environmental and human dynamics in northeastern China reconstructed from pollen and archaeological data. Palaeogeogr Palaeocl, 241: 284-300.

Qin D Y, Lu C Y, Liu J H, et al. 2014. Theoretical framework of dualistic nature-social water cycle. Chinese Science Bulletin, 59 (8): 810-820.

Schmitt R W, Wijffels S E. 1993. The role of the oceans in the global water cycle. The Legacy of Hann, Geophys. Monogr., 75 (Amer. Geophys. Union): 77-84.

Schwarz H E. 1977. Climatic change and water supply: how sensitive is the Northeast In Climate change andwater supply. National Academy of Sciences. Washington, D. C.

Singh V, Woolhiser D. 2002. Mathematical Modeling of Watershed Hydrology. J. Hydrol. Eng., 7 (4): 270-292.

Starr V P, White R M. 1954. Balance requirements of the general circulation. Geophys. Res. Pap. 35, Air Force Cambridge Research Center.

Stockton C W, Boggs W R. 1979. Geo-Hydrological implications of climate change on water resourceDevelopment. U. S. Army Coastal Engineering Center. Virginia.

Sugawara M, Ozaki E, Wantanabe I, et al. 1976. Tank Model and Its Application to Bird Creek, Wollombi Brook, Bihin River, Sanaga River, and Nam Mune. Research Note 11, National Center for Disaster Prevention, Tokyo, Japan.

Tauber H. 1967. Investigations of the mode of pollen transfer in forest areas. Rev Palaeobot Palyno, 3: 277-286.

Thornthwaite C W, Holzman B. 1938. A new interpretation of the hydrologic cycle, Transactions, American Geophysical Union, 19 (2): 595-598.

Whitehead P G, Robinson M. 1993. Experimental basin studies-an international and historical perspective of forest impacts. Journal of Hydrology, 145: 217-230.

Winter T C. 2001. The Concept of Hydrologic Landscapes. Journal of the American Water Resources Association, 37 (2): 335-349.

Xu Q H, Wu C, Zhu X Q, et al. 1996. Palaeochannels on the north China plain: stage division and palaeoenvironments. Geomorphology, 18: 15-25.

Yang H, Yang D. 2011. Derivation of climate elasticity of runoff to assess the effects of climate change on annual runoff. Water Resources Research, 47: W07526.

Zhou D G, Huang R H. 2012. Response of water budget to recent climatic changes in the source region of the Yellow River. Chinese Science Bulletin, 57 (17): 2155-2162.

索 引

B

百年尺度	113
变化环境	1

C

城市发展	168
城市水循环模式	24
城市水循环系统	167
城市水循环演变规律	172

D

地表水演变	142
地下水演变	147
调控目标	222
调控途径	223
多目标决策模型	58

E

二元水循环模型系统	54
二元特征	41

F

反馈机制	51
分布式水文模型	74
服务功能	42

G

| 归因分析 | 150 |

H

海河流域	1
海陆水循环模式	16
河湖水系演变	106
黄河改道	94

J

降水	90
节水灌溉	220
径流演化	119

L

流域水循环模式	20
农水结合技术	221
农田水分	213
农田水循环机理	207
农田水循环模式	28
农业格局	220
农业水循环特征	207
农业水循环通量	191
农业水循环演变规律	179
农业用水	220

O

| 耦合机制 | 51 |

Q

气候变化	4
气候模型	55

气温	88	**W**	
千年尺度	95		
迁移转化	213	万年尺度	88
驱动机制	41	**X**	
驱动力	51		
R		下垫面演化	117
		循环参数	45
人类活动	1	循环结构	45
人类活动强度	101	循环路径	48
S		**Y**	
水旱灾害	97	演变规律	3
水循环	1	演变机理	167
水循环通量	52	蒸发	128
水循环演变规律	88	**Z**	
水循环演化	41		
水循环要素	128	植被演变	103
水资源	1	种植结构	179
水资源合理配置模型	66	作物耗水规律	213
T			
土地利用	128		